从零开始

Adobe Animate CC

中文版 基础教程 第2版

布克科技 谭雪松 文静 王田姣 ◉编著

人民邮电出版社

北京

图书在版编目（CIP）数据

从零开始：Adobe Animate CC中文版基础教程：第2版 / 布克科技等编著. -- 2版. -- 北京：人民邮电出版社，2021.6
ISBN 978-7-115-55698-1

Ⅰ. ①从… Ⅱ. ①布… Ⅲ. ①超文本标记语言－程序设计－教材 Ⅳ. ①TP312.8

中国版本图书馆CIP数据核字(2021)第072567号

内 容 提 要

本书从基础知识入手，详细阐述了 Animate CC 2019 的基本设计原理以及传统动画的制作原理。读者在学习理论知识的同时，对照实例进行操作，并在此基础上加强实践环节，能够迅速掌握 Animate CC 2019 的基本设计方法和技巧。本书在内容安排上，理论与实践相结合，重点突出，选例典型，实践性和针对性都很强。

本书选例综合全面，深度逐级递进，既可以作为有志于 Animate CC 技术开发的读者的入门图书，也可作为使用 Animate CC 进行产品开发设计的初级、中级技术人员的参考用书。

◆ 编　著　布克科技　谭雪松　文　静　王田姣
　　责任编辑　李永涛
　　责任印制　彭志环

◆ 人民邮电出版社出版发行　　北京市丰台区成寿寺路 11 号
　　邮编　100164　　电子邮件　315@ptpress.com.cn
　　网址　https://www.ptpress.com.cn
　　保定市中画美凯印刷有限公司印刷

◆ 开本：787×1092　1/16
　　印张：16.75
　　字数：429 千字　　　　　　　　　2021 年 6 月第 2 版
　　印数：1 – 2 000 册　　　　　2021 年 6 月河北第 1 次印刷

定价：69.90 元

读者服务热线：(010)81055410　印装质量热线：(010)81055316
反盗版热线：(010)81055315
广告经营许可证：京东市监广登字 20170147 号

布克科技

主　编：沈精虎

编　委：

许曰滨	黄业清	姜　勇	宋一兵	高长铎
田博文	谭雪松	向先波	毕丽蕴	郭万军
宋雪岩	詹　翔	周　锦	冯　辉	王海英
蔡汉明	李　仲	赵治国	赵　晶	张　伟
朱　凯	臧乐善	郭英文	计晓明	孙　业
滕　玲	张艳花	董彩霞	管振起	田晓芳

Animate CC 是当今非常流行的一款二维矢量动画制作软件，功能强大、使用简便，在动画制作和广告设计等领域应用广泛。Animate CC 2019 进一步强化了软件的设计功能，完善了软件的用户界面，使之更友好、更人性化。

内容和特点

本书结合典型实例深入浅出地介绍了 Animate CC 2019 的基本操作原理和典型设计方法，既有全面而深刻的理论阐述，又有典型而综合的实例剖析；既有基础的原理讲解，又有更深层次的总结和知识扩展。

全书共分 10 章，各章内容简要介绍如下。

- 第 1 章：介绍 Animate CC 2019 的基础知识和平面动画制作流程。
- 第 2 章：介绍 Animate CC 2019 基本绘图工具的用法。
- 第 3 章：介绍图形编辑的方法和技巧。
- 第 4 章：介绍导入外部素材的方法和技巧。
- 第 5 章：介绍逐帧动画的制作方法和技巧。
- 第 6 章：介绍补间动画的制作方法和技巧。
- 第 7 章：介绍图层动画的制作方法和技巧。
- 第 8 章：介绍骨骼动画的制作方法和技巧
- 第 9 章：介绍 ActionScript 3.0 交互式动画的编程基础。
- 第 10 章：介绍组件的应用方法和技巧。

读者对象

本书注重基础，同时选例综合全面，深度逐级递进，因此，即使没有平面动画制作经验的读者也可以根据本书的讲解，循序渐进地学习。在学习 Animate CC 理论知识的同时，对照实例进行操作，并在此基础上加强实践环节，能够迅速掌握 Animate CC 的基本设计方法和技巧。

本书既可以作为有志于动画技术开发的读者学习动画的入门图书，也可作为使用 Animate CC 进行产品开发设计的初级、中级技术人员的参考用书。

配套资源内容及用法

为了方便读者的学习，本书配套资源按章收录了各实例所需的源文件（".fla"）、素材文件，以及每个实例制作过程的动画演示文件（".avi"）。

1. 素材文件

本书案例所需的素材文件按章收录在与案例对应的文件夹（如"素材\第 6 章\动物变身\动物变身.fla"表示第 6 章中名字为"动物变身.fla"的源文件，该文件放在配套资源中的"素材\第 6 章\动物变身\"目录下）中，读者可以使用 Animate CC 打开所需的素材文件，然后进行后续操作。

2. 视频文件

本书典型案例的绘制过程都录制成了".mp4"动画文件，并按章收录在配套资源的"视频文件"文件夹中。

3. PPT 文件

本书提供了 PPT 课件，以供教师上课使用。

感谢您选择了本书，也欢迎您把对本书的意见和建议告诉我们，电子邮箱：ttketang@163.com。

布克科技
2021 年 3 月

目　录

第1章 Animate CC 2019 动画制作基础

【学习目标】

- 了解动画制作的起源与发展。
- 熟悉 Animate CC 2019 的操作界面。
- 掌握使用 Animate CC 软件进行动画开发的流程。

动画是一门艺术，也是一种传播思想和文化的重要手段。动画制作从最早的手绘到现在的计算机制作，动画制作软件起到了重要作用。Animate CC 2019 是当前制作二维动画的重要工具，本章将介绍 Animate CC 2019 的基本知识。

1.1 二维动画制作基础

目前，动画遍布人们的生活中，在电视节目中、在网上冲浪时人们都可以看到它的身影。

1.1.1 动画制作概述

人们看到的电影一种是用摄像机拍摄的真实景物；另一种是依靠人工或计算机绘制的虚拟景物，称为动画影片。两者虽然表现形式有所区别，但基本原理是相似的。

一、 动画制作原理

人们看到的物体消失后，如果两个视觉影像之间的时间间隔不超过 0.1s，则前一个视觉影像尚未消失，后一个视觉影像已经产生，并与前一个视觉影像融合在一起，形成"视觉暂留"现象。电影就是利用这一现象形成景物活动的视觉。

图 1-1 所示为一组连续变化的图片，只要将其放到连续的帧上以一定的速度连续播放，就可以形成一个人物打斗的视觉效果。

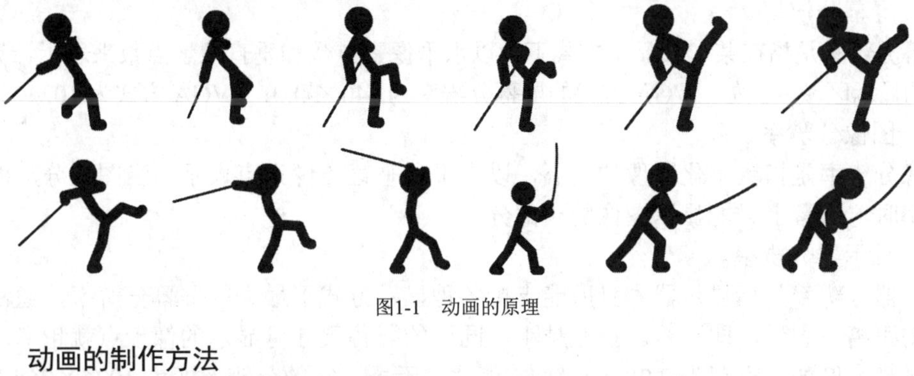

图1-1 动画的原理

二、 动画的制作方法

动画制作经历了传统动画和计算机动画两个阶段。

在传统动画制作过程中，通常由人工绘制每幅画面，然后将这些画面连续播放形成动画。因此，传统动画制作工作量大、技术要求高，并且效率低。《白雪公主》《铁臂阿童木》《哪吒闹海》是传统动画的典型代表。

计算机动画主要依靠计算机动画软件制作完成，其方便快捷，并且简化了工作程序，提高了工作效率，强化了视觉冲击力。比较著名的有《泰坦尼克号》《侏罗纪公园》及《阿凡达》等。

1.1.2　图像基本知识

Animate CC 制作的产品是一种包含图像和声音的综合产品。下面先介绍有关图像的基础知识。

一、亮度、色调和饱和度

色彩可用亮度、色调和饱和度来描述其综合属性。

(1) 亮度。

亮度是人眼对光的明亮程度的感觉，它与被观察物体的发光强度有关。

(2) 色调。

色调是当人眼看到一种或多种波长的光时所产生的彩色感觉，它反映颜色的种类，是决定颜色的基本特性，如红色、棕色就是指色调。

(3) 饱和度。

饱和度指的是颜色的纯度，即掺入白光的程度，或者说是颜色的深浅程度，对于同一色调的彩色光线，饱和度越深，颜色越鲜明或越纯。

> **要点提示**
>
> 通常把色调和饱和度统称为色度。一般说来，亮度是用来表示某彩色光的明亮程度，而色度则表示颜色的类别与深浅程度。除此之外，自然界常见的各种颜色光，都可由红（R）、绿（G）、蓝（B）3 种颜色光按不同比例相配而成。同样，绝大多数颜色光也可以分解成红、绿、蓝 3 种色光，这就形成了色度学中最基本的原理——三原色原理（RGB）。

二、分辨率

分辨率是影响位图质量的重要因素，分为屏幕分辨率、图像分辨率、显示器分辨率和像素分辨率。在处理位图图像时要理解这四者之间的区别。

(1) 屏幕分辨率。

屏幕分辨率是指在某一种显示方式下，以水平像素点数和垂直像素点数来表示计算机屏幕上最大的显示区域。例如，VGA 方式的屏幕分辨率为 640×480，SVGA 方式为 1024×768。

(2) 图像分辨率。

图像分辨率是指数字化图像的大小，以水平和垂直的像素点表示。当图像分辨率大于屏幕分辨率时，屏幕上只能显示图像的一部分。

(3) 显示器分辨率。

显示器分辨率是指显示器本身所能支持各种显示方式下最大的屏幕分辨率，通常用像素点之间的距离来表示，即点距。点距越小，同样的屏幕尺寸可显示的像素点就越多，自然分辨率就越高。例如，点距为 0.28mm 的 14 英寸显示器，它的分辨率即为 1024×768。

(4) 像素分辨率。

像素分辨率是指一像素的宽和长的比例（也称为像素的长度比）。在不同像素分辨率的计算机上显示同一幅图像，会得到不同的显示效果。

三、 色彩深度

图像色彩深度是指图像中可能出现的不同颜色的最大数目，它取决于组成该图像的所有像素的位数之和，即位图中每像素所占的位数。例如，图像深度为 24，则位图中每像素有 24 个颜色值，可以包含 16 772 216 种不同的颜色，称为真彩色。

> **要点提示** 生成一幅图像的位图时要对图像中的色调进行采样，调色板随之产生。调色板是包含不同颜色的颜色表，其颜色数依图像深度而定。

四、 图像文件的大小

图像文件的大小是指在磁盘上存储整幅图像所占的字节数，可按下面的公式进行计算。

文件字节数＝图像分辨率（高×宽）×图像深度÷8

例如，一幅 1024×768 大小的真彩色图片所需的存储空间为：

1024×768×24÷8＝2359296Byte＝2304kB。

显然，图像文件所需的存储空间很大，因此存储图像时必须采用相应的压缩技术。

五、 图像类型

数字图像最常见的有 3 种：图形、静态图像和动态图像。

(1) 图形。

图形一般是指利用绘图软件绘制的简单几何图案的组合，如直线、椭圆、矩形、曲线或折线等。

(2) 静态图像。

静态图像一般是指利用图像输入设备得到的真实场景的反映，如照片、印刷图像等。

(3) 动态图像。

动态图像由一系列静止画面按一定的顺序排列而成，这些静止画面被称为动态图像的"帧"。每一帧与其相邻帧的内容略有不同，当帧画面以一定的速度连续播放时，由于视觉的暂留现象而造成了连续的动态效果。

> **要点提示** 动态图像一般包括视频和动画两种类型：对现实场景的记录被称为视频，利用动画软件制作的二维或三维动态画面被称为动画。为了使画面流畅而没有跳跃感，视频的播放速度一般应达到每秒 24～30 帧，动画的播放速度要达到每秒 20 帧以上。

六、 常见图像格式

静态图像存储格式主要有 BMP、GIF（Graphics Interchange Format）、JPEG（Joint Photographic Experts Group）、TIFF（Tag Image File Format）、PCX、TGA（Tagged Graphics）、WMF（Windows Metafile）、EMF（Enhanced Metafile）和 PNG（Portable Network Graphics）等。

常用的视频文件格式主要有 AVI（*.avi）、QuickTime（*.mov/*.qt）、MPEG（*.mpeg/*.mpg/*.dat）和 Real Video（*.rm）等。

1.2　Animate CC 2019 简介

Animate CC 目前在二维动画制作领域占有统治地位。该软件经过不断的完善和发展，Animate CC 2019 版本较以前的版本有了更加人性化的设计。

1.2.1　Animate 动画的特点

Animate CC 的前身是 Flash 软件。Flash 软件是 Future Wave 公司开发的世界上第一个商用二维矢量动画软件，用于设计和编辑 Flash 文档。

Animate CC 动画是一种矢量动画格式，具有体积小、兼容性好、直观动感、互动性强、支持 MP3 音乐等诸多优点，是当今最流行的网络动画格式。

一、　文件的数据量小

Animate CC 动画文件非常小。与位图图像相比，矢量图形需要的内存和存储空间小很多，因为它们是以数学公式而不是大型数据集来表示的。位图的数据量之所以更大，是因为图像中的每个像素都需要一组单独的数据来表示。

二、　图像质量高

由于矢量图形可以做到真正的无级放大，因此图像不仅始终可以完全显示，而且不会降低图像质量。而一般的位图，当用户放大它们的时候，就会看到一个个锯齿状的色块。

三、　交互性好

一般的动画制作软件，如 3ds Max、Maya 等，只能制作标准的顺序动画，即动画只能连续播放。借助 ActionScript 的强大功能，Animate CC 不仅可以制作出各种精彩炫目的顺序动画，也能制作出复杂的交互式动画，使用户可以对动画进行控制。这是 Animate CC 一个非常重要的特点，它有效地扩展了动画的应用领域。

四、　流媒体播放技术

Animate CC 动画采用了边下载边播放的流式（Streaming）技术，用户在观看动画时，不是等到动画文件全部下载到本地后才能观看，而是即时观看。这实现了动画的快速显示，减少了用户的等待时间。

五、　丰富的视觉效果

Animate CC 动画有崭新的视觉效果，比传统的动画更加新颖与灵巧，更加炫目精彩。不可否认，它已经成为一种新时代的艺术表现形式。

六、　成本低

Animate CC 动画制作的成本非常低，使用 Animate CC 制作的动画能够大大地减少人力、物力资源的消耗。同时，在制作时间上也会大大减少。

七、　自我保护

Animate CC 动画在制作完成后，可以把生成的文件设置成带保护的格式，这样维护了设计者的版权利益。

1.2.2 Animate CC 2019 工作界面

启动 Animate CC 2019，进入图 1-2 所示的初始用户界面。

一、 功能模块

初始界面中主要包括以下 3 个主要功能模块。

- 【打开最近的项目】：用于快速打开最近一段时间使用过的文件。
- 【新建】：用于选择新创建的内容。
- 【模板】：用于选择软件提供的模板创建新文件。

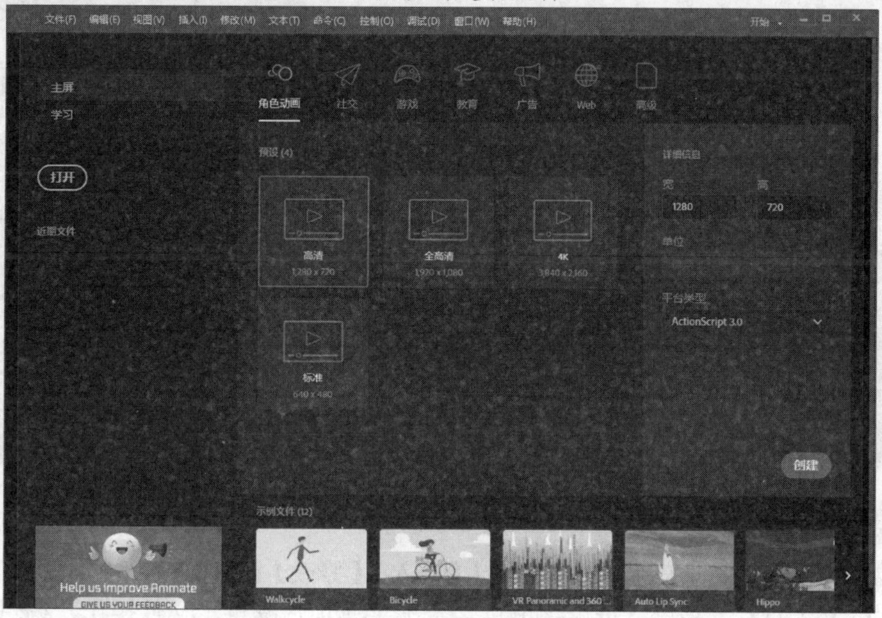

图1-2 初始用户界面

二、 文档类型

在初始界面的【新建】模块中可以创建以下类型的文档。

- HTML 5 Canvas：创建能在使用 HTML 和 Java 脚本的浏览器中播放的动画，可以通过在 Animate CC 或最终发布的文件中插入 Java 脚本来添加交互性。
- WebGL（预览）：制作纯动画素材，可以充分利用图形硬件加速支持。
- ActionScript 3.0：创建可以通过桌面浏览器 Flash Player 播放和交互的动画。ActionScript 3.0 是 Animate CC 脚本语言的最新版本。
- AIR for Desktop：创建在 Windows 或 Mac 桌面上作为应用程序的动画。
- AIR for Android/ AIR for iOS：创建可以在 Android 或 Apple 等移动设备上播放的动画。

要点提示 选择不同的文档类型后，系统支持的工具或特性并不完全相同。例如，在 WebGL 中不支持文本，在 HTML 5 Canvas 中则不支持 3D 旋转。不支持的工具将在设计界面上显示为灰色不可用状态。此外，Animate CC 2019 仅支持 ActionScript 3.0，不支持 ActionScript 2.0 和 ActionScript 1.0。

三、　工作界面

单击图 1-2 右下角的 ▓▓ 按钮，新建一个普通 Animate CC 文档，进入图 1-3 所示的工作界面，其中包括菜单栏、时间轴、工具面板、舞台、【属性】面板等内容。

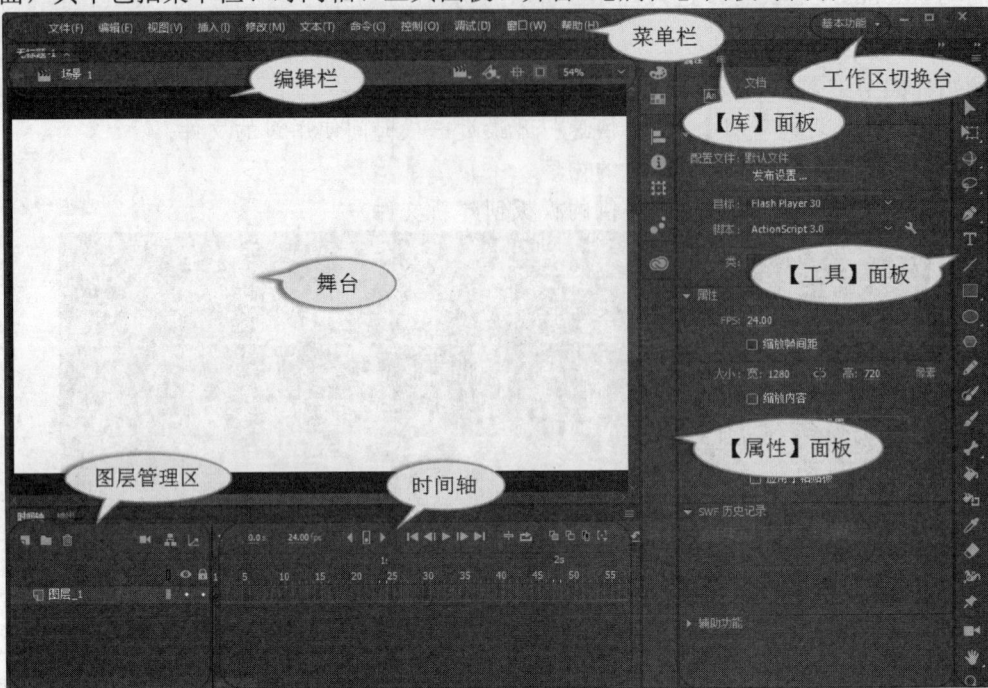

图1-3　Animate CC 2019 工作界面

(1) 菜单栏。

菜单栏中包括【文件】【编辑】【视图】【插入】【修改】【文本】【命令】【控制】【调试】【窗口】和【帮助】等菜单，每个菜单包含若干菜单项，提供了文件操作、编辑、视窗选择、动画帧添加、动画调整、字体设置、动画调试和打开浮动面板等常用命令。

(2) 舞台。

当前编辑的动画窗口中，能编辑动画的整个区域叫作场景。为了达到不同的效果，设计中常常需要更换不同的场景，每个场景都有不同的名称。

- 舞台。

  可以在整个场景内进行图形的绘制和编辑工作，但是最终动画仅显示场景中白色（也可能会是其他颜色，这是由动画属性设置的）区域内的内容，我们把这个区域称为舞台。舞台是绘制和编辑动画内容的矩形区域，动画内容包括矢量图形、文本框、按钮、导入的位图图像或视频剪辑等。动画在播放时仅显示舞台上的内容，对于舞台之外的内容是不显示的。

- 后台。

  舞台之外灰色区域的内容在最终的作品中是不显示的，这个区域称为后台区，如图 1-4 所示。设计动画时往往要利用后台区做一些辅助工作。这就如同演出一样，在舞台之外（后台）可能要做许多准备工作，但真正呈现给观众的就只是舞台上的表演。

图1-4 场景与舞台

- 工作区。

工作区是指整个用户界面，包括界面的大小、各个面板的位置形式等。用户可
以自定义工作区：首先按照自己的使用需要和个人爱好对界面进行调整，然后
选择菜单命令【窗口】/【工作区】/【新建工作区】，就可以将当前的工作区风
格保存下来。

(3) 编辑栏。

在编辑栏中可以对场景进行各种设计，例如在创建的多个场景中进行切换、编辑场景以
及设置场景显示比例等，如图 1-5 所示。

图1-5 编辑栏

(4) 工作区切换台。

Animate CC 2019 的界面非常人性化，为用户提供了多个界面方案，单击图 1-3 所示的
"工作区切换台"即可选择界面方案，如图 1-6 所示。在不同的界面方案中将依据各面板的
重要性不同重新调整其大小和排列顺序。例如，【动画】工作区是把时间轴置于顶部，如图
1-7 所示，使设计者操作更加方便。本书将使用【基本功能】工作区进行介绍。

图1-6 选择工作区　　　　　　　　　　　图1-7 【动画】工作区

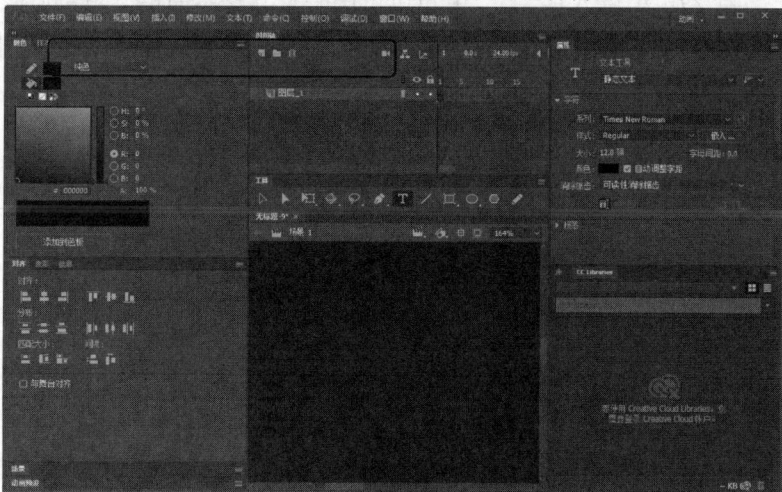

> **要点提示** 设计过程中移动了面板的位置后，如果希望重新回到最初的排列状态，可以选择菜单命令【窗口】/【工作区】/【重置"基本功能"】来重置工作区。

(5)　时间轴。

时间轴用于组织和控制文档内容在一定时间内播放的顺序和方式，用来控制各个场景的切换以及各个对象出场、表演的时间顺序。

时间轴面板包括帧编号、播放头以及一些信息指示器，如图 1-8 所示。时间轴显示文档中哪些地方有动画，包括逐帧动画、补间动画和运动路径，可以在时间轴中插入、删除、选择和移动帧，也可以将帧拖到同一层中的不同位置，或是拖到不同的层中。

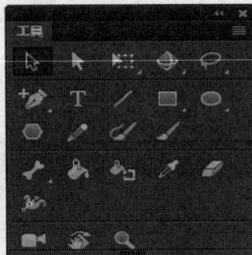

图1-8　时间轴面板

> **要点提示** 帧是进行动画创作的基本时间单元，关键帧是对内容进行了编辑的帧，或包含修改文档的"帧动作"的帧。Animate CC 可以在关键帧之间补间或填充帧，从而生成流畅的动画。

(6)　图层管理区。

图层就像透明的投影片一样，一层层地向上叠加。用户可以利用层组织文档中的插图，也可以在层上绘制和编辑对象，而不会影响其他层的对象。如果一个层上没有内容，那么就可以透过它看到下面的层。

创建一个新的 Animate CC 文档后，其上包含一个图层。用户可以添加更多的层，以便在文档中组织插图、动画和其他元素。可以创建的层数只受计算机内存的限制，而且层不会增加发布的 SWF 文件的文件大小。

(7)　【工具】面板。

Animate CC 利用面板的方式组织常用工具，以方便用户查看、组织和更改文档中的元素。拖动【工具】面板的标题栏，可以将其独立出来（如图 1-9 所示），或与其他面板组合在一起（如图 1-10 所示）。用户可以同时打开多个面板，也可以将暂时不用的面板关闭或缩小为图标（在标题栏上单击鼠标右键，在弹出的快捷菜单中选择【折叠为图标】命令），如图 1-11 所示。

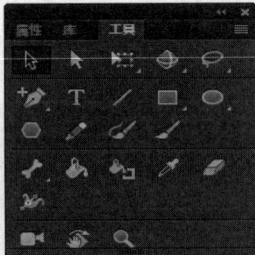

图1-9　独立的【工具】面板　　　　图1-10　组合面板　　　　图1-11　折叠面板

可以通过菜单命令【窗口】/【工具】来选择是否显示工具栏，工具栏中包含各种设计工具，可以绘图、上色、选择和修改插图，还可以更改舞台的视图。【工具】面板上包括以下工具。

- 【绘图】工具：包含绘图、编辑、着色、擦除、骨骼等设计工具。
- 【视图】工具：包含在应用程序窗口内进行缩放和移动的工具。
- 【颜色】工具：包含用于笔触颜色和填充颜色的功能键。

要点提示 面板可以根据用户的需要进行拖动和组合，一般拖动到另一个面板的临近位置，它们就会自动停靠在一起；若拖动到靠近右侧边界，面板就会折叠为相应的图标。

(8)　【属性】面板。

使用【属性】面板可以很方便地查看舞台或时间轴上当前选定的文档、文本、元件、位图、帧或工具等的信息和设置。当选定了两个或多个不同类型的对象时，它会显示选定对象的总数。【属性】面板会根据用户选择对象的不同而变化，以反映当前对象的各种属性。

(9)　【库】面板。

【库】面板用于存储和组织在 Animate CC 中创建的各种元件以及导入的文件，包括位图图像、声音文件和视频剪辑等。【库】面板可以组织文件夹中的库项目，查看项目在文档中使用的频率，并按类型对项目排序。

1.2.3　Animate CC 2019 常用操作

为了加深了解计算机动画的制作流程，下面介绍 Animate CC 2019 的一些常用操作。

一、　文档的保存与打开

文档编辑完成后，就应当进行保存。另外，即使是在编辑的过程中，也应当及时保存文档，以免由于某种意外情况而导致文档的丢失和破坏。

【操作要点】

1. 选择菜单命令【文件】/【保存】，打开图 1-12 所示的【另存为】对话框，在其中输入文件名并选择保存类型。

要点提示 Animate CC 2019 支持中文文件名。因此，为了使文件便于理解和使用，最好使用中文文件名。

2. 选择文件的保存位置，然后单击 保存(S) 按钮，则当前文件被保存。
3. 选择菜单命令【文件】/【关闭】，可以关闭当前文件。
4. 选择菜单命令【文件】/【打开】，打开【打开】对话框，选择需要打开的文件夹，如图 1-13 所示，其中罗列了当前文件夹下的文件。

图1-12　【另存为】对话框

图1-13　【打开】对话框

5. 在该对话框中选择需要打开的文件，然后单击 打开(O) 按钮，则该文件被调入 Animate CC 中并打开，此时即可对其进行编辑。

二、 测试动画

通过测试动画可以快速查看设计效果。

【操作要点】

1. 打开素材文件 "素材\第 1 章\蜡烛熄灭.fla"。
2. 选择菜单命令【控制】/【测试影片】/【在 Animate 中】，进入动画测试环境，将打开新窗口显示测试结果，如图 1-14 所示。
3. 选择菜单命令【控制】/【测试影片】/【在浏览器中】，可以在浏览器中显示测试结果，如图 1-15 所示。

图1-14　动画测试（1）　　　　　　　　　　图1-15　动画测试（2）

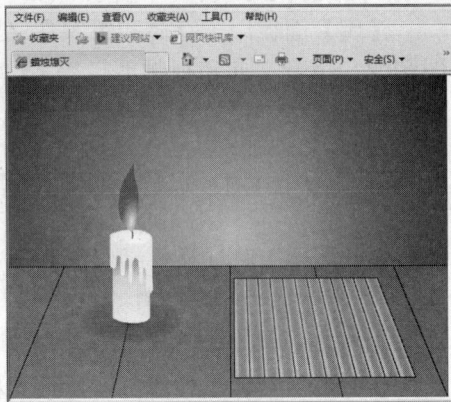

三、 导出作品

利用【导出】命令可以将作品导出为影片或图像。例如，可以将整个影片导出为 Flash 影片、一系列位图图像、单一的帧或图像文件以及不同格式的活动图像、静止图像等，包括 GIF、JPEG、PNG、BMP、PICT、QuickTime 或 AVI 等格式。

【操作要点】

1. 打开素材文件 "素材\第 1 章\飞翔的飞机.fla"，如图 1-16 所示。

图1-16　打开的场景

2. 选择菜单命令【文件】/【导出】/【导出图像】，弹出【导出图像】对话框，如图 1-17
   所示。设置参数后单击 [保存] 按钮，可以导出一个只包含当前帧的单个图像文件。

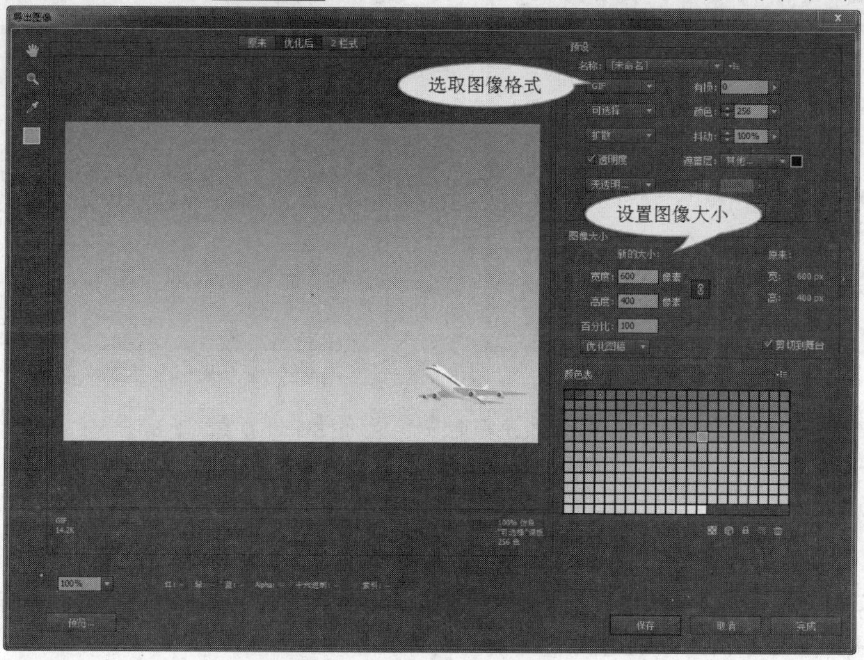

图1-17　【导出图像】对话框

3. 选择菜单命令【文件】/【导出】/【导出影片】，弹出【导出影片】对话框。

(1) 设置导出文件格式为 "JPEG 序列"，如图 1-18 所示。

(2) 设置文件的名称和保存位置。

(3) 单击 [保存(S)] 按钮，接受默认设置后，弹出一个导出进度条，可以导出一组连续的图像序
    列（一组画面连续变化的图形），如图 1-19 所示。

图1-18　【导出影片】对话框（1）

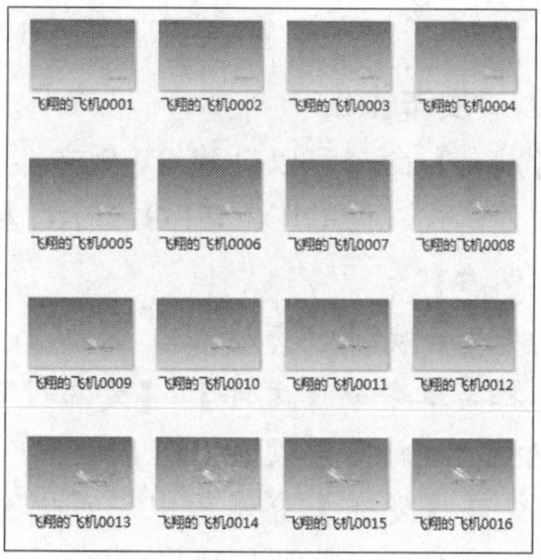

图1-19　导出序列图像

4. 选择菜单命令【文件】/【导出】/【导出影片】，弹出【导出影片】对话框。

(1) 设置保存类型为 "SWF 影片"。

(2) 设置文件名和保存路径，如图 1-20 所示。

(3) 作品被导出为一个独立的 Flash 动画文件。

(4) 根据设定的路径找到刚才导出的文件，双击该文件即可播放这个动画，如图 1-21 所

示。这说明动画文件已经脱离 Animate CC 2019 编辑环境可以独立运行。

图1-20　【导出影片】对话框（2）

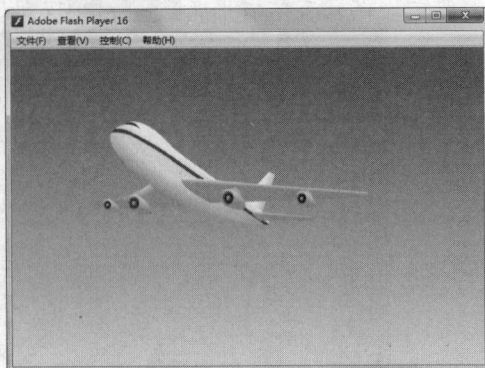

图1-21　播放动画

要播放 SWF 文件，用户的计算机中需要安装 Flash Player（播放器）。Flash Player 有多个版本，用户可以从网上下载安装使用。

5.　选择菜单命令【文件】/【导出】/【导出视频】，弹出【导出视频】对话框，如图 1-22 所示。设置保存路径后，作品被导出为一个 ".mov" 格式的视频文件。

6.　选择菜单命令【文件】/【导出】/【导出动画 GIF】，弹出【导出图像】对话框，接受默认设置，即可导出一个动态的 GIF 动画图片。

图1-22　【导出视频】对话框

四、发布作品

【发布】命令可以创建 SWF 文件，并将其插入浏览器窗口中的 HTML 文档，也可以以其他文件格式（如 GIF、JPEG、PNG 和 QuickTime 格式）发布 FLA 文件。

【操作要点】

1.　打开素材文件 "素材\第 1 章\下雨.fla"。

2.　选择菜单命令【文件】/【发布设置】，弹出【发布设置】对话框，如图 1-23 所示。可以根据设计需要设置以下参数。

- 在【发布】分组框中，可以选择在发布时要导出的作品格式，根据需要选择其中的一种或几种格式即可。
- 任意选中一种格式，可在右侧为其设置详细参数。
- 文件发布的默认目录是当前文件所在的目录，也可以选择其他目录。单击 📁 按钮即可设置其他目录。

3.　设置完毕后，如果单击 确定 按钮，则保存设置并关闭【发布设置】对话框，但并不发布文件。只有单击 发布(P) 按钮后才按照设定的文件类型发布作品。

4. 选择菜单命令【文件】/【发布】，可以按照【发布设置】对话框中的参数设置快速发布作品。

5. Animate CC 2019 能够发布 11 种不同格式的文件，当选择要发布的格式后，相应格式文件的参数就会出现在右侧窗口中。选中"Flash（.swf）"格式后，其参数设置如图 1-24 所示。

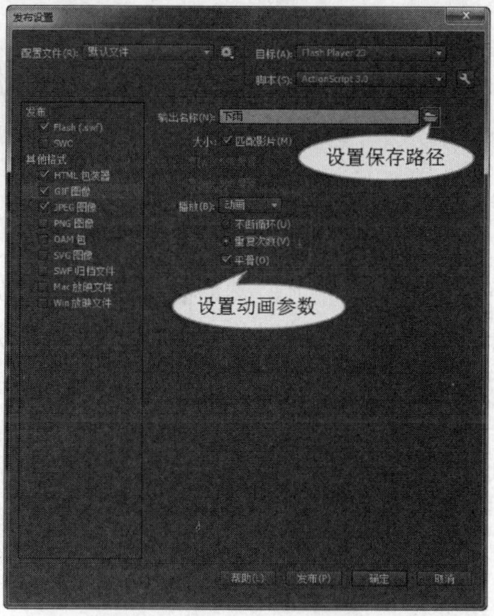

图1-23 【发布设置】对话框（1）

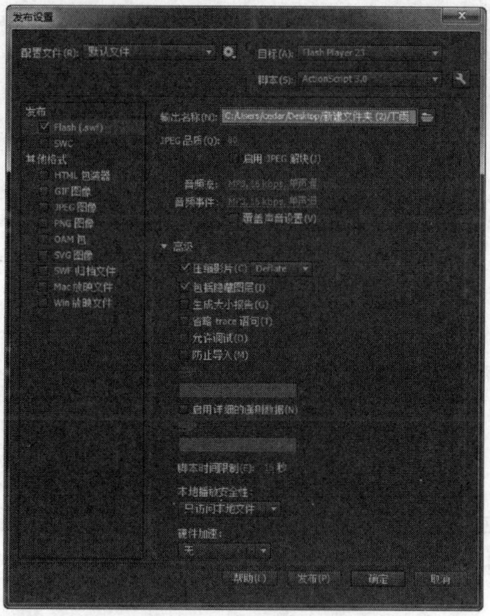

图1-24 【发布设置】对话框（2）

下面简单介绍其中几个主要的功能选项。

*   【目标】：设置 Flash 作品的播放器版本，可以选择 Flash Player 10～23 的各个版本。如果设置播放器的版本较高，则当前要生成的作品无法使用较低版本的 Flash Player 来播放。
*   【脚本】：选择影片动作脚本的版本号。ActionScript 不同版本的语法要求不完全相同，因此对于 Flash 8 及以前的作品应使用 ActionScript 2.0；对于 Flash CS4、Flash CS5 以及 Animate CC 2019 应选择 ActionScript 3.0。
*   【JPEG 品质】：若要控制位图压缩可以调整"JPEG 品质"参数大小。图像品质越低（高），生成的文件就越小（大）。其值为 100 时，图像品质最佳，压缩比最小。
*   【音频流】/【音频事件】：设定作品中音频素材的压缩格式和参数。要为影片中的所有音频流或事件声音设置采样率和压缩，可以单击【音频流】或【音频事件】右侧的链接，然后在弹出的【声音设置】对话框中设置【压缩】【比特率】和【品质】选项的参数。

> **要点提示** 只要下载的前几帧有足够的数据，音频流就会开始播放，并与时间轴同步。而事件音频必须完全下载完毕才能开始播放，并且除非明确停止，否则它将一直连续播放。

*   【压缩影片】：可以压缩影片，从而减小文件，缩短下载时间。
*   【包括隐藏图层】：导出文档中所有隐藏的图层。若取消对该选项的选择，则将阻止把文档中标记为隐藏的图层（包括嵌套在影片剪辑内的图层）导出。

- 【生成大小报告】：在导出作品的同时，将生成一个报告（文本文件），按文件列出最终影片的数据量。该文件与导出的作品文件同名。
- 【允许调试】：激活调试器并允许远程调试影片。如果选择该选项，就可以选择用密码保护影片。
- 【防止导入】：防止其他人导入影片并将它转换回设计文档（.fla），可使用密码来保护 SWF 文件。

要点提示　通常这些选项基本不需要修改，但是要将作品发布给普通用户使用，还是建议选择较低的播放器版本。

1.2.4　图层的概念和基本操作

在传统动画制作中，经常将动画内容分解到若干张透明胶片上，然后叠加在一起实现动画效果。比如人物在某个背景中运动，由于背景没有变化，所以可以将人物的运动单独绘制在透明胶片上，然后叠加到背景上，这样就避免了每一帧都必须绘制背景的烦琐操作。

一、图层的概念

在 Animate CC 中，图层可以看成透明胶片，在舞台上一层层地向上叠加。相互叠加在一起的图层形成一定的遮挡关系，上面图层中的内容会遮挡下面图层中的内容，透过上面图层中没有内容的区域可以看到下面图层中的内容，如图 1-25 所示。

要点提示　在 Animate CC 中可以建立多个图层，其数量没有限制，只要计算机的内存足够大。最终发布的作品并不包含制作中的图层信息，因此，图层数量不会影响最终发布文件的大小。

在 Animate CC 动画中，图层分为一般层、引导层、运动引导层、被引导层、遮罩层和被遮罩层，其作用各不相同。除非特别说明，本书中所说的图层都指一般层。其余图层的用法将在稍后的章节中介绍。

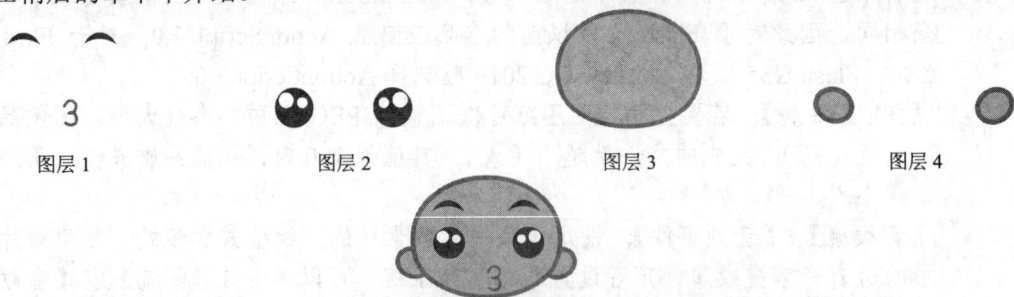

图1-25　各个图层内容

二、图层操作

新建 Animate CC 文档后，在图层管理区通常都会创建一个名为"图层 1"的图层，如图 1-26 所示。在其上单击鼠标右键，打开的快捷菜单如图 1-27 所示。从中选择相应的命令，就可以对图层进行设置和管理。

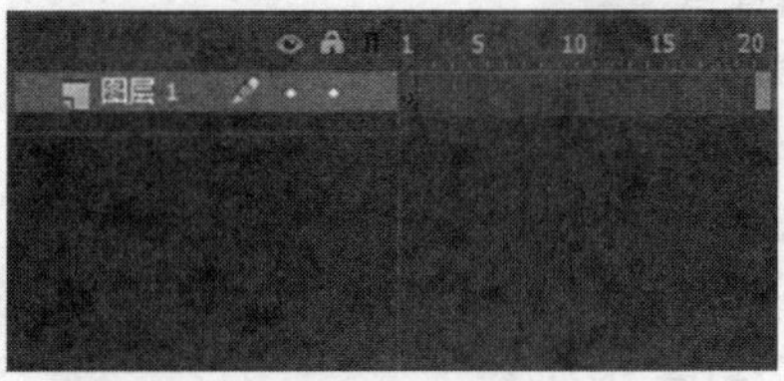

显示全部
锁定其他图层
隐藏其他图层
显示其他透明图层

插入图层
删除图层

剪切图层
拷贝图层
粘贴图层
复制图层

引导层
添加传统运动引导层

遮罩层
显示遮罩

插入文件夹
删除文件夹
展开文件夹
折叠文件夹

展开所有文件夹
折叠所有文件夹

属性...

图1-26　图层1 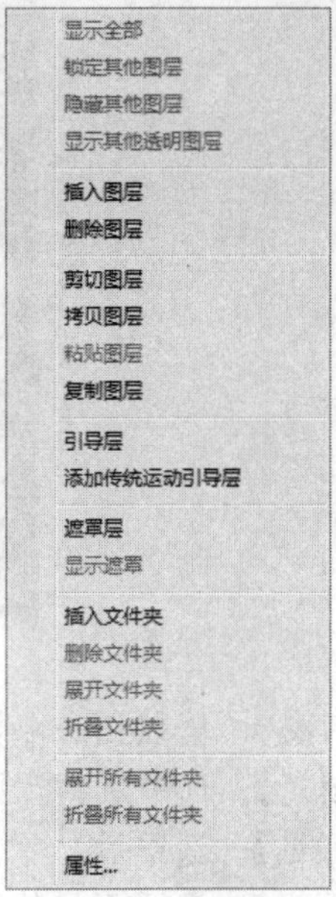　　　　　　　　　　　　　　　　图1-27　快捷菜单

快捷菜单中常用命令的功能如下。

- 【显示全部】：显示所有隐藏的图层和图层文件夹。
- 【锁定其他图层】：锁定除当前图层或图层文件夹以外的其他图层和图层文件夹。
- 【隐藏其他图层】：隐藏除当前图层或图层文件夹以外的其他图层和图层文件夹。
- 【显示其他透明图层】：显示设置其他透明图层。
- 【插入图层】：在当前图层或图层文件夹上插入一个新图层。
- 【删除图层】：删除当前图层。
- 【剪切图层】：对图层进行剪切操作。
- 【拷贝图层】：对图层进行拷贝操作。
- 【粘贴图层】：粘贴剪切或拷贝的图层。
- 【复制图层】：复制指定图层，不需要执行粘贴操作就能创建副本。
- 【引导层】：将当前图层设置为引导层。
- 【添加传统运动引导层】：在当前图层上增加一个运动引导层。
- 【遮罩层】：将当前图层设置为遮罩层。
- 【显示遮罩】：在舞台上显示遮罩效果。
- 【插入文件夹】：在当前图层或图层文件夹上插入一个图层文件夹。
- 【删除文件夹】：删除当前图层文件夹。
- 【展开文件夹】：展开当前图层文件夹，显示其中的图层。
- 【折叠文件夹】：折叠当前图层文件夹。
- 【展开所有文件夹】：展开所有图层文件夹，显示其中的图层。
- 【折叠所有文件夹】：折叠所有图层文件夹。
- 【属性】：打开【图层属性】对话框。

选择菜单命令【修改】/【时间轴】/【图层属性】，也可以打开【图层属性】对话框，如图1-28所示，其中各选项的功能如下。

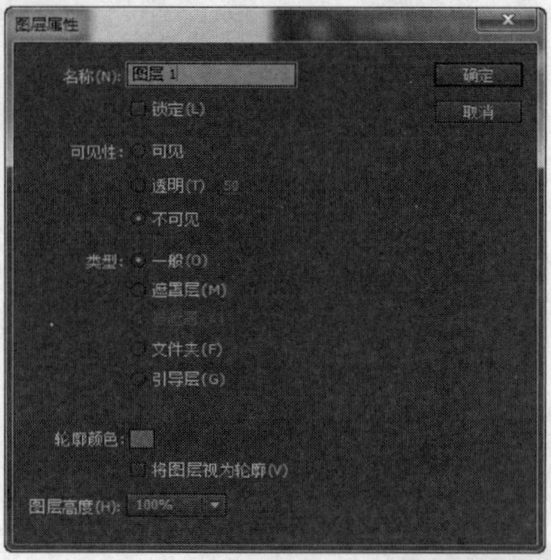

图1-28　【图层属性】对话框

- 【名称】：修改图层名，使其容易识别。
- 【锁定】：选中后锁定图层。
- 【可见】：选中后显示图层。
- 【透明】：设置图层的透明度，其值越大，透明度越低。
- 【不可见】：选中后隐藏图层。
- 【类型】：选择图层的类型。
- 【轮廓颜色】：若选中【将图层视为轮廓】复选项，则将以所选的颜色显示图层轮廓线。
- 【图层高度】：设置该图层在图层显示区的显示高度。

三、设置图层和图层文件夹

图层和图层文件夹的基本操作如下。

(1) 选择图层或图层文件夹。

在图层管理区中要选择图层或图层文件夹，可以采用以下方法。选定的图层将带有彩色背景（例如橙黄色），如图 1-29 所示。

- 在图层名或图层文件夹名处单击鼠标左键。
- 在图层中的任意帧处单击鼠标左键。
- 在舞台上选择对应图层中的对象。
- 按 Ctrl 键单击图层名，可以逐个选择多个图层；按 Shift 键单击两个图层名，其间的所有图层都将被选择。

(2) 创建新图层或图层文件夹。

在图层管理区中创建新图层或图层文件夹（如图 1-30 所示），可以采用以下方法。

- 在图层管理区底部单击 按钮插入一个新图层，单击 按钮插入一个新图层文件夹。单击 按钮删除选定的图层或图层文件夹。
- 选择菜单命令【插入】/【时间轴】/【图层】，插入一个新图层；选择菜单命令【插入】/【时间轴】/【图层文件夹】，插入一个新图层文件夹。
- 用鼠标右键单击图层名，在打开的快捷菜单中选择【插入图层】命令或【插入文件夹】命令。

图1-29 选中图层

图1-30 选中图层文件夹

要点提示 图层文件夹用来组织管理图层,如果一个动画中创建了很多图层,可以建立不同的图层文件夹,把相同属性的图层放进去。把图层放进文件夹可以用图 1-27 中的【剪切图层】命令和在文件夹上粘贴图层的操作;也可以直接将图层拖入或拖出文件夹;如图 1-31 所示,还可以根据需要把图层文件夹折叠起来,如图 1-32 所示。

图1-31 将图层放进文件夹

图1-32 折叠和展开文件夹

(3) 隐藏图层或图层文件夹。

在图层管理区中隐藏图层或图层文件夹,可以采用以下方法。图层被隐藏后,图层内容不可见,也不能再被修改。

- 单击图层或文件夹名称右侧的 👁 图标所对应的列,可以隐藏该图层或文件夹,再次单击可以显示该图层或文件夹。
- 单击 👁 图标可以隐藏所有的图层和文件夹,再次单击可以显示所有的图层和文件夹。
- 按住鼠标左键,在 👁 图标对应的列中拖动,可以显示或隐藏相应的图层或文件夹。
- 按 Alt 键,单击图层或图层文件夹名称右侧的 👁 图标所对应的列,可以隐藏其他所有图层和图层文件夹,再次按 Alt 键并单击图标所对应的列,可以恢复其显示状态。

(4) 其他操作。

在图层管理区中还可以执行以下图层操作。

- 🔒 按钮:用于锁定图层或图层文件夹。图层被锁定后,图层内容不能再被修改。被锁定的图层上有 🔒 标记,如图 1-33 所示。
- ▣ 按钮:将所有图层显示为轮廓(去掉填充内容),如图 1-34 所示。显示轮廓可以节约系统资源。

以上两项可以采用与隐藏图层或图层文件夹相同的方法实现类似操作。

要点提示 还可以移动图层来调整图层间的顺序。选中要移动的图层,按住鼠标左键拖动,其将以一条粗横线表示,拖动粗横线到需要的位置释放鼠标左键即可。而删除图层则只能使用 🗑 按钮,切记不要按 Delete 键,这样不能删除图层,只能删除舞台上的对象。

图1-33　锁定图层

图1-34　显示轮廓

1.3　综合应用——制作"运动小球"

本例将全面使用 Animate 动画制作方法制作一个小球运动的动画，小球按照图 1-35 所示的轨迹跳动。

图1-35　"运动小球"设计结果

【操作要点】

1.　布置舞台。

(1)　运行 Animate CC 2019 软件。

(2)　新建一个 Animate（ActionScript 3.0）文档，在【属性】面板中设置文档帧频为"24"，文档大小为 550 像素×400 像素，如图 1-36 所示。

2.　绘制"地面"元件。

(1)　新建元件。

①　选择菜单命令【插入】/【新建元件】，打开【创建新元件】对话框。

②　设置元件【类型】为【影片剪辑】。

③　设置元件【名称】为"地面"。

④　单击 确定 按钮，进入元件编辑模式。如图 1-37 所示。

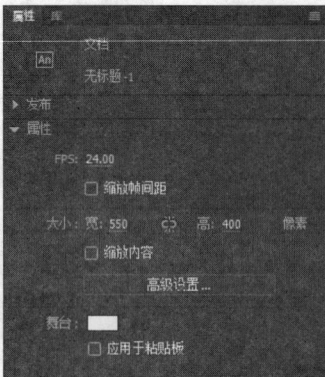

图1-36　设置文档属性

图1-37　【创建新元件】对话框

(2) 绘制轮廓。

① 选择菜单命令【视图】/【标尺】，打开标尺。

② 按 N 键或在工具栏中单击 （线条工具）按钮，启用线条工具。

③ 在舞台上面画四条水平的线段，线间距约 40 像素，宽度约 600 像素，如图 1-38 所示。

④ 在线段上方正中找一个点，过这个点向外画几条线段，如图 1-39 所示。

图1-38　绘制线段（1）

图1-39　绘制线段（2）

(3) 编辑轮廓。

① 在工具栏中单击 （橡皮擦工具）按钮，启用橡皮擦工具。

② 在【属性】面板中单击 （橡皮擦形状）按钮，选择橡皮擦的形状和大小。

③ 使用橡皮擦擦去多余线条，保留图 1-40 所示的结果（宽度约 550 像素）。

④ 用线条工具将该矩形封闭起来，如图 1-41 所示。

图1-40　擦除线条

图1-41　封闭线条

(4) 着色对象。

① 在工具栏中单击 （颜料桶工具）按钮，启动颜料桶工具。

② 在【属性】面板的【填充和笔触】卷展栏中单击 图标后方的按钮，设置【填充颜色】为 "#A552A5"，如图 1-42 所示。

③ 将鼠标指针移到舞台，其变为颜料桶形状，单击矩形块着色，结果如图 1-43 所示。

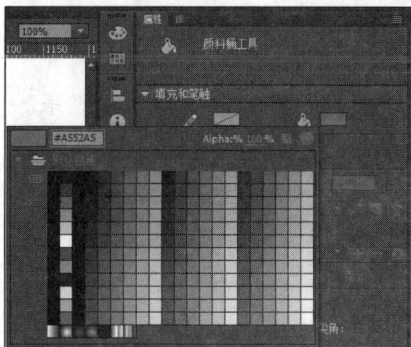

图1-42　设置颜色

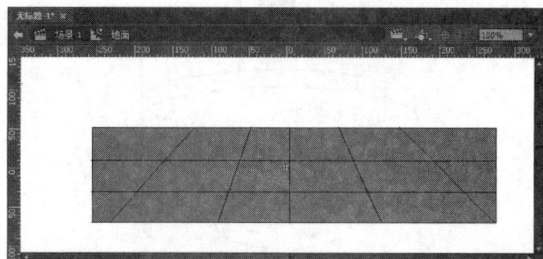

图1-43　着色对象

3.　绘制 "桌子" 元件。

(1)　新建元件。

①　选择菜单命令【插入】/【新建元件】，打开【创建新元件】对话框。

②　设置元件【类型】为【影片剪辑】。

③　设置元件【名称】为 "桌子"。

④　单击 ▭ 确定 按钮，进入元件编辑模式。

(2)　绘制轮廓。

①　在工具栏中单击 ◯ (椭圆工具) 按钮，启动椭圆工具。

②　在【属性】面板的【填充和笔触】卷展栏中单击 🖌 图标后方的按钮，在弹出的面板右上角单击 🔲 按钮，设置填充颜色为 🔳 (无)。

③　在舞台中央画两个椭圆，如图 1-44 所示。

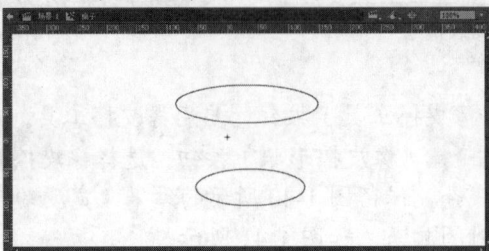

图1-44　绘制椭圆

(3)　编辑轮廓。

①　在工具栏中单击 ▸ (选择工具) 按钮，单击选中椭圆，如图 1-45 所示。

②　将鼠标指针移动到刚刚选中的部分，此时指针呈 ✛ 状态，按住 Alt 键，拖动椭圆至下方 3 像素左右，释放鼠标左键，如图 1-46 所示。

图1-45　选中图形

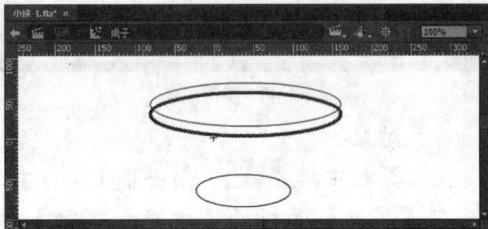

图1-46　移动图形

(4)　绘制和编辑图形。

①　在工具栏中单击 ╱ (线条工具) 按钮，绘制两个椭圆的切线，将两椭圆的边框用竖直的线段连接起来，如图 1-47 所示。

②　在工具栏中单击 ◆ (橡皮擦) 按钮，擦去多余的线条，保留图 1-48 所示的结果。

图1-47　绘制线段

图1-48　编辑图形

③ 使用同样的方法对下方小圆进行处理，结果如图 1-49 所示。

(5) 新建图层。

① 在【时间轴】面板中单击 (新建图层) 按钮，新建"图层 2"。

② 单击激活该图层进入编辑状态，如图 1-50 所示。

图1-49 绘制线段等

图1-50 新建"图层 2"

(6) 绘制并调节矩形。

① 在工具栏中单击 (矩形工具) 按钮，一边紧贴大圆下方，另一边处于小圆中间绘制一个如图 1-51 所示的矩形。

② 在工具栏中单击 (选择工具) 按钮，将鼠标指针移动到矩形的旁边，此时指针呈 状态，调节线段的弧度，结果如图 1-52 所示。

图1-51 绘制矩形

图1-52 调节图形形状

(7) 着色图形。

① 在工具栏中单击 (颜料桶工具) 按钮，启动颜料桶工具。

② 单击 按钮或按 Ctrl+Shift+F9 组合键，打开【颜色】面板。

③ 在【颜色】面板中设置【类型】为【线性渐变】，如图 1-53 所示。

④ 将【色带】左边色块颜色值设置为"#E2A210"，右边色块颜色值设置为"#F4F4F4"，如图 1-54 所示。

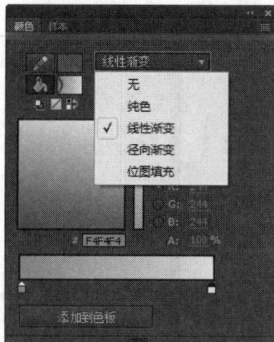

图1-53 【颜色】面板

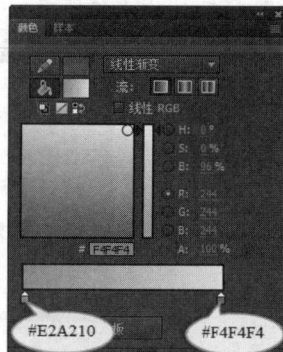

图1-54 设置渐变色

⑤　单击桌子上面各个封闭区域可以为桌子着色，效果如图 1-55 所示。

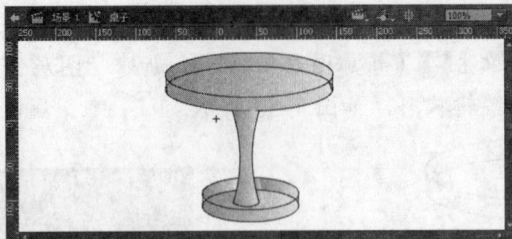

图1-55　填充图形

4.　绘制"球"元件。

(1)　建立元件。

①　选择菜单命令【插入】/【新建元件】，打开【创建新元件】对话框。

②　设置元件【名称】为"球"、【类型】为【影片剪辑】。

③　单击 ⬚确定 按钮进入元件编辑状态。

(2)　绘制图形。

①　在工具栏中单击 ⬚ （椭圆工具）按钮，启动椭圆工具。

②　按住 Shift 键，在舞台上面绘制一个半径约 50 像素的圆，如图 1-56 所示。

③　在工具栏中单击 ⬚ （颜料桶工具）按钮，启动颜料桶工具。

④　打开【颜色】面板，将填充【类型】设置为【径向渐变】。

⑤　在【色带】左边设置颜色值为 "#BBBBBB"，如图 1-57 所示。设置右侧颜色值为 "#000000"。

图1-56　绘制圆

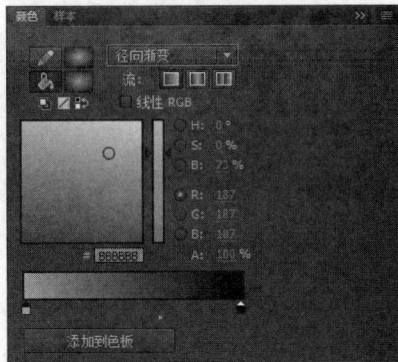

图1-57　设置颜色

⑥　使用颜料桶工具为小球上色（灰色），效果如图 1-58 所示。

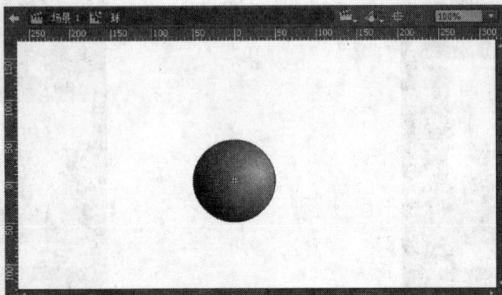

图1-58　为小球着色

5. 绘制"阴影"元件。

(1) 建立元件。

① 选择菜单命令【插入】/【新建元件】，打开【创建新元件】对话框。

② 设置元件【名称】为"阴影"、【类型】为【影片剪辑】。

③ 单击 确定 按钮进入元件编辑状态。

(2) 绘制图形。

① 在工具栏中单击 ⬭（椭圆工具）按钮，启动椭圆工具。

② 按住 Shift 键在舞台上面绘制一个半径约 50 像素的圆。

(3) 填充和编辑图形。

① 在工具栏中单击 ✋（颜料桶工具）按钮，启动颜料桶工具。

② 打开【颜色】面板，将填充【类型】设置为【径向渐变】。

③ 单击【色带】中间偏右的位置，添加一个色块。

④ 在【色带】中设置 3 个色块颜色值都为"#000000"。

⑤ 设置左边色块【Alpha】值为"100%"、中间色块【Alpha】值为"7%"、右边色块【Alpha】值为"0%"，如图 1-59 所示。

⑥ 用颜料桶工具为小球上色。

⑦ 按 V 键启用选择工具，选中轮廓线，再按 Delete 键删除轮廓线，如图 1-60 所示。

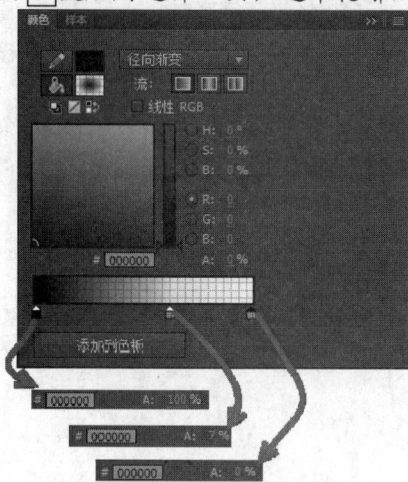

图1-59　设置颜色

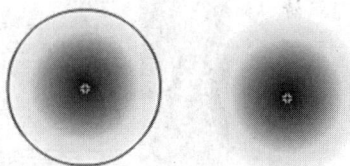

图1-60　删除轮廓线

⑧ 在工具栏中单击 ▦（任意变形工具）按钮，选中舞台上的阴影，调节其形状，最终效果如图 1-61 所示。

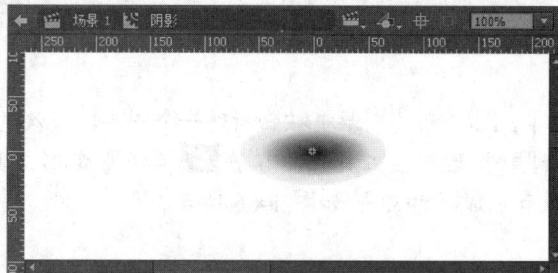

图1-61　调节阴影形状

6. 制作小球运动效果。

(1) 布置舞台，将刚刚绘制的元件添加到舞台中。

① 单击舞台左上角的【场景 1】，如图 1-62 所示，此时进入主场景舞台。

图1-62　进入主场景舞台

② 打开【库】面板，此时可以看见刚刚已经做好的 4 个元件，如图 1-63 所示。

③ 将刚刚做好的"地面""阴影"和"桌子"元件拖曳到舞台上，调节其位置如图 1-64 所示。

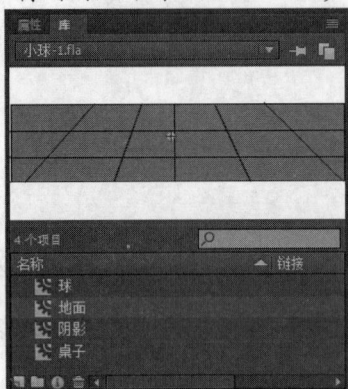

图1-63　【库】面板

图1-64　创建元件实例

④ 在舞台的"阴影"上面单击鼠标右键，在弹出的快捷菜单中选择【排列】/【移至顶层】命令，如图 1-65 所示。

图1-65　移动对象位置

(2) 调节对象。

① 在【时间轴】面板中单击 (新建图层) 按钮新建一个图层，进入"图层 2"的编辑状态。

② 将"球"元件拖曳到舞台上，在工具栏中单击 (任意变形工具) 按钮，调节球与阴影的大小及位置，调节完成后的效果如图 1-66 所示。

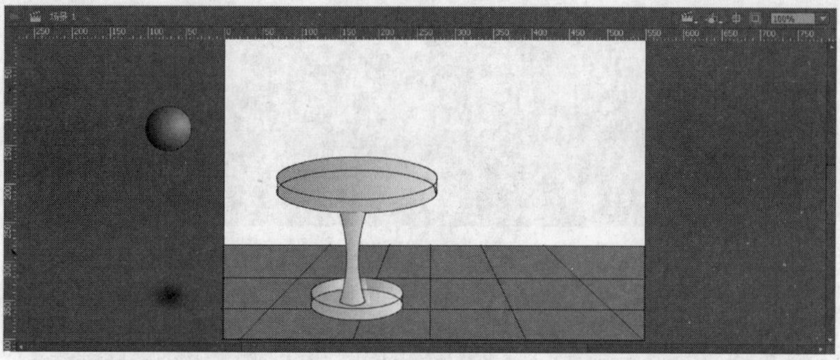

图1-66 调节图形

(3) 创建引导层。

① 新建引导层：在"图层2"上单击鼠标右键，在弹出的快捷菜单中选择【添加传统运动引导层】命令，如图1-67所示。

② 建立好引导层之后，单击引导层使其处于编辑状态，如图1-68所示。

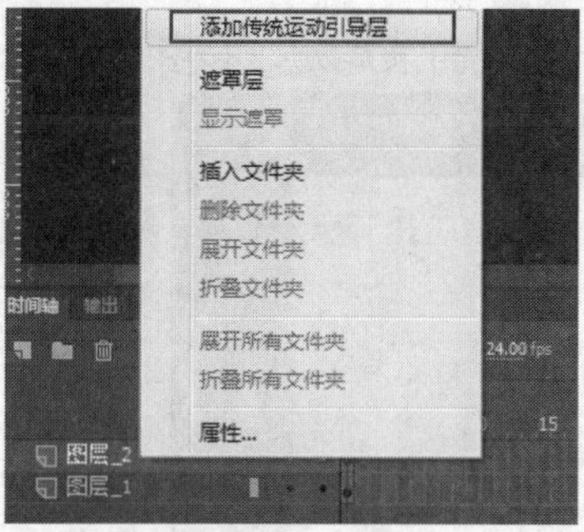

图1-67 创建引导层

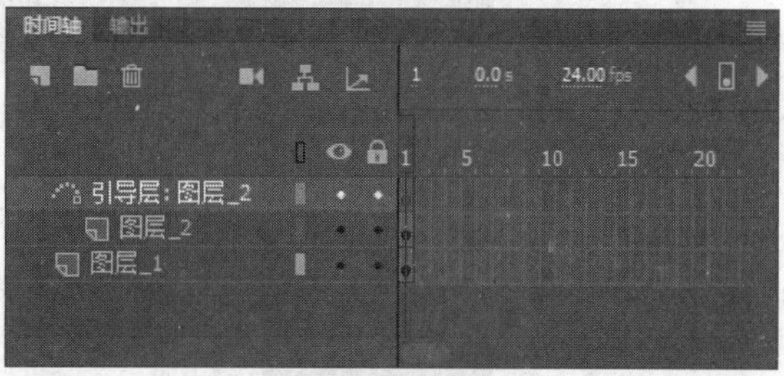

图1-68 激活引导层

(4) 创建运动轨迹。

① 用铅笔工具 ✏ 绘制小球运动的大致轨迹线条。

② 用选择工具 ▷ 调整线条的弧度和高低，从而配合为小球画一条引导线，效果如图1-69所示。

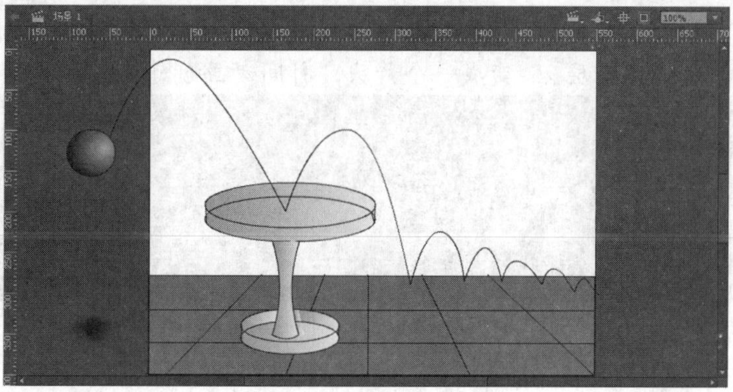

图1-69 绘制运动轨迹

(5) 创建引导层动画。

① 在"引导层"第50帧处按 F6 键插入一个关键帧。

② 按照这种方法在"图层2"第50帧处也插入一个关键帧，如图1-70所示。

图1-70　插入关键帧

③　在"图层 1"第 50 帧处按 F5 键插入一个普通帧，如图 1-71 所示。

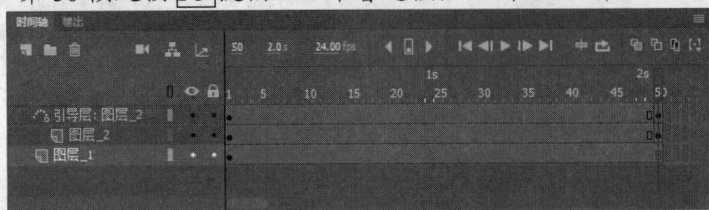

图1-71　插入普通帧

④　选择"图层 2"的第 50 帧，在舞台上将球移动到引导线的末尾处，如图 1-72 所示。

图1-72　移动小球

⑤　在"图层 2"的第 1 帧处单击鼠标右键，在弹出的快捷菜单中选择【创建传统补间】命令，此时可以看到"图层 2"变成一个箭头，补间动画创建完成，如图 1-73 所示。

图1-73　创建补间动画

7.　制作阴影运动效果。

(1)　标记阴影运动位置。

①　选择菜单命令【插入】/【新建元件】，打开【创建新元件】对话框。

②　设置元件【名称】为"十字"、【类型】为【影片剪辑】。单击 确定 按钮进入元件编辑状态。

③ 在工具栏中单击 ![线条工具] （线条工具）按钮，在舞台中心画一个宽、高约 50 像素的十字状图形，如图 1-74 所示。

④ 单击舞台左上角的 ![场景1]，然后单击"图层 1"，进入"图层 1"的编辑状态。

⑤ 拖曳 3 个"十字"元件到舞台，拖曳其中两个"十字"元件竖直方向分别靠齐桌子左右边缘，拖曳 1 个"十字"元件水平方向靠齐引导线与地面接触处，如图 1-75 所示。

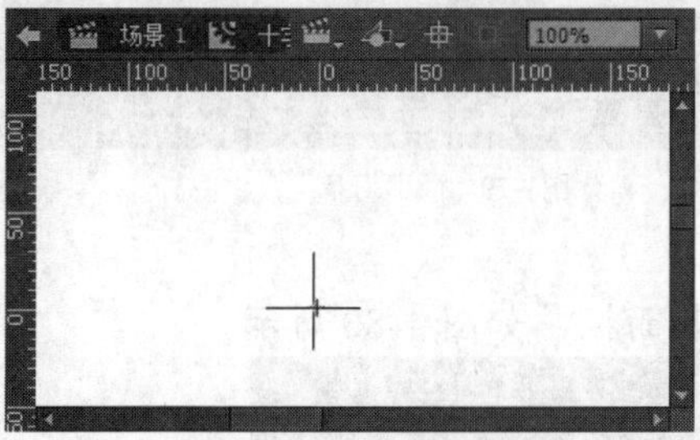

图1-74　绘制十字形状

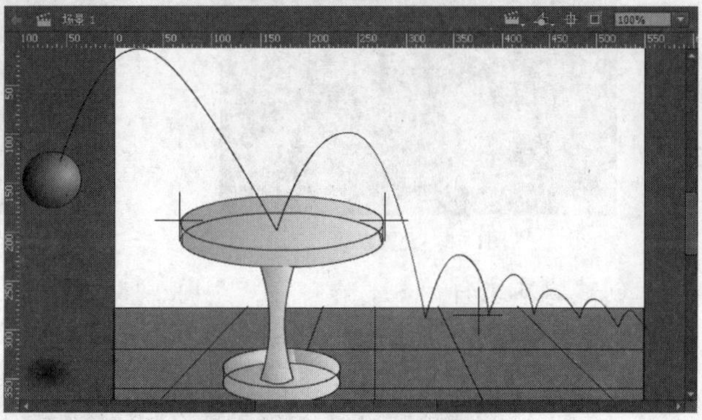

图1-75　布置十字形状

(2) 创建实例名称。

① 单击"图层 2"的第 1 帧，单击舞台上面的"球"，在【属性】面板的【实例名称】中输入"Ball"。

② 单击"图层 2"的第 50 帧，然后单击舞台上面的"球"，在【属性】面板的【实例名称】中输入"Ball"，如图 1-76 所示。

③ 将"阴影"的【实例名称】设置为"Mshadow"，分别将 3 个"十字"的【实例名称】设置为"L""R""M"，如图 1-77 所示。

图1-76　【属性】面板

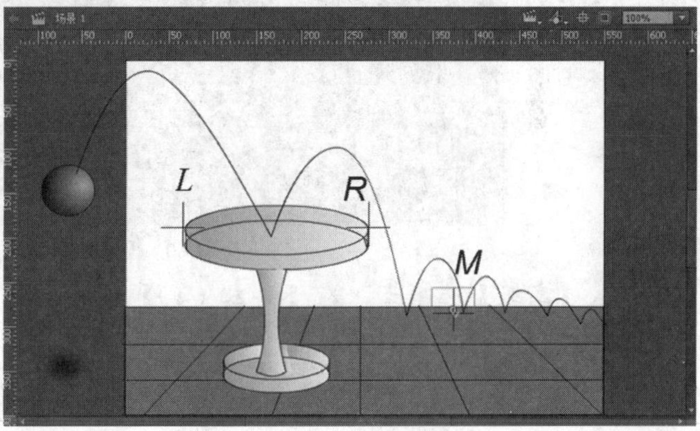

图1-77　布局实例

(3) 设置 Alpha 参数。

① 单击舞台上面的一个"十字"，进入【属性】面板的【色彩效果】卷展栏，在【样式】下拉列表中选择【Alpha】，其值设置为"0%"，如图 1-78 所示。

② 将 3 个"十字"的 Alpha 值都设为"0%"，此时，3 个"十字"被隐藏起来，如图 1-79 所示。

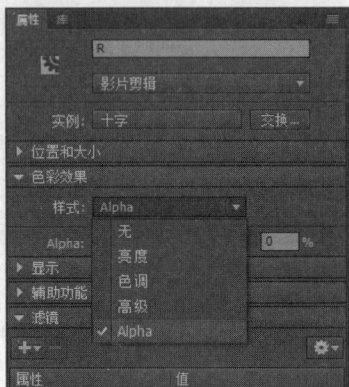

图1-78　设置参数

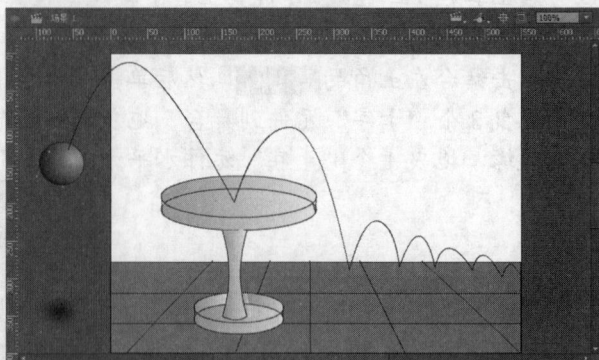

图1-79　隐藏对象

(4)　创建脚本文件。

① 选择菜单命令【文件】/【新建】，打开【新建文档】面板，如图 1-80 所示。

图1-80　【新建文档】面板

② 进入【高级】选项卡，在【脚本（4）】组中选择【ActionScript 文件】选项，然后单击
　　创建按钮，进入 ActionScript 编辑界面，如图 1-81 所示。

图1-81　进入脚本环境

③ 选择菜单命令【文件】/【保存】，打开【另存为】对话框，在保存的位置选择当前的目录，将文件命名为 "main.as"，然后单击 ⬚保存(S) 按钮，如图 1-82 所示。

图1-82 【另存为】对话框

(5) 添加控制代码。

在脚本编辑里面输入如下代码：

```
package {
import flash.display.MovieClip;
import flash.events.Event;
public class main extends MovieClip {
public function main():void {
this.addEventListener(Event.ENTER_FRAME,aaa);
}
public function aaa(Event) {
if (this.currentFrame<this.totalFrames) {
Mshadow.x=Ball.x;
if (Ball.x<R.x&&Ball.x>L.x) {
Mshadow.y=L.y+Ball.height/2;
} else {
Mshadow.y=M.y+Ball.height/2;
}
} else {
this.stop();
}
}
}
}
```

(6) 测试，发布影片。

按 Ctrl+Enter 组合键测试影片，查看最终设计效果。

1.4 习题

1. 简要说明动画的创建原理。
2. 使用 Animate CC 创建的动画有什么优势？
3. Animate CC 动画制作的一般流程是什么？
4. 简要说明 Animate CC 2019 的界面构成要素。
5. 练习使用 Animate CC 2019 创建一个简单的小动画。

第2章 绘制基本图形

【学习目标】
- 进一步熟悉 Animate CC 2019 的设计环境。
- 掌握 Animate CC 2019 绘图工具的管理方法。
- 掌握 Animate CC 2019 基本绘图工具的使用方法。
- 明确在设计时选用设计工具的基本原则。

正所谓"工欲善其事，必先利其器"，使用 Animate CC 2019 进行动画制作前需要大量的素材。取得动画素材的途径一般有两种：一种是使用 Animate CC 2019 软件自带的工具进行动画素材绘制，另一种是导入外部动画素材。

2.1 矢量图形基础知识

在开始讲述利用 Animate CC 绘图工具进行素材绘制之前，首先来认识一下 Animate CC 2019 为用户提供的绘图工具。

2.1.1 矢量图形和位图图像

矢量图形和位图图像是两种不同的文件类型，其区别如下。

一、矢量图形

矢量图形用直线和曲线及其填充来围成图形，包含颜色和位置等属性。对矢量图形进行移动、调整大小、重定形状以及更改颜色的操作不会更改其外观品质。矢量图形与分辨率无关，可以显示在各种分辨率的输出设备上，而不影响图形质量。

> **要点提示** 矢量图形适用于二维卡通动画等线性图，能够有效地减少文件容量。Animate CC 制作的图形和动画使用的就是这种矢量图形格式。

二、位图图像

位图图像用一组排列在网格内的彩色像素点来描述图像。通过修改像素来编辑位图图像时，由于位图图像跟分辨率有关，所以编辑位图图像会影响其外观品质，在比图像本身的分辨率低的输出设备上显示位图图像时，也会降低它的外观品质。

> **要点提示** 位图图像适合用于表现层次和色彩细腻丰富，包含大量细节的图像。大部分的图像处理软件，如 Photoshop 等，使用的都是位图格式的图像。

矢量图形与位图图像的特点对比如图 2-1 所示。

将矢量图放大 10 倍　　　　　　　　　　　　　将位图放大 10 倍

图2-1　矢量图形和位图图像对比

要点提示 显示一幅位图图像所需的 CPU 计算量要远小于显示一幅矢量图形，这是因为显示位图图像一般只需把图像写入到显示缓冲区中，而显示一幅矢量图形则需要 CPU 计算组成每个图元（如点、线等）的像素点的位置与颜色，这需要较强的 CPU 计算能力。

2.1.2 线条和填充图形

使用 Animate CC 2019 绘图时必须区分"线条"和"填充图形"这两个概念。用户可以单独使用线条绘制图形，也可以单独绘制填充图形，还可以绘制同时具有线条和填充的图形，如图 2-2 所示。

图2-2　线条和填充图形

一、　线条

线条是指用线条工具 ⬩、钢笔工具 ⬩ 或铅笔工具 ⬩ 绘制的图形，以及由椭圆工具 ⬩、矩形工具 ⬩ 等绘制的图形的外部边框线。

线条的属性通过修改【属性】面板中的【笔触】相关参数来调整。可以使用墨水瓶工具 ⬩ 改变线条的颜色，但不能使用颜料桶工具 ⬩ 来改变线条的颜色。

要点提示 在 Animate CC 2019 中还有一个概念叫"笔触"，其含义与"线条"相似。

二、　填充图形

填充图形是指用画笔工具 ⬩ 绘制的图形，或者是由椭圆工具 ⬩、矩形工具 ⬩ 等绘制的图形的内部填充部分。

填充图形的属性通过修改【属性】面板中的【填充】相关参数来调整。填充图形的颜色不能通过墨水瓶工具 ⬩ 来改变，只能使用颜料桶工具 ⬩ 来调整。

2.1.3 合并绘制模式和对象绘制模式

Animate CC 有以下两种绘制模式，它们为绘制图形提供了极大的灵活性。

一、 合并绘制模式

在合并绘制模式，重叠绘制的两个图形会自动合并。当移动其中一个图形时，在另一个图形上将留下缺口。例如，绘制一个正方形并在其上方叠加一个圆形，然后选取此圆形并进行移动，则留下的正方形将有一个圆形缺口，如图 2-3 所示。

二、 对象绘制模式

在对象绘制模式，可将图形绘制成独立的对象，在叠加时不会自动合并。分离或重排重叠的图形时，也不会改变外形。可以分别对这些对象进行处理。例如，绘制一个正方形并在其上方叠加一个圆形，移走圆形时，正方形的形状依旧是完整的，如图 2-4 所示。

图2-3　合并绘制模式　　　　　　　　　　图2-4　对象绘制模式

2.1.4　认识绘图工具

Animate CC 2019 提供了强大的绘图工具，为用户制作动画素材带来了极大的方便。Animate CC 2019 的主要设计工具均集中在图 2-5 所示的【工具】面板上。

一、 工具的快捷键

将鼠标指针指向【工具】面板上的工具时，会弹出提示框显示该工具的名称，在名称后面的括号中有字母或组合键就是该命令的快捷键。

> **要点提示**
>
> 矩形工具的快捷键是 R，表示按下 R 键即可启动矩形工具。铅笔工具的快捷键是 Shift+Y，表示同时按 Shift 键和 Y 键即可启动铅笔工具。读者在设计时应该养成使用快捷键的习惯，这样可以大大提高设计效率。

二、 【属性】面板及扩展面板

启动一个设计工具后，在【工具】面板左侧会打开该工具的【属性】面板，【属性】面板用于详细设置工具参数，图 2-6 所示为椭圆工具的【属性】面板。

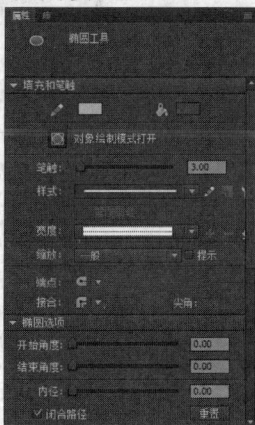

图2-5　【工具】面板　　　　　　　　　　图2-6　椭圆工具的【属性】面板

同时在【工具】面板底部将打开该工具的扩展面板。该面板包括"颜色参数"设置区和"选项参数"设置区两个部分，如图 2-5 所示。大多数工具均有"颜色参数"设置区；只有部分工具有"选项参数"设置区，用于设置该工具的一些特殊参数。

三、 工具的分类

根据用途的不同，工具可分为以下 6 类。

(1) 规则形状绘制工具：主要包括矩形工具 ▢、基本矩形工具 ▢、椭圆工具 ◯、基本椭圆工具 ◉、多角星形工具 ◉ 和线条工具 ╱。

(2) 不规则形状绘制工具：主要包括钢笔工具 ✎、铅笔工具 ✐、画笔工具 🖌 和文本工具 T。

(3) 形状修改工具：主要包括选择工具 ▶、部分选取工具 ▷、任意变形工具 ▦ 和套索工具 ◯。

(4) 颜色修改工具：主要包括墨水瓶工具 🖆、颜料桶工具 🖌、滴管工具 ✎、橡皮擦工具 ▱ 和渐变变形工具 ▢。

(5) 视图修改工具：主要包括手形工具 ✋、旋转工具 ✋、摄像头工具 🎥 和缩放工具 🔍。

(6) 动画辅助工具：主要包括骨骼工具 🦴 和绑定工具 ◯。

2.2 绘制线条

线条作为创建画面对象的组成元素，从简单的简笔画到复杂的装饰纹理图案，都发挥着十分重要的作用。线条既构成图形的边界，也为填充区域的划分提供了依据。

2.2.1 铅笔工具

铅笔工具 ✐ 的用法与使用真实铅笔进行绘画大致相同，用于绘制各种线条。

一、【属性】面板

铅笔工具的【属性】面板如图 2-7 所示，其中主要参数用法如下。

- ✐ ▬ ：单击右侧色块图标，打开图 2-8 所示的颜色面板，设置笔触颜色。

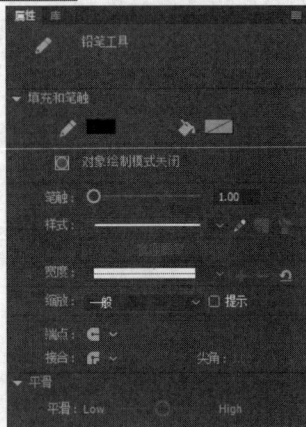

图2-7 【铅笔工具】属性参数

图2-8 颜色面板

- 【对象绘制模式关闭】 ◉：默认情况下对象绘制模式关闭，为合并绘制模式。单击 ▣ 按钮可以打开对象绘制模式。

- 【笔触】：拖动右侧滑块设置笔触高度，也可以在右侧文本框中输入准确数值，不同笔触高度绘制的图形如图 2-9 所示。
- 【样式】：从右侧下拉列表中设置线条样式，可用样式如图 2-10 所示。单击右侧的 ✎ 按钮，打开【笔触样式】对话框，可以详细编辑笔触样式，如图 2-11 所示。

图2-9 笔触高度示例   图2-10 笔触样式   图2-11 【笔触样式】对话框

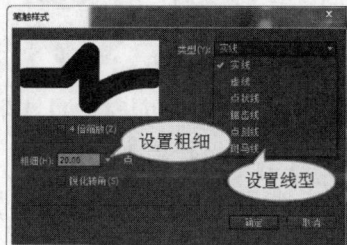

- 【宽度】：从右侧下拉列表中设置线宽的变化形式，如图 2-12 所示，其应用效果如图 2-13 所示。

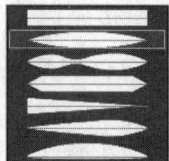

图2-12 线宽的变化形式   图2-13 不同线宽样式的应用

要点提示 在图 2-11 中选中【4 倍缩放】复选项可将预览效果放大 4 倍，方便用户预览。选中【锐化转角】复选项后可以使线条的转折效果更加明显。如果选中【虚线】类型，还可以在图 2-14 所示的对话框中设置虚线中线段和间隔的长度。

- 【缩放】：当【宽度】为【均匀】时，可设置笔触按照指定方向缩放，可选择【一般】【水平】和【垂直】3 个选项。
- 【端点】：从右侧下拉列表中设置笔触端点类型，主要有【无】【圆角】和【方形】3 种，其应用对比如图 2-15 所示。

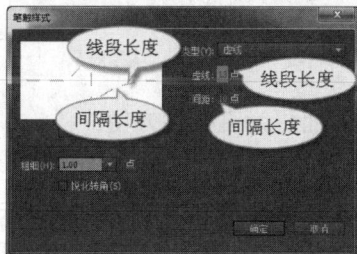

图2-14 设置虚线属性   图2-15 端点选项示例

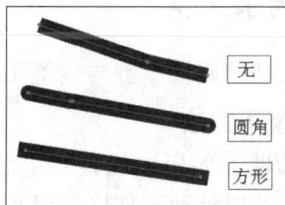

- 【接合】：设置线条在转折处的连接方式，主要有【尖角】【圆角】和【斜角】3 种，其应用对比如图 2-16 所示。选择【尖角】时，可以在右侧的【尖角】文本框中设置尖角大小。

在使用铅笔工具 ✏️ 时，如果按住 Shift 键，可以绘制出水平线或竖直线，如图 2-17 所示。

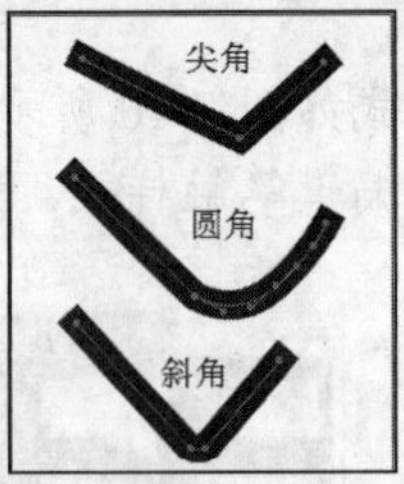

图2-16 【接合】选项示例

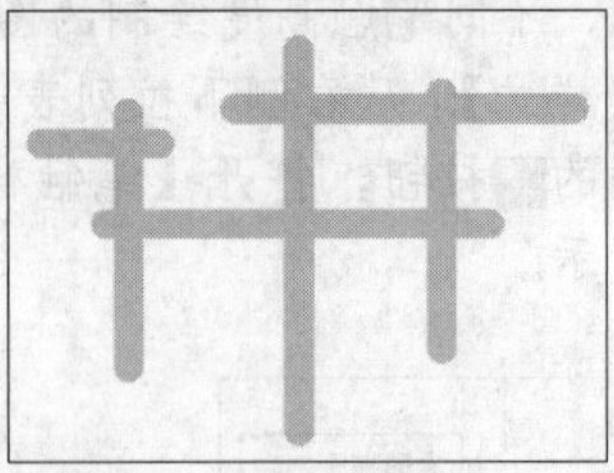

图2-17 绘制水平线或竖直线

二、 铅笔模式

选中铅笔工具后，【工具】面板底部的扩展面板如图 2-18 所示。

图2-18 扩展面板

在图 2-18 中单击底部的铅笔模式按钮，可以使用 3 种铅笔模式。

- 【伸直】模式：绘制的矢量线自行趋向于规整的形态，如直线、方形、圆形和三角形等，绘制的图形效果如图 2-19 所示。
- 【平滑】模式：绘制的线条将趋向于更加流畅平滑的形态，常用于绘制卡通图形等艺术造型，如图 2-20 所示。
- 【墨水】模式：能绘制接近手写体效果的线条。图 2-21 所示的签名就是利用这一属性创建的钢笔书写效果。

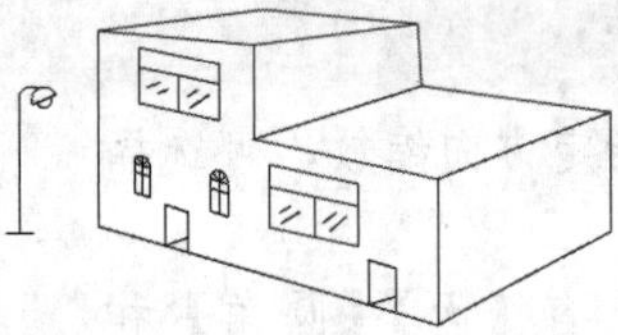

图2-19 【伸直】模式示例

图2-20 【平滑】模式示例

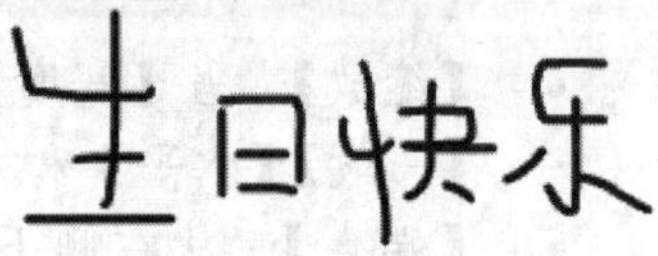

图2-21 【墨水】模式示例

2.2.2 线条工具

线条工具的属性参数与铅笔工具一致，在绘制直线方面更为直接和方便。

一、 使用方法

在【属性】面板中设置好笔触样式后即可在舞台中绘制线条，如图 2-22 所示。绘图时，移动鼠标指针至工作区，当指针变为十字形状时表明线条工具被激活，可以方便地在绘图区绘制平滑的直线。

二、 基础应用——绘制线条

下面结合操作介绍线条工具的用法。

【操作要点】

1. 绘制线条。

(1) 选择线条工具 ⟋，设置笔触高度为"20"。

(2) 按住 Shift 键在舞台中绘制 3 条水平线，如图 2-23 所示。

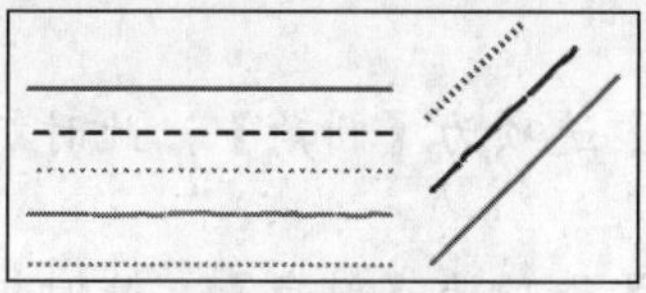

图2-22 绘制的线条效果

图2-23 绘制 3 条水平线

2. 设置线条属性。

(1) 使用选择工具 ▶ 选择第 1 条直线，在【属性】面板中设置【端点】选项为【无】，线段两端变平直。

(2) 保留第 2 条线段的【端点】选项的默认设置【圆角】。

(3) 选择第 3 条线段，设置【端点】选项为【方形】，线段两端变平直，且比第 1 条线段要长。

3 种设置的对比效果如图 2-24 所示。

3. 对比属性。

(1) 使用部分选取工具 ▶ 按住 Shift 键选择 3 条线段。

(2) 对比第 1 条线段与第 3 条线段内部端点位置的差异，如图 2-25 所示。

图2-24 设置端点属性

图2-25 显示端点位置

4. 绘制折线。

(1) 双击橡皮擦工具 ◇ 擦除全部线条。

(2) 选择线条工具 ⟋，在【工具】面板底部扩展工具区的选项参数组中按下【紧贴至对象】按钮 ⌒。

要点提示 单击 ⌒（紧贴至对象）按钮，可以使绘制的线条首尾相连，形成一个连续的线段，如图 2-26 所示。

图2-26 紧贴对象设置

(3) 设置线条工具的笔触高度为"30"，设置【端点】参数为【无】，设置【接合】参数为【尖角】。

(4) 在舞台中绘制相交折线，如图 2-27 所示。

注意对比使用铅笔工具绘制折线和使用线条工具绘制折线的区别。前者可以拖动数值直接绘制带转折的线段，后者在转折时要先释放鼠标左键。

(5) 使用选择工具 ▲ 框选整个折线，然后按住 Alt + Shift 组合键拖动对象，在水平方向上复制出两组新折线。

5. 设置线条属性。

(1) 选择第 2 组折线，在【属性】面板中设置【接合】选项为【圆角】，此时折线接合点变为圆角。

(2) 选择第 3 组折线，在【属性】面板中设置【接合】选项为【斜角】，此时折线接合点变为平直形态，如图 2-28 所示。

图2-27   绘制相交折线

图2-28   【接合】选项不同设置效果

2.3   选择对象

在对图形进行编辑之前，首先需要选中对象。

2.3.1   选择工具

选择工具 ▲ 可以进行选择、移动、复制、调整矢量线或矢量色块形状等操作。

一、 属性设置

单击 ▲ （选择工具）按钮，在【工具】面板的选项参数区有【紧贴至对象】【平滑】和【伸直】3 个功能按钮，如图 2-29 所示，其作用如下。

图2-29   选项参数区

- 【紧贴至对象】按钮 ⋒ ：用于完成吸附功能的选项。在利用链接引导层制作动画时，必须使其处于激活状态，拖动运动物体到运动路径的起始点和终结点，才能使运动物体主动吸附到路径上，从而顺利完成物体沿路径的运动。
- 【平滑】按钮 ⑤ ：使线条或填充图形的边缘更加平滑。
- 【伸直】按钮 ↳ ：使线条或填充图形的边缘趋向于直线或折线效果。

二、 基础应用——使用选择工具

下面结合操作介绍选择工具的用法。

【操作要点】

1. 选择图形。

(1) 创建一个矩形和椭圆叠加的图形。

(2) 使用选择工具 ▲ 单击选中矩形的一条边线，如图 2-30 所示。

(3) 在矩形边缘线上双击鼠标左键，就可以全部选中两个图形的所有边缘线，如图 2-31 所示。

(4) 在空白处单击鼠标左键取消图形的选择状态。

(5) 单击矩形的填充色可以将其选中，如图 2-32 所示。

图2-30　选取一条边线　　　　　　图2-31　选中所有边线　　　　　　图2-32　选中填充色

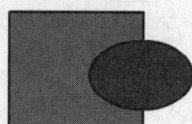

(6) 双击矩形的填充色，可将该封闭填充区域及其边线一起选中，如图 2-33 所示。

(7) 按住 Shift 键再次单击填充色，可以只选中封闭边线，如图 2-34 所示。

(8) 在图形周围绘制一个矩形框，可以选中全部对象，如图 2-35 所示。

图2-33　选取封闭区域及边线　　　图2-34　仅选中封闭区域边线　　　图2-35　选中全部对象

2.　移动图形。

(1) 绘制一个带边线和填充的矩形，如图 2-36 所示。

(2) 选中选择工具 ，双击任意一条边线选中整个边界，将鼠标指针置于边界上按下鼠标左键并拖动鼠标指针移动边界，如图 2-37 所示。

(3) 将鼠标指针置于填充色块上，按下鼠标左键并拖动鼠标指针移动填充色块，如图 2-38 所示。

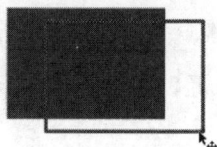

图2-36　绘制矩形　　　　　　　　图2-37　移动边界　　　　　　　　图2-38　移动填充色块

3.　复制图形。

(1) 框选整个矩形，选中选择工具 ，同时按下鼠标左键和 Alt 键拖动图形可以复制图形，如图 2-39 所示。

> 要点提示　复制时会显示对齐参考线，以便将移动的对象与已有目标对象对齐。

(2) 同时选中两个对象，在竖直方向上再次复制图形，结果如图 2-40 所示。

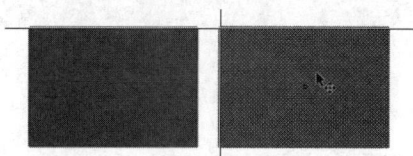

图2-39　复制对象（1）　　　　　　　　　　　图2-40　复制对象（2）

(3) 双击 （橡皮擦工具）按钮，清除舞台中的所有图形。

(4) 选择菜单命令【文件】/【导入】/【导入到舞台】，导入素材文件"素材\第 2 章\蛙.jpg"，如图 2-41 所示。

(5) 配合 Alt 键拖动对象进行复制操作，复制出多个副本，如图 2-42 所示。

图2-41 导入位图

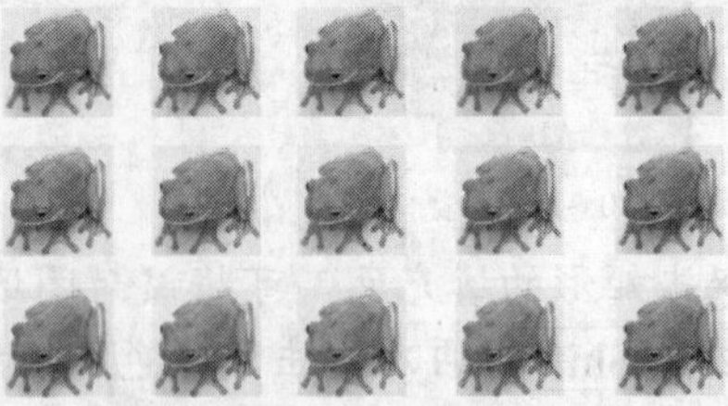

图2-42 复制对象

4. 编辑修改图形。

(1) 选择直线工具 ，在【工具】面板底部的选项参数区中按下 （紧贴至对象）按钮，然后绘制一个"梨"的大致轮廓，如图 2-43 所示。

(2) 选中选择工具 ，将鼠标指针移动到要调整的线条上，当鼠标指针上带有弧形图标时拖曳图形边线直至得到合适的弧度为止，如图 2-44 所示，此时的图像会比以前更理想。

图2-43 绘制图形

图2-44 调整矢量线

(3) 将鼠标指针移动到图形的节点位置，当指针出现方形标识时就可以对矢量图形的节点位置进行调整了，如图 2-45 所示。

(4) 选择颜料桶工具 为图形填充颜色，效果如图 2-46 所示。

图2-45 调整节点位置

图2-46 填充颜色

要点提示 选择工具 的编辑修改功能主要体现在对矢量线和矢量色块的调整上。一般是将原始的线条和色块变得更加平滑，使图形外形线更加饱满流畅。

2.3.2 部分选取工具

部分选取工具 可以深入图形的下一层级对矢量线或矢量图形进行编辑。

一、 鼠标指针形状

在使用部分选取工具 对不同部分进行调整时，鼠标指针会发生相应的变化，其作用如下。

(1) 当鼠标指针移动到没有节点的线段时，指针将变为带有黑色方块的箭头 ▶▪，这时可以按下鼠标左键移动图形的位置。

(2) 当鼠标指针移动到某一个节点上时，指针将变为带有白色方块的箭头 ▶▫，这时按住鼠标左键可以移动单个节点的位置。

(3) 当鼠标指针移动到某一个曲线节点的调节柄头部时，指针将变为一个缩略的小箭头 ▶，这时按住鼠标左键可以调整该节点牵连的线段的弯曲度。

> **要点提示** 在调整一个手柄时，其所对应的另一个手柄也随之变化。要想只编辑该手柄对应的弧线段，只要按 Alt 键进行操作就可以了。

二、基础应用——使用部分选取工具

下面结合操作介绍部分选取工具的用法。

【操作要点】

1. 选择椭圆工具 ⬭ 在舞台中绘制一个椭圆。
2. 选择部分选取工具 ▶，在图形的边线处单击鼠标左键，此时边线上将显示编辑节点，如图 2-47 所示。
3. 拖动编辑节点可以调整其位置，如图 2-48 所示，拖动节点的调节柄头部可以改变节点附近曲线的形状，最终将椭圆调整为图 2-49 所示的形状。

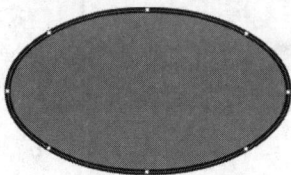

图2-47 显示编辑节点 图2-48 调节形状（1） 图2-49 调节形状（2）

4. 选择矩形工具 ▢ 在舞台中绘制一个矩形。选择部分选取工具 ▶，在矩形边线处单击鼠标左键显示编辑节点，拖动节点调节图形时不会出现调节柄，如图 2-50 所示。
5. 要想使线段节点变为曲线节点，选中节点后，按住 Alt 键并按住鼠标左键向外拖动节点，节点上增加两个可调节柄，如图 2-51 所示。
6. 适当旋转调整手柄的转向，使节点两侧曲线过渡平滑自然，结果如图 2-52 所示。

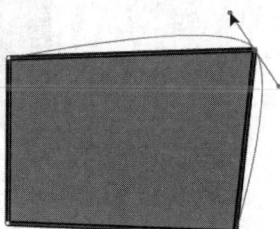

图2-50 调节矩形 图2-51 增加调节柄 图2-52 调节结果

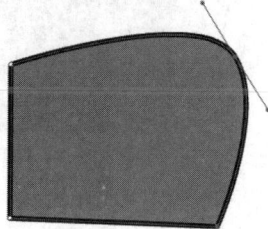

2.4 创建规则图形

使用椭圆工具可以绘制圆和椭圆；使用矩形工具可以绘制正方形和长方形；使用多角星

形工具可以绘制多边形和星形，并可以设置多边形的边数或星形的顶点数。

2.4.1　使用椭圆工具

使用椭圆工具 ⬭ 可以绘制出光滑且精确的椭圆，其参数面板如图 2-53 所示。

一、属性参数

- ⬭ ▭：单击右侧色块图标打开颜色样本面板，利用该面板设置笔触（边线）颜色。
- ⬭ ▭：单击右侧色块图标打开颜色样本面板，利用该面板设置填充颜色。

与铅笔工具的属性参数相比，椭圆工具增加了【椭圆选项】参数组。

- 【开始角度】：绘制不完整椭圆时，设置椭圆的开始角度。
- 【结束角度】：绘制不完整椭圆时，设置椭圆的结束角度。
- 【内径】：设置椭圆内径，用于创建空心椭圆。
- 【闭合路径】：将内径外圆封闭起来，形成封闭面域。
- 重置 ：将所有参数恢复为 0。

二、基础应用——使用椭圆工具

下面结合操作介绍椭圆工具的用法。

【操作要点】

1. 绘制椭圆。

(1) 新建一个 Animate（ActionScript 3.0）文档，选择椭圆工具 ⬭ ，在【属性】面板中单击 ⬭ ▭ 右侧色块，打开颜色样本面板，单击 ⬚ 按钮取消显示外部矢量线条的颜色，如图 2-54 所示。

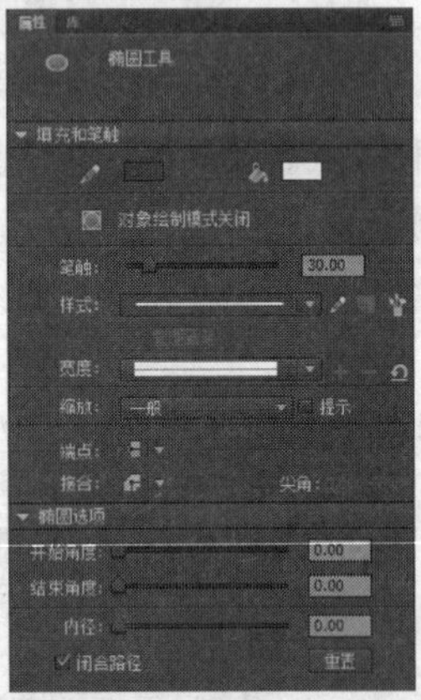

图2-53　椭圆工具参数面板

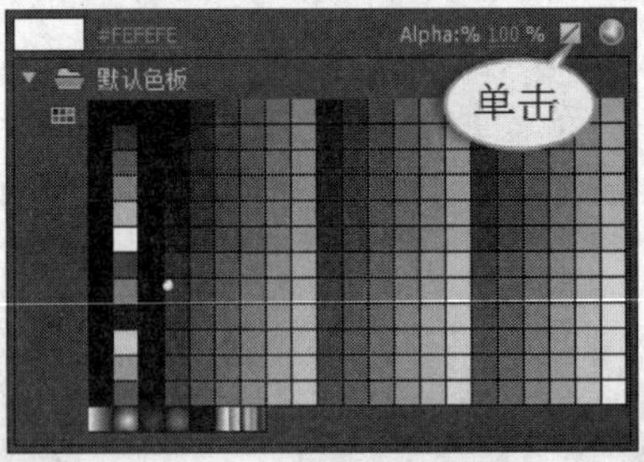

图2-54　颜色样本面板

(2) 单击 ⬭ ▭ 右侧色块，打开颜色样本面板，选取一种填充颜色。当鼠标指针变为 "+" 形状时按住鼠标左键不放并拖动鼠标指针，在舞台中拖曳出无外框线的椭圆，如图 2-55 左图所示。

(3) 单击 ⬭ ▭ 右侧色块，打开颜色样本面板，设置一种笔触颜色，设置笔触高度为 "10"，单击 ⬭ ▭ 右侧色块，打开颜色样本面板，单击 ⬚ 按钮取消显示填充颜色。

(4) 按住 Shift 键绘制一个没有填充颜色的圆，如图 2-55 右图所示。

(5) 使用参数面板中的【椭圆选项】参数绘制图形，如图 2-56 所示。

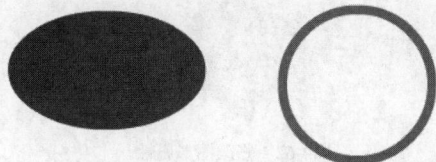

图2-55　绘制椭圆

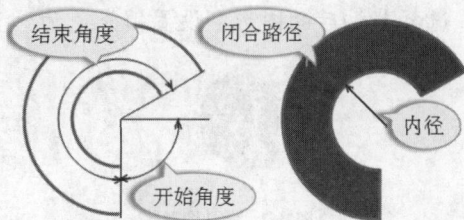

图2-56　使用【椭圆选项】参数绘图

要点提示　如果设置了开始角度和结束角度，但是未选中【闭合路径】复选项，则绘制的椭圆是开放的，填充颜色无效。

2. 使用对象绘制模式绘图。

(1) 选择椭圆工具 ，在参数面板中单击 按钮开启对象绘制模式，设置笔触高度、笔触颜色以及填充颜色，绘制出一个红色椭圆。

(2) 修改填充颜色为蓝色，再绘制一个椭圆，确保两个椭圆有重叠区域，如图 2-57 所示。

3. 联合对象。

(1) 使用选择工具 框选两个椭圆，然后选择菜单命令【修改】/【合并对象】/【联合】，再次移动对象时会发现两个椭圆已经结合在一起了，如图 2-58 所示。

图2-57　绘制两个椭圆

图2-58　联合椭圆

(2) 按 Ctrl + Z 组合键将两个椭圆恢复到独立的状态。

4. 创建交集。

(1) 选择两个椭圆，然后选择菜单命令【修改】/【合并对象】/【交集】，两个椭圆的重叠部分将保留下来（保留的是上面图形的部分），而其余部分将被裁剪掉，结果如图 2-59 所示。

(2) 按 Ctrl + Z 组合键将两个椭圆恢复到独立的状态。

5. 打孔操作。

(1) 选择两个椭圆，然后选择菜单命令【修改】/【合并对象】/【打孔】，此时下面图形与上面图形重合的区域将被裁剪掉，如图 2-60 所示。

图2-59　相交图形

图2-60　打孔图形

(2) 按 Ctrl + Z 组合键将两个椭圆恢复到独立的状态。

6. 裁切操作。

(1) 选择两个椭圆，然后选择菜单命令【修改】/【合并对象】/【裁切】，两个图形的重叠部分将保留下来（保留的是下面图形的部分），而其余部分将被裁剪掉，如图 2-61 所示。

(2) 选择裁切后的图形，设置填充色为"蓝色"，笔触高度为"10"，如图 2-62 所示。

图2-61 裁切图形　　　　　　　　　　　　　　　　图2-62 修改图形属性

要点提示 单击椭圆工具 ○ 右下角的下拉按钮，从弹出的工具组中选择基本椭圆工具 ○ ，其基本参数与椭圆工具 ○ 类似，但是绘制的椭圆上多一个形状控制点，如图 2-63 所示。使用选择工具 ▷ 选中该椭圆后，拖动形状控制点可以得到扇形，如图 2-64 所示。

形状控制点

图2-63 基本椭圆工具绘制的椭圆　　　　　　　　　图2-64 创建扇形

2.4.2 使用矩形工具

使用矩形工具 ■ 可以创建出精确的矩形，其参数面板如图 2-65 所示。

一、参数设置

可以通过设置【矩形选项】中的参数绘制有圆角的矩形。

- 数值文本框：依次输入 4 个顶角处的圆角半径。
- ⊶：锁定圆角半径值，使 4 个顶角处的圆角半径相等，再次单击该按钮取消锁定。

二、基础应用——使用矩形工具

下面结合操作介绍矩形工具的用法。

【操作要点】

1. 绘制矩形。

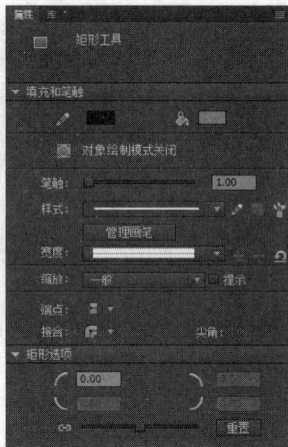

图2-65 矩形工具参数面板

(1) 选择矩形工具 ■ 。

(2) 在【属性】面板中分别选择不同类型的笔触（实线、虚线及点画线等）和填充颜色（单色、渐变色及半透明色等）。

(3) 绘制不同类型的矩形，如图 2-66 所示。

2. 设置属性。

(1) 在【矩形选项】参数组中可以设置不同的圆角半径，绘制带圆角的矩形，圆角半径取值范围为 0~9999，其值越大，圆角效果越明显。

(2) 圆角比较大的矩形其形状与圆形基本一致，如图 2-67 所示。

图2-66 绘制矩形

图2-67 绘制不同类型的矩形

单击 ▨ （矩形工具）右下角的下拉按钮，从弹出的工具组中选择基本矩形工具 ▨ ，其基本参数与矩形工具 ▨ 类似，但是绘制的矩形四角均有形状控制点，如图 2-68 所示。使用选择工具 ▸ 选中矩形后，拖动形状控制点可以得到倒角矩形，如图 2-69 所示。

控制点

图2-68 基本矩形工具创建的矩形

图2-69 创建倒角矩形

2.4.3 使用多角星形工具

利用多角星形工具 ⬡ 可以绘制出任意多边形和星形图形，方便用户创建较为复杂的图形。

一、参数设置

多角星形工具参数面板如图 2-70 所示。单击底部的 选项... 按钮，弹出图 2-71 所示的【工具设置】对话框。各选项参数介绍如下。

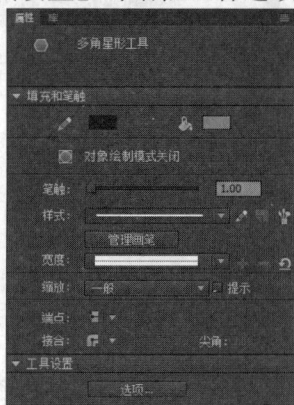

图2-70 多角星工具参数面板

图2-71 【工具设置】对话框

- 【样式】：在该下拉列表中可以选择【多边形】或【星形】选项，确定将要创建的图形形状。
- 【边数】：在其右侧的文本框中可以输入一个 3～32 的数值，确定将要绘制的图形的边数。
- 【星形顶点大小】：在其右侧的文本框中可以输入一个 0～1 的数值，以指定星形顶点的深度。此数字越接近 0，创建的顶点就越深。

二、基础应用——使用多角星形工具

下面结合操作介绍多角星形工具的用法。

【操作要点】

1. 绘制多边形。

(1) 选择多角星形工具 ，在舞台中绘制五边形，如图 2-72 所示。

(2) 在【属性】面板中单击　选项…　按钮，打开【工具设置】对话框，设置【边数】为 "10"，单击　确定　按钮后在舞台中绘制十边形，如图 2-73 所示。

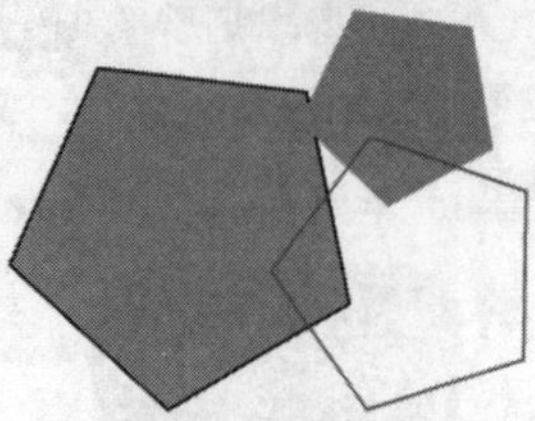

图2-72 绘制五边形

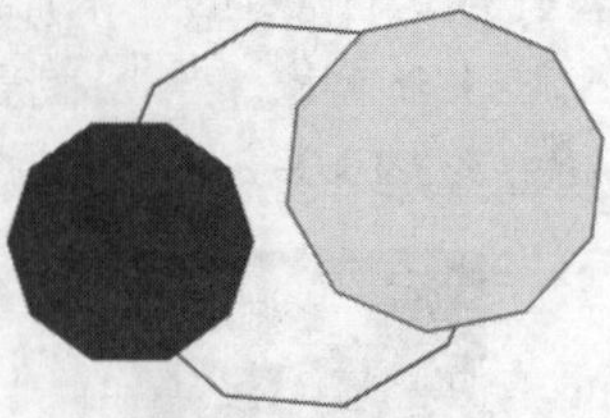

图2-73 绘制十边形

2. 绘制星形。

(1) 在【属性】面板中单击　选项…　按钮，打开【工具设置】对话框，在【样式】下拉列表中选择【星形】，单击　确定　按钮后绘制图 2-74 所示的星形。

(2) 使用上述方法在【工具设置】对话框中分别设置不同的【边数】值，在舞台中绘制不同的星形，如图 2-75 所示。

图2-74 绘制十角星形

图2-75 绘制各种类型的星形

2.5 画笔工具和钢笔工具

画笔工具和现实生活中的画笔用法相似，可以创建多种特殊的填充图形。使用铅笔工具无论绘制何种图形都是线条，但使用画笔工具无论绘制何种图形都是填充图形。

要点提示 在 Animate CC 2019 中有两种画笔工具：画笔工具（Y）和画笔工具（B）。前者只能设置笔触，通过笔触包络线来绘制图形，如图 2-76 所示。如果在画笔库中选取不同风格的画笔，更能增强表现力。后者则只能设置填充，可以自由绘制各种图案。

绘制中

完成后

图2-76 使用画笔工具（Y）绘图

2.5.1　画笔工具（Y）

画笔工具（Y）![icon]的基本参数与铅笔工具一致，如图 2-77 所示。但是比铅笔工具更富有表现力，可以创建更加生动和自由的形状。

图2-77　画笔工具（Y）属性参数

下面结合操作介绍画笔工具（Y）的用法。

【操作要点】

1.　属性设置。

(1)　单击画笔工具（Y）按钮![icon]。

(2)　在【属性】面板中将笔触颜色设置为橙色。

(3)　设置笔触大小为"15"。

2.　样式设置。

(1)　单击![icon]（画笔库）按钮，打开【画笔库】面板，选择一种画笔样式，这里选择【Artistic】/【Chalk Charcoal Pencil】。

(2)　双击【Charcol-Thick】样式，如图 2-78 所示，【Charcol-Thick】样式被添加到【样式】列表中，并成为当前的活动画笔，如图 2-79 所示。

3.　使用该画笔书写几个英文单词，如图 2-80 所示。

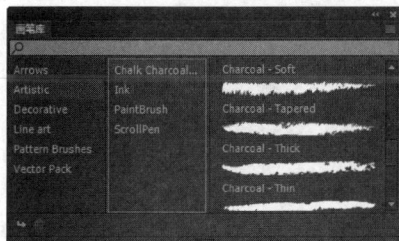

图2-78　【画笔库】面板

图2-79　添加画笔

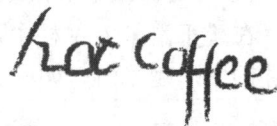

图2-80　绘制图形

2.5.2　画笔工具（B）

画笔工具（B）![icon]的参数面板如图 2-81 所示。

一、 【画笔选项】卷展栏

- ■ ： 从下拉列表中选取画笔的形状，如果新建了画笔，也将添加到该列表中。
- ■ ： 单击该按钮，打开图 2-82 所示的【笔尖选项】对话框，用于自定义创建画笔，新建的画笔将添加到画笔列表中。
- ■ ： 从画笔列表中删除选定的自定义画笔。
- ■ ： 打开【笔尖选项】对话框，重新定义选定画笔的形状。
- 【大小】： 拖到滑块设置画笔大小，也可以在其后的文本框中输入数值。
- 【预设】： 显示预设画笔大小，单击其后的预设值按钮可以将画笔大小调整到预设大小。
- 【随舞台缩放大小】： 选中该复选项后，当缩放舞台时，画笔大小随之调整。

图2-81　画笔工具（B）属性设置

图2-82　【笔尖选项】对话框

二、 【笔尖选项】对话框

【笔尖选项】对话框中的各选项介绍如下。

- 形状： 可选取圆形和方形两种画笔形状。
- 【角度】： 设置图形的旋转角度。
- 【平度】： 设置画笔的扁平程度，如图 2-83 所示。

三、 【平滑】卷展栏

在【平滑】卷展栏中可以设置绘制图形的平滑程度，取值范围为 0～100，其值越大，创建的图形越平滑，如图 2-84 所示。

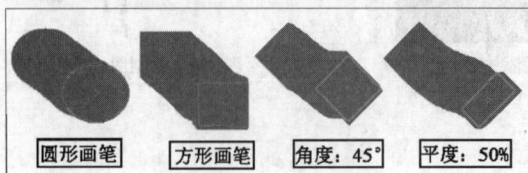

图2-83　画笔设置

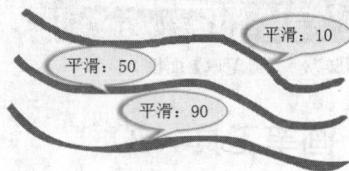

图2-84　设置图形的平滑值

四、 基础应用——使用画笔工具（B）

下面结合操作介绍画笔工具（B）的用法。

【操作要点】

1. 选择画笔工具（B） ![brush], 在【工具】面板下方的选项参数区中将会出现【对象绘制】【锁定填充】和【画笔模式】3 个选项, 如图 2-85 所示。

> 要点提示　单击【画笔模式】按钮 ![icon], 在弹出的下拉列表中将显示出 5 种画笔模式。用户可以根据创作需要选取不同模式的画笔, 以创建出多样的图形变化效果。

2. 使用椭圆工具 ![ellipse] 在舞台中绘制一个包含线条和填充色的椭圆, 如图 2-86 所示。

对象绘制
锁定填充
画笔模式

图2-85　画笔工具（B）功能选项　　　　　　图2-86　绘制椭圆

3. 比较不同画笔模式所产生的效果。

(1) 选择【标准绘画】选项, 绘制的图形会同时遮挡椭圆的边线和填充, 如图 2-87 所示。按 Ctrl+Z 组合键恢复到最初的椭圆状态。

(2) 选择【颜料填充】选项, 绘制的图形将不会覆盖椭圆的边线, 如图 2-88 所示。按 Ctrl+Z 组合键恢复到最初的椭圆状态。

(3) 选择【后面绘画】选项, 此时绘制的图形只能在椭圆后面穿过, 起到反衬作用, 如图 2-89 所示。按 Ctrl+Z 组合键恢复到最初的椭圆状态。

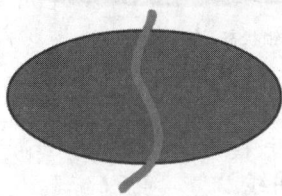

图2-87　【标准绘画】模式　　　　图2-88　【颜料填充】模式　　　　图2-89　【后面绘画】模式

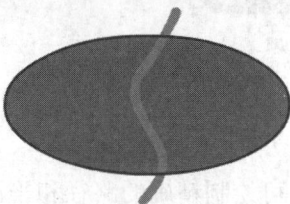

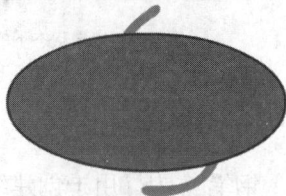

(4) 选择【颜料选择】选项, 当直接使用画笔工具（B） ![brush] 在舞台中绘图时, 无法画出任何效果。因为选择此模式后, 只有在被选取的矢量色块上绘图才能产生效果。

(5) 单击 ![arrow]（选择工具）按钮选取椭圆的内部矢量色块, 然后在其上绘图, 此时绘制的图形对矢量线不产生影响, 如图 2-90 所示。按 Ctrl+Z 组合键两次, 恢复到最初的椭圆状态。

(6) 选择【内部绘画】选项, 当画笔的起始位置处于未填充区域时, 就只能在这个区域内绘图, 即使画笔经过椭圆, 也会从其背后穿过。当画笔的起始位置位于矢量色块内部时, 只能在矢量色块上着色, 如图 2-91 所示。

4. 其他设置。

(1) 在【画笔选项】卷展栏中单击 ![brushsize]（画笔大小）按钮, 在弹出的下拉列表中将显示出 9 种大小不同的画笔, 用户可以根据绘图需要选取不同大小的画笔。

图2-90　【颜料选择】着色效果

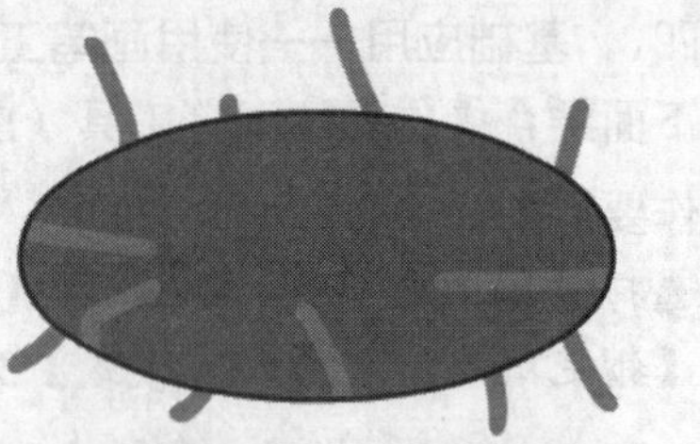

图2-91　【内部绘画】着色效果

(2) 单击（画笔形状）按钮，在弹出的下拉列表中将显示出 9 种形状各异的画笔形状，用户可以根据绘图需要选取不同的画笔形状。

(3) 单击（锁定填充）按钮，开启锁定状态，然后为画笔选取一种线性渐变色，在舞台中绘制出图 2-92 所示的效果。

要点提示　此种模式下的渐变色以整个舞台为参考，以完整的渐变过程进行填充，画笔涂抹到什么区域，就对应出现相应的渐变色彩。

(4) 再次单击（锁定填充）按钮，解除锁定状态，使用画笔在画面中绘画，此时渐变色将在单个线条内完成色彩渐变的过程，而不会互相影响，如图 2-93 所示。

图2-92　锁定状态下的渐变效果

图2-93　解锁状态下的渐变效果

2.5.3 钢笔工具

钢笔工具用于创建线条，可绘制精确的路径和平滑流畅的曲线。

一、 钢笔工具组

钢笔工具包含 4 个用于添加点、删除点、调整曲线的工具：钢笔工具、添加锚点工具、删除锚点工具和转换锚点工具。

二、 鼠标指针

钢笔工具显示的不同指针形状将反映其当前不同的绘制状态。

- 初始锚点指针：选中钢笔工具后看到的第一个指针。指示下一次在舞台上单击鼠标左键时将创建初始锚点，是新路径的开始。
- 连续锚点指针：指示下一次单击鼠标左键时将创建一个锚点，并用一条直线与前一个锚点相连接。
- 添加锚点指针：指示下一次单击鼠标左键时将向现有路径添加一个锚点。

要点提示　若要添加锚点，必须选择路径，并且钢笔工具不能位于现有锚点的上方。根据其他锚点，重绘现有路径。一次只能添加一个锚点。

- 删除锚点指针：指示下一次在现有路径上单击鼠标左键时将删除一个锚

点。若要删除锚点，必须用选择工具选择路径，并且指针必须位于现有锚点的上方。根据删除的锚点，重绘现有路径。一次只能删除一个锚点。

- 连续路径指针 ✎̦: 将鼠标指针指向现有锚点，从现有锚点扩展新路径。当前未绘制路径时，此指针才可用。任何锚点都可以是连续路径的起始位置。
- 闭合路径指针 ✎ₒ: 在正绘制的路径的起始点处闭合路径。用户只能闭合当前正在绘制的路径，并且现有锚点必须是同一个路径的起始锚点。
- 转换锚点指针 ⋀: 将不带方向线的转角点转换为带有独立方向线的转角点。

三、 基础应用——使用钢笔工具

下面结合操作介绍钢笔工具的用法。

【操作要点】

1. 绘制曲线。
(1) 选择钢笔工具 ✐。
(2) 依次单击鼠标左键并移动鼠标指针绘制曲线，曲线上的锚点既是线条的转折点，还可以使用部分选取工具 ▶ 调节曲线形状，如图 2-94 所示。
(3) 双击鼠标左键完成曲线绘制。
(4) 按住鼠标左键依次拖动鼠标指针并单击鼠标左键绘制平滑的曲线，此时每个锚点上有两个调节杆，如图 2-95 所示。

图2-94　曲线上的锚点

图2-95　显示调节杆

2. 调整第 1 条曲线。
(1) 选择部分选取工具 ▶，单击绘制的第 1 条曲线，在曲线上重新显示锚点。
(2) 将鼠标指针指向锚点，当指针变为 ▷□ 形状时拖动移动锚点，如图 2-96 所示。
(3) 将鼠标指针指向线段，当指针变为 ▷▪ 形状时拖动移动整条曲线，如图 2-97 所示。

图2-96　移动锚点

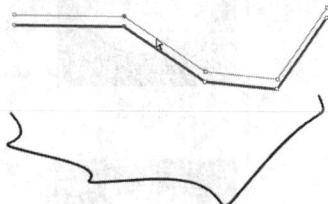

图2-97　移动曲线

3. 调整第 2 条曲线。
(1) 单击绘制的第 2 条曲线，在曲线上重新显示锚点。
(2) 选中一个锚点，将显示该点的调节杆以及相邻两锚点靠近选定锚点一侧的调节杆。
(3) 当鼠标指针变为 ▷▪ 形状时拖动鼠标移动锚点，还可以拖动调节杆端点调整锚点附近曲线的形状，如图 2-98 所示。

4. 添加和删除锚点。

(1) 单击 ✐（钢笔工具）右下角的下拉按钮，从弹出的工具选项中选取添加锚点工具 ✐⁺，
分别在两条曲线上添加锚点，如图 2-99 所示。

(2) 单击 ✐（钢笔工具）右下角的下拉按钮，从弹出的工具选项中选取删除锚点工具 ✐⁻，可
以在两条曲线上删除锚点。删除锚点后该点处的曲线形状将发生变化，如图 2-100 所示。

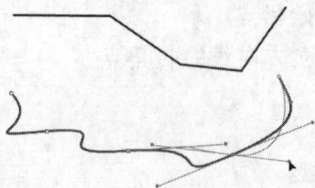

图2-98　调整曲线形状　　　　　　图2-99　添加锚点　　　　　　图2-100　删除锚点

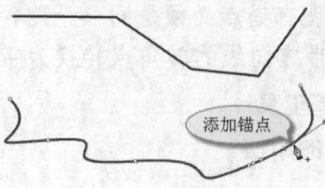

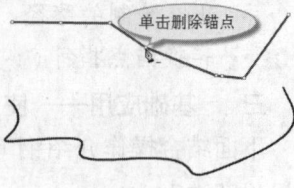

5. 转换锚点和扩展曲线。

(1) 单击 ✐（钢笔工具）右下角的下拉按钮，从弹出的工具选项中选取转换锚点工具 ⟍，单
击第 2 条曲线上的锚点，将其转换成与第 1 条曲线相同的普通锚点，如图 2-101 所示。

(2) 单击 ✐（钢笔工具）按钮，将鼠标指针移动到曲线端点处，当其形状变为 ✐ 时，单击
该端点扩展新曲线，从该点继续绘制曲线，如图 2-102 所示。

图2-101　转换锚点　　　　　　　　　　　　图2-102　扩展曲线

2.6　综合应用——绘制"古风荷花"

本例将利用各种绘图工具绘制一幅具有古朴风格的水上荷花景象，效果如图 2-103 所示。

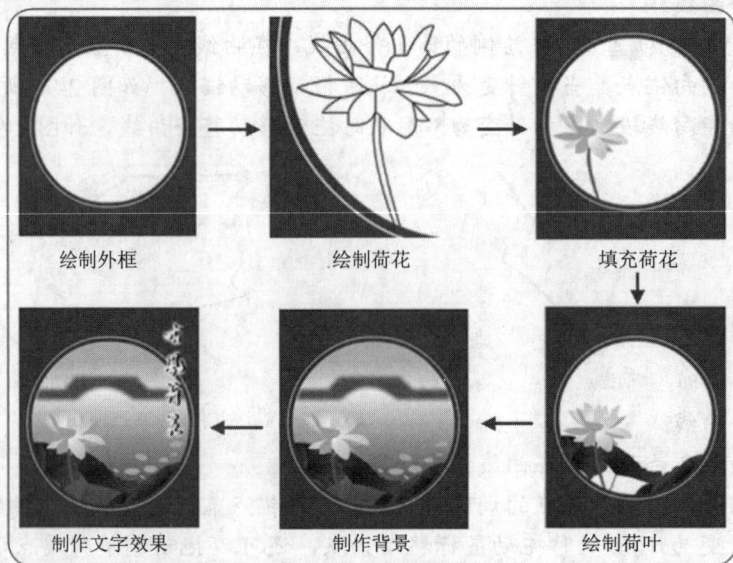

绘制外框　　　　　　　绘制荷花　　　　　　　填充荷花

制作文字效果　　　　　制作背景　　　　　　　绘制荷叶

图2-103　"古风荷花"设计效果图

【操作要点】

1. 制作背景图。

(1) 新建一个 Animate（ActionScript 3.0）文档。

(2) 设置文档尺寸为 450 像素 × 540 像素，文档其他属性使用默认参数，如图 2-104 所示。

(3) 单击 （新建图层）按钮，新建并重命名图层，最终效果如图 2-105 所示。

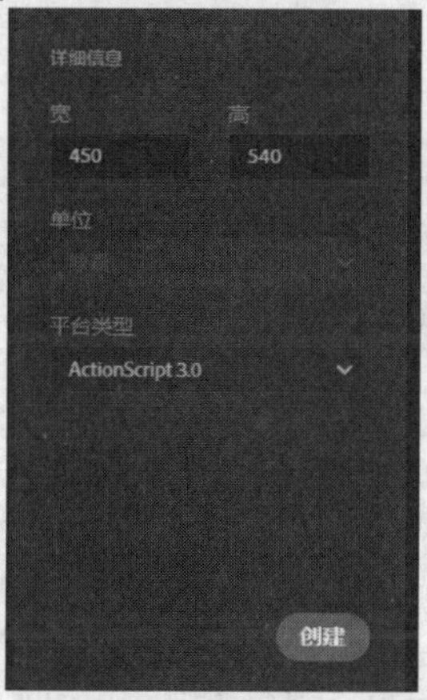

图2-104 设置文档参数

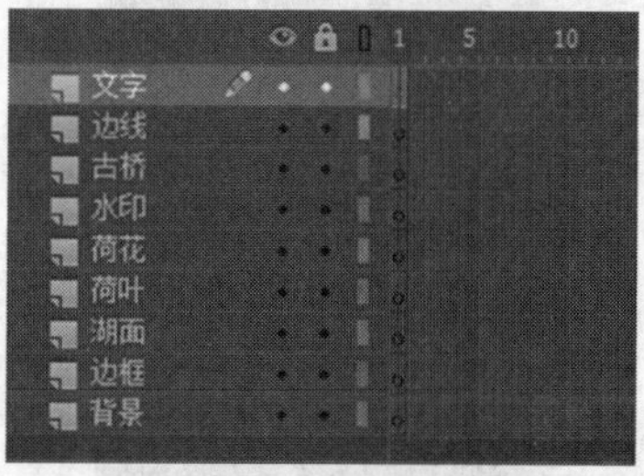

图2-105 新建图层

要点提示 双击某一图层的名称，即可将图层的名称变为可编辑状态，此时输入新的名称，按 Enter 键后即可完成图层的重命名。

(4) 绘制矩形。

① 选择矩形工具 。

② 在【颜色】面板中设置【笔触颜色】为"无"。

③ 设置【填充颜色】为【径向渐变】。

④ 设置从左至右第 1 个色块颜色为"#AC2C2C"，第 2 个色块颜色为"#56332D"。

⑤ 在"背景"图层上绘制一个宽、高分别为 450、540 的矩形。

⑥ 将图形相对舞台居中对齐，如图 2-106 所示。

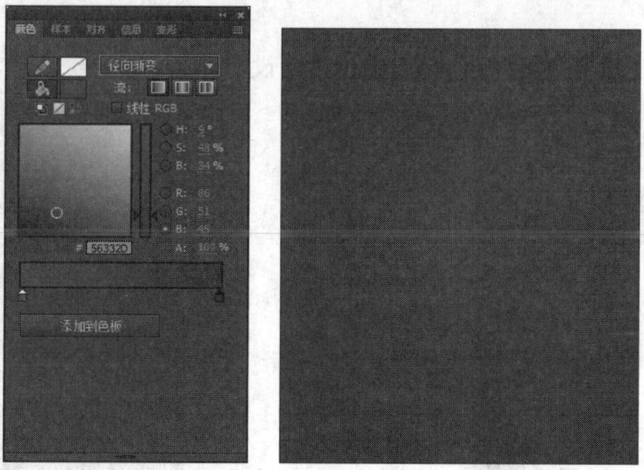

图2-106 绘制矩形

(5) 绘制椭圆。

① 选择椭圆工具 。

② 设置【笔触颜色】为 "#FED3AB"。

③ 设置笔触高度为 "3"，设置填充颜色为 "无"。

④ 在 "边框" 图层上绘制一个宽、高均为 390 的圆。

⑤ 将图形相对舞台居中对齐，效果如图 2-107 所示。

(6) 复制图形。

① 使用选择工具 ![箭头] 选中 "边框" 图层中的圆。

② 打开【变形】面板，按照图 2-108 所示设置参数。

图2-107　绘制圆

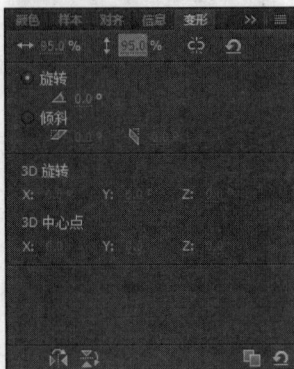

图2-108　变形设置

③ 单击面板底部的 ![按钮] 按钮，复制出一个宽、高都为 370.5 的圆。

④ 设置笔触颜色为 "#006666"，设置笔触高度为 "1"。

⑤ 选择颜料桶工具 ![颜料桶]，设置填充颜色为 "白色"，填充小圆的区域，效果如图 2-109 所示。

(7) 剪切图形。

① 选中 "边框" 图层上里面圆的边界线。

② 按 Ctrl+X 组合键进行剪切。

③ 按 Ctrl+Shift+V 组合键将其粘贴到 "边线" 图层上。

④ 锁定 "背景" "边框" 和 "边线" 图层。

2. 绘制荷花。

(1) 绘制花形。

① 选择线条工具 ![线条]，设置笔触颜色为 "黑色"，设置笔触高度为 "1"，如图 2-110 所示。

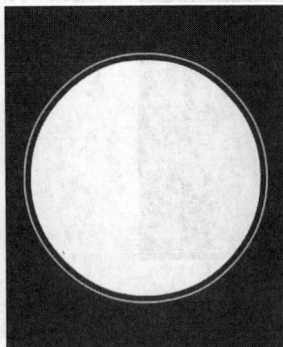

图2-109　复制图形并填充颜色

图2-110　设置线条属性

② 在"荷花"图层上绘制荷花的大体形状，效果如图 2-111 所示。

③ 利用选择工具 ▶ 调整荷花的形状，效果如图 2-112 所示。

图2-111　绘制荷花的大体形状

图2-112　调整荷花的形状

要点提示 此处调整荷花形状相对比较复杂，需要读者耐心、精心、细心，当调整出现困难时不要放弃。

(2) 绘制叶柄。

① 利用线条工具 ╱ 在"荷花"图层上绘制叶柄，调整后的效果如图 2-113 所示。

② 选择颜料桶工具 🪣，设置填充颜色为"#EEAACC"，填充荷花花瓣的背面，效果如图 2-114 所示。

图2-113　绘制叶柄

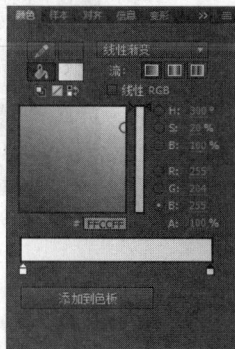

图2-114　填充花瓣的背面

③ 选择颜料桶工具 🪣，设置填充颜色为【线性渐变】，从左至右第 1 个色块颜色为"白色"，第 2 个色块颜色为"#FFCCFF"，填充荷花花瓣的正面，效果如图 2-115 所示。

④ 利用同样的方法填充其他区域，然后为叶柄（填充色为#339933）、莲蓬（填充色为#83DBA6）上色，最后删除多余的线段，效果如图 2-116 所示。

图2-115　填充花瓣的正面

3.　绘制荷叶。

(1)　绘制轮廓。

选择线条工具 /，设置笔触颜色为 "#003333"，设置笔触高度为 "1"，在 "荷叶" 图层上绘制荷叶的大致轮廓。

(2)　利用选择工具 ▷ 调整其形状，效果如图 2-117 所示。

图2-116　荷花的整体效果

图2-117　绘制荷叶

(3)　填充图形。

①　选择颜料桶工具 🖌，设置填充颜色为【线性渐变】。

②　设置从左至右第 1 个色块颜色为 "#0D2D22"，第 2 个色块颜色为 "#20823D"。

③　填充图形，效果如图 2-118 所示。

4.　制作湖面背景。

(1)　图层操作。

①　解锁 "边框" 图层。

②　选中 "边框" 图层上内部的白色填充区域，将其剪切到 "湖面" 图层上，并与舞台居中对齐。

(2)　为湖面着色。

①　选择颜料桶工具 🖌，设置填充颜色为【线性渐变】。

②　设置从左至右第 1 个色块颜色为 "#009933"，第 2 个色块颜色为 "白色"，第 3 个色块颜色为 "#CCCCCC"，如图 2-119 所示。

图2-118　填充荷叶

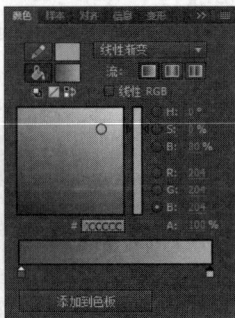

图2-119　颜色设置

③　填充图形，效果如图 2-120 所示。

(3)　绘制湖面水印。

①　选择椭圆工具 ⬭，在【属性】面板中设置笔触颜色为 "无"。

②　设置【填充颜色】为 "#CCCCCC"。

③ 在"水印"图层上绘制湖面水印的形状，效果如图 2-121 所示。

图2-120　填充湖面颜色

图2-121　绘制湖面水印

(4) 绘制桥。

① 选择线条工具 ✏，设置笔触颜色为"黑色"，设置笔触高度为"1"，在"古桥"图层上绘制桥的大体形状，效果如图 2-122 所示。

② 选择颜料桶工具 🪣，设置填充颜色为"#009966"，填充后删除边界线，效果如图 2-123 所示。

图2-122　绘制古桥大体形状

图2-123　填充古桥

(5) 创建元件。

① 选中"古桥"图层上的桥，按 F8 键将其转化为影片剪辑元件。

② 命名元件为"古桥"，单击 确定 按钮完成创建，如图 2-124 所示。

图2-124　转换元件

(6) 添加滤镜。

① 返回到主场景中。

② 选中舞台上名为"古桥"的影片剪辑元件。

③ 在【滤镜】卷展栏中为其添加"模糊"滤镜效果。

④ 参数设置如图 2-125 所示，最后的效果如图 2-126 所示。

图2-125　滤镜参数设置

图2-126　滤镜效果

5.　添加文字效果。

(1)　创建文字。

①　选择文本工具 T ，设置【字体】为"书体坊米芾体"（读者可以设置为自己喜欢的字体或者自行购买外部字体库）。

②　设置字体大小为"50"、文本颜色为"白色"。

③　在"文字"图层上输入"古风荷花"，效果如图 2-127 所示。

图2-127　添加文字

(2)　添加滤镜。

①　选中舞台上的文字，按 Ctrl + B 组合键将文字打散。

②　在【滤镜】卷展栏中为其添加滤镜效果，参数设置如图 2-128 所示，其余采用默认设置。

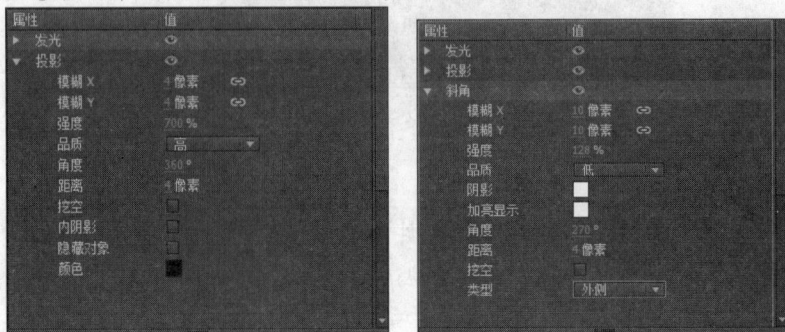

图2-128　滤镜设置

(3) 调整文字的位置，最终效果如图 2-129 所示。

图2-129　最终效果

(4) 按 Ctrl+S 组合键保存测试影片，一个具有古朴风格的水上荷花作品制作完成。

2.7　习题

1. 说明矢量图形与位图图像的主要区别和用途。
2. 说明矢量图中线条和填充的区别。
3. 铅笔工具和线条工具在用法上有何主要区别？
4. 选择工具和部分选取工具在用法上有何区别？
5. 什么是锚点？对于钢笔工具绘制的线条来说，锚点有何用途？

第3章 编辑图形

【学习目标】

- 了解 Animate CC 2019 对矢量图形的常用编辑方法。
- 掌握颜色的选择与调整方法。
- 掌握文本的创建方法。
- 掌握常用辅助面板的使用方法。

使用 Animate CC 2019 绘制图形并不是一蹴而就的。要绘制出一幅理想的作品，除了要掌握绘图工具的用法外，还必须熟练掌握各种图形编辑工具的用法，从而对已有图形进行精雕细琢，逐步完善，最后获得理想的设计结果。

3.1 颜色的选择与编辑

Animate CC 提供了很多应用、创建和修改颜色的方法，可以使用默认调色板或者自己创建的调色板，也可以将设置好的笔触或填充色应用到要创建的或舞台中已有的对象上。

> **要点提示** 笔触颜色可用来设置形状的轮廓色，填充颜色可用来设置形状的填充色。

3.1.1 颜色样本面板

第 2 章已经多次介绍了颜色样本面板，其主要构成元素如图 3-1 所示。

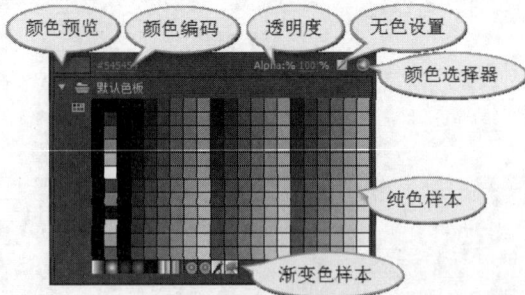

图3-1 颜色样本面板

颜色样本面板主要包括以下内容。

- 颜色预览：位于面板的左上角，用于预览选取的颜色。
- 纯色样本：纯色样本主体部分由 216（18×12）种纯色组成，另外一部分是由左侧 6 种从黑到白的梯度纯色和红、绿、蓝、黄、青、紫 6 种纯色组成。

- 渐变色样本：这里放置了系统提供的 6 种渐变色以及用户自定义的渐变色。
- 颜色编码：位于颜色预览区右侧，用于显示（或直接输入）颜色的十六进制编码值。
- 透明度：在面板的右上角，用于设置颜色的透明程度，其取值范围是 0%～100%，取值越小越透明。其值为 100%时完全不透明，值为 0%时完全透明。
- ▨按钮：可以实现禁止填充颜色的功能。
- ◉按钮：用于调出【颜色选择器】对话框，以选择更加个性的颜色。

3.1.2 纯色编辑面板

如果直接使用上述方式选择面板中的颜色，有时会感觉缺乏个性，此时可以借助下面介绍的【颜色选择器】对话框来加以调整。

一、选择颜色

在图 3-1 中单击面板右上角的◉（颜色选择器）按钮，调出【颜色选择器】对话框，如图 3-2 所示。可以通过以下 4 种方式选择颜色。

- 从左侧颜色样板中选择颜色，这种方式随意性较强，不够精确。
- 通过设置 HSB 值选择颜色。HSB 色彩模式是基于人眼的一种颜色模式，H 代表色相，S 代表饱和度，B 代表亮度。
- 通过设置 RGB 值选择颜色。RGB 分别为【红】【绿】和【蓝】三原色，每项的取值范围为 0~255。
- 输入颜色的十六进制编码。

图3-2 【颜色选择器】对话框

> 在 HSB 或 RGB 中选中一个项目，然后拖动颜色样板右侧的滑动条，可以在保持其他值不变的情况下，观察选定值从最小值调整到最大值时色彩的变化效果。

二、应用颜色

选择合适的颜色后单击面板右上角的 确定 按钮结束选择操作，此时即可在对应选取的【填充颜色】按钮 或 中预览到颜色的效果。

3.1.3 【颜色】面板

在【颜色】面板中可以选择、编辑纯色与渐变色。用户可以设置渐变色的类型，也可以在 RGB、HSB 模式下选择颜色，或者展开该面板，使用十六进制模式选择颜色，还可以指定 Alpha 值来定义颜色的透明度。

一、 选择、编辑纯色

选择菜单命令【窗口】/【颜色】，打开【颜色】面板，如图 3-3 所示。单击 ![按钮] 按钮，可以选择、编辑矢量线的颜色。单击 ![按钮] 按钮，可以选择、编辑矢量色块的颜色。

【填充颜色】按钮下面对应的 3 个按钮的功能如下。

- ![图标]：是默认颜色按钮，可以快速切换到黑白两色状态。
- ![图标]：用于取消对矢量线的填充或是对矢量色块的填充。
- ![图标]：用于快速切换矢量线和矢量色块之间的颜色。

在混色器面板中，数值输入区和选择区的作用如下。

- 【R】/【G】/【B】：用具体的 RGB 三色数值来获取标准色。
- 【H】/【S】/【B】：使用色相、饱和度和亮度设置颜色。
- 【A】：设置透明度。
- 颜色选取区：在该区域单击鼠标左键选择随意性较强的颜色。

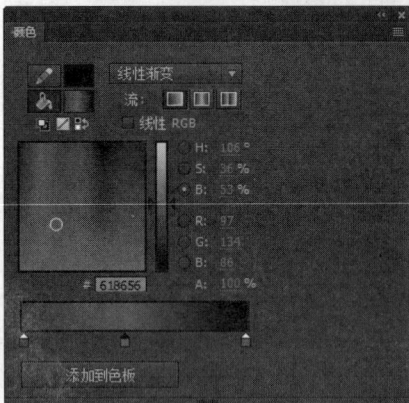

图3-3　【颜色】面板

二、 线性渐变填充

渐变色编辑操作主要包括【线性渐变】【径向渐变】和【位图填充】3 种方式。应用【线性渐变】填充时，颜色按照设置的直线方向变化，下面介绍其用法。

【操作要点】

1. 在【颜色】面板顶部的【类型】下拉列表中选择【线性渐变】选项，如图 3-4 所示。
2. 在渐变色条下方单击鼠标左键，增加色标 ![图标]。

> **要点提示**　每个 ![图标] 代表一个色阶。拖动 ![图标] 可以移动其位置，将其向右拖出色条外，可删除该色阶。在任意位置单击鼠标左键可以添加一个色阶，选中任一 ![图标]，在上部面板中为其设置颜色。单击 ![添加到色板] 按钮，可将该渐变色添加到图 3-1 所示的颜色样本面板的渐变色样本中。

3. 选择矩形工具 ![图标]，在舞台中任意拖曳出具有渐变色的矩形，如图 3-5 所示。

图3-4　选择【线性渐变】选项

图3-5　编辑及应用线性渐变色

4. 在【工具】面板中单击任意变形工具 ![图标] 右侧的下拉按钮，从弹出的下拉列表中选择渐变变形工具 ![图标]，向右移动渐变色的中心位置，并缩小渐变范围，如图 3-6 所示。
5. 在【颜色】面板的【流】选项右侧选择第 2 个选项 ![图标]（反射颜色），则超出渐变范围的渐变色会以镜像的方式继续填充图形，如图 3-7 所示。

要点提示 【流】选项用于设置渐变区域（图 3-6 中两条平行线）之外的颜色。选择第 1 个选项█（扩展颜色），则超出渐变范围的渐变色会以两条平行线处的颜色在两侧继续使用纯色填充，如图 3-6 所示；选取第 3 个选项█（重复颜色），则超出渐变范围的渐变色会以重复模式继续填充图形，如图 3-8 所示。

| 图3-6 调整渐变色 | 图3-7 镜像颜色 | 图3-8 重复颜色 |

三、 径向渐变填充

径向渐变填充时，颜色按照中心向四周方向变化，下面介绍其用法。

【操作要点】

1. 在【颜色】面板的【类型】下拉列表中选择【径向渐变】选项。在渐变色条下方增减色标█，完成对径向渐变色的编辑，如图 3-9 所示。

2. 选择椭圆工具█，按住 Shift 键在舞台中拖曳出具有渐变色的圆形，如图 3-10 所示。

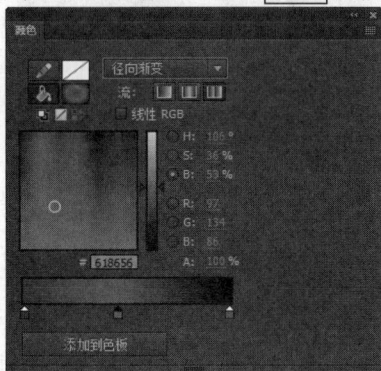

图3-9 选取径向渐变填充　　　　　　图3-10 编辑及应用径向渐变色

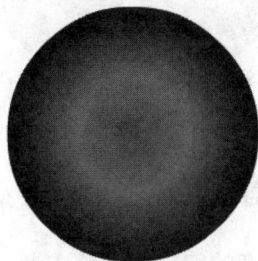

四、 位图填充

位图填充时，可使用选定的位图填充图形指定区域，下面介绍其用法。

【操作要点】

1. 在【颜色】面板的【类型】下拉列表中选择【位图填充】选项，弹出【导入到库】对话框。

2. 导入需要的位图图片，导入的图片将显示在下方列表中，如图 3-11 所示。

3. 单击█按钮，然后从图案列表中选取边线图案。

4. 单击█按钮，然后从图案列表中选取填充图案。

5. 选择椭圆工具█，按住 Shift 键在舞台中拖曳出圆形，此时圆内容已被位图填充，如图 3-12 所示。

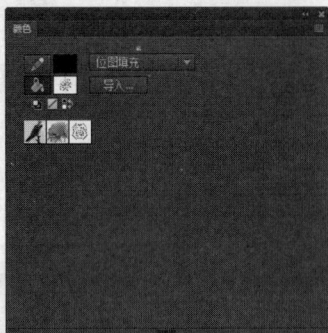

图3-11　【位图填充】选项

图3-12　位图填充效果

6.　选择渐变变形工具 ，在圆填充区域内单击鼠标左键，然后拖动边框角上的圆形手柄，调整位图填充的大小，如图 3-13 所示。

7.　拖动边框边上的圆形手柄，旋转位图填充角度，拖动边框中心的圆点，移动填充位图的位置，如图 3-14 所示。

图3-13　调整位图填充的大小

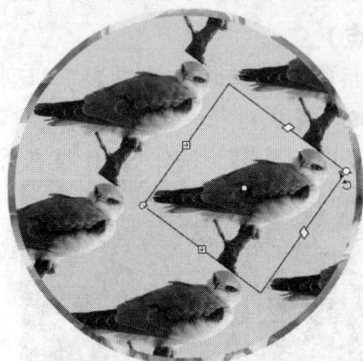

图3-14　移动位图的位置

3.2　编辑调整工具

矢量图形的编辑和调整主要是围绕矢量线和矢量色块来进行的，比如改变线条的样式，改变填充色块的色彩及填充类型等。编辑和调整工具的使用是细化作品的必要步骤。

3.2.1　墨水瓶工具

利用墨水瓶工具可以对矢量线进行编辑修改，具体操作步骤如下。

【操作要点】

1.　选择矩形工具 ，在【属性】面板的【矩形选项】参数组中设置矩形圆角半径为 "40"。

2.　设置笔触颜色为蓝色、笔触高度为 "2"，设置填充颜色为红色，拖曳鼠标指针在舞台中绘制一个带有边线的圆角矩形，如图 3-15 所示。

3.　选择墨水瓶工具 ，打开其【属性】面板，如图 3-16 所示。

图3-15　绘制圆角矩形

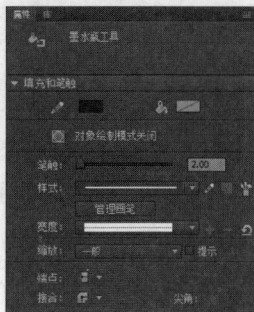

图3-16　【属性】面板

4. 在面板中设置笔触颜色为绿色、笔触高度为"5"，在【样式】下拉列表中选择线条样式为虚线，如图 3-17 所示。

5. 在圆角矩形的边线上单击鼠标左键，修改外框线的色彩和样式，结果如图 3-18 所示。

图3-17　设置墨水瓶工具参数

图3-18　编辑后的圆角矩形

3.2.2　颜料桶工具

利用颜料桶工具可以对矢量色块进行编辑修改，具体操作步骤如下。

【操作要点】

1. 绘制矩形。

(1) 选择矩形工具█，在【属性】面板中单击【填充颜色】色块，在弹出的颜色样本面板中单击☑按钮取消填充颜色。

(2) 设置笔触颜色为黑色、笔触高度为"2"。

(3) 在工作区绘制一个矩形。

2. 复制矩形。

(1) 使用选择工具▶框选绘制的矩形。

(2) 按住 Alt 键向右侧移动，复制出两个副本，如图 3-19 所示。

3. 擦除图形。

(1) 选择橡皮擦工具◆，在第 2 个矩形上擦出一个缺口。

(2) 在第 3 个矩形上擦出一个稍大些的缺口，如图 3-20 所示。

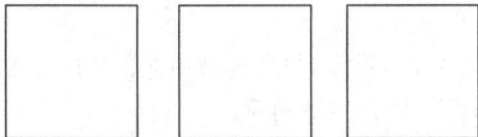

图3-19　绘制并复制矩形

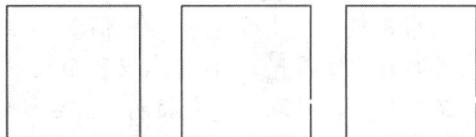

图3-20　擦出缺口

擦出稍大些的缺口时应注意不能太大，否则无法填充颜色。

4.　填充图形。

(1)　选择颜料桶工具 ，此时在【工具】面板底部选项参数区中包含【间隔大小】 和【锁定填充】 两个按钮选项。

(2)　单击【间隔大小】选项按钮，然后选择【不封闭空隙】选项，使用红色填充画面中的图形，如图 3-21 所示。此时会发现只有完全封闭的区域才能填充颜色，其他区域则无法进行色彩填充。

(3)　再选择【封闭小空隙】选项，并用绿色填充画面中的图形，此时，依然只有左侧的图形可以填充，如图 3-22 所示。

图3-21　【不封闭空隙】填充　　　　　　　　　　图3-22　【封闭小空隙】填充

(4)　再选择【封闭中等空隙】选项，使用蓝色填充画面中的图形，此时已经可以填充中间的图形了，但右侧的图形仍然无法填充，如图 3-23 所示。

(5)　选择【封闭大空隙】选项并进行填充，使用紫色填充，此时最后一个图形也能被填充上颜色，如图 3-24 所示。

图3-23　【封闭中等空隙】填充　　　　　　　　　　图3-24　【封闭大空隙】填充

3.2.3　滴管工具

滴管工具 能提取画面中矢量线、矢量色块及位图等相关属性，并将其应用于其他矢量对象上，可以帮助用户简化许多重复的属性选择步骤。

滴管工具可以提取源矢量线的笔触颜色、笔触高度和笔触样式等属性，并将其直接应用到目标矢量线上，使后者具有前者的线属性。

【操作要点】

1.　提取笔触属性。

(1)　选择椭圆工具 ，在【属性】面板中设置笔触颜色、笔触高度和笔触样式选项，并取消填充颜色，然后绘制一个椭圆。

(2)　选择矩形工具 ，在【属性】面板中设置与椭圆工具 不同的笔触颜色、笔触高度和笔触样式，并取消填充颜色，然后绘制一个矩形，如图 3-25 所示。

(3)　选择滴管工具 ，在椭圆的外框线上单击鼠标左键，再移动鼠标指针，在矩形的外框线上单击鼠标左键，此时矩形外框线的属性就和椭圆外框线的属性一致了，如图 3-26

所示。

图3-25　绘制椭圆和矩形

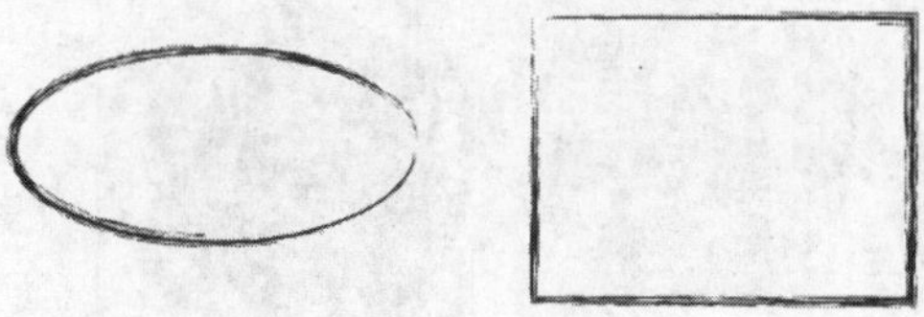

图3-26　改变目标线属性

2. 提取色彩属性。

要点提示 滴管工具 还可以提取填充颜色的相关属性，不论是单色还是复杂的渐变色，都可以被复制下来，传递给目标矢量色块。

(1) 选择矩形工具 ，在【属性】面板中设置不同的填充颜色，绘制两个矩形，如图 3-27 所示。

(2) 选择滴管工具 ，在左侧矩形的填充色上单击鼠标左键，采集填充颜色属性样本。

(3) 在右侧矩形的填充色上单击鼠标左键，应用色彩属性样本，结果如图 3-28 所示。

图3-27　绘制两个不同填充颜色的矩形

图3-28　改变目标填充颜色的属性

3. 提取分离位图。

要点提示 滴管工具 可以提取外部导入的位图样式作为填充图案，使填充的图形像编织的花布一样，重复排列吸取的位图图案。

(1) 选择椭圆工具 ，在舞台中绘制一个圆，如图 3-29 所示。

(2) 选择菜单命令【文件】/【导入】/【导入到舞台】，打开【导入】对话框，在图形类型下拉列表中选取【JPEG 图像】。

(3) 导入素材文件 "素材\第 3 章\图案.jpg"，使用选择工具 适当调整图形位置，如图 3-30 所示。

图3-29　创建圆形图案

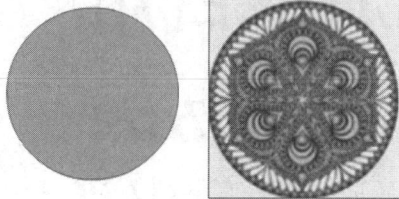

图3-30　导入位图

(4) 选择滴管工具 ，将鼠标指针移动到图像上，其状态变为吸取状态，单击鼠标左键吸取样本。移动鼠标指针到圆形上，指针将变成颜料桶工具符号，如图 3-31 所示。

(5) 单击鼠标左键应用样本，此时不能直接应用位图中的图案，只应用了色彩，如图 3-32 所示。

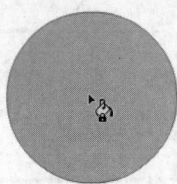
图3-31　吸取样本

图3-32　填充色彩

(6) 选择菜单命令【修改】/【分离】，将位图转换为矢量图形，如图 3-33 所示。

(7) 选择滴管工具 ✏，将鼠标指针移动到图像上吸取图案样本，然后在圆上单击鼠标左键应用样本，可以看到图案被正确采集了，如图 3-34 所示。

图3-33　分离位图

图3-34　应用样本

4. 提取文本属性。

> **要点提示**　滴管工具 ✏ 可以吸取文本颜色属性，但不能吸取文本内容。

(1) 选取文本工具 T，在舞台中单击鼠标左键，输入"海纳百川"4 个字，将字体设置为"红色""黑体"。

(2) 在舞台中的空白区域单击鼠标左键，输入"有容乃大"4 个字，将字体设置为"蓝色""隶书"，如图 3-35 所示。

(3) 选择文本"有容乃大"作为目标对象，然后选择滴管工具 ✏，将鼠标指针移动到源文本"海纳百川"上，此时指针将变为滴管工具 ✏ 和文本工具 T 复合的指针形式。

(4) 在源文本对象上单击鼠标左键，此时目标文本的文本颜色将与源文本的颜色完全一致，如图 3-36 所示。

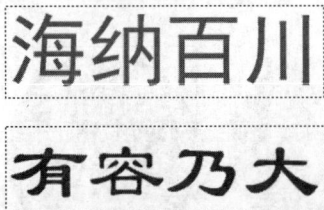
图3-35　书写文字

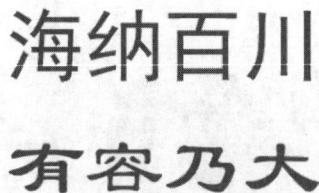
图3-36　颜色属性完全一致的两组文本

3.2.4　橡皮擦工具

使用橡皮擦工具 ◇ 可以擦除舞台中分解的矢量线、矢量色块和位图。

【操作要点】

1. 擦除矢量图。

(1) 选择椭圆工具 ，设置笔触为"黑色"、填充色为"绿色"，在画面中绘制一个椭圆，如图 3-37 所示。

(2) 选择橡皮擦工具 ，此时【工具】面板底部选项参数区中将包含【橡皮擦模式】 和【水龙头】 两个属性选项（这两个按钮同时出现在【属性】面板中），如图 3-38 所示。

图3-37 绘制椭圆

图3-38 橡皮擦选项参数区

(3) 在【属性】面板中单击 （橡皮擦形状）按钮，在弹出的下拉列表中选择橡皮擦形状和大小。

(4) 单击【橡皮擦模式】按钮 ，在弹出的下拉列表中包含 5 个属性选项。

(5) 选择【标准擦除】模式擦除椭圆，可以同时擦除椭圆的边缘线和填充颜色，如图 3-39 所示。

(6) 选择【擦除填色】模式擦除椭圆，只能擦除椭圆的填充颜色，不会擦除边缘线，如图 3-40 所示。

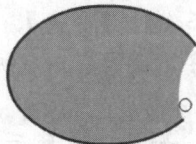

图3-39 应用【标准擦除】模式

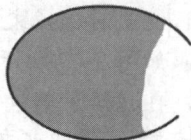

图3-40 应用【擦除填色】模式

(7) 选择【擦除线条】模式擦除椭圆，只能擦除椭圆的边缘线，但不会擦除填充色块，如图 3-41 所示。

(8) 选择【擦除所选填充】模式擦除椭圆，会发现当没有选择任何对象时该操作是无效的。先单击 按钮选择填充色块，即可将其擦除，但矢量线无法被擦除，如图 3-42 所示。

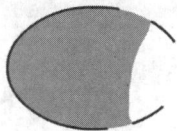

图3-41 应用【擦除线条】模式

图3-42 应用【擦除所选填充】模式

(9) 取消椭圆的选中状态，选择【内部擦除】模式擦除椭圆，可以擦除处于封闭形状内部的填充色块，但不会擦除色块边缘部分和边线，如图 3-43 所示。

(10) 单击【水龙头】按钮 ，在椭圆形色块上单击鼠标左键，可以一次擦除连续的填充颜色，如图 3-44 所示。再次单击【水龙头】按钮 使其处于弹起状态，方便后续操作。

图3-43 应用【内部擦除】模式

图3-44 一次擦除连续的填充颜色

(11) 双击橡皮擦工具 ◆，将舞台中的椭圆全部擦除。

2.　擦除文本和位图。

> **要点提示**　如果要擦除文本和位图，必须先将其分离，然后再用橡皮擦工具 ◢ 进行擦除。

(1) 选择文本工具 T，输入文本"霜叶红于二月花"，如图 3-45 所示。

(2) 选择菜单命令【文件】/【导入】/【导入到舞台】，导入素材文件"素材\第 3 章\枫叶.jpg"，如图 3-46 所示。

霜叶红于二月花

图3-45　输入文本　　　　　　　　　　　　　　　　　图3-46　导入位图

(3) 选择橡皮擦工具 ◢ 擦除文本和位图，可以发现一旦释放鼠标左键，被擦除的图形自动恢复到擦除前的状态。

(4) 按住 Shift 键同时选择文本和位图，再选择菜单命令【修改】/【分离】，将文本和位图一起分离，如图 3-47 所示，但此时文本仅分解为单个文字，还没有彻底被分离。

(5) 选择文本，再选择菜单命令【修改】/【分离】，将其彻底分离。

(6) 使用橡皮擦工具 ◢ 即可在舞台中轻松擦除文本和图像了，如图 3-48 所示。

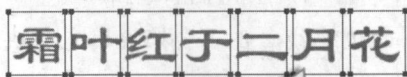

分离为单个文字

图3-47　分离文本和位图　　　　　　　　　　　　　图3-48　擦除文本和位图

3.2.5　套索工具

套索工具组中包含套索工具 ◌、多边形工具 ⋎ 和魔术棒工具 ✣ 3 种，用于选择画面中的图形，包括被分离的位图。

【操作要点】

1.　使用套索工具 ◌。

(1) 在舞台上绘制一个五边形，如图 3-49 所示。

(2) 选中套索工具 ⊘，按住鼠标左键绘制一个闭合区域，如图 3-50 所示。

(3) 释放鼠标左键后，五边形位于闭合区域的部分被选中，鼠标指针变为移动模式，可以拖动鼠标指针移动选定的图形，如图 3-51 所示。

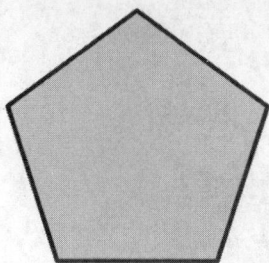

图3-49　绘制五边形　　　　　图3-50　选取对象　　　　　图3-51　移动对象

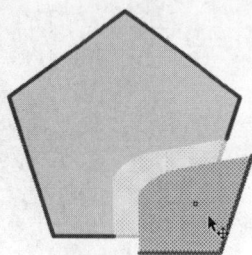

2. 使用多边形工具 ⊠。

(1) 在舞台上绘制一个星形，如图 3-52 所示。

(2) 单击 ⊘（套索工具）右下角的下拉按钮，在弹出的工具组中选中多边形工具 ⊠，绘制一组线段围成一个闭合区域，如图 3-53 所示。

(3) 双击鼠标左键，星形位于闭合区域的部分被选中，单击 ▷（选择工具）按钮，可以拖动鼠标指针移动选定的图形，如图 3-54 所示。

图3-52　绘制图形　　　　　图3-53　选取对象　　　　　图3-54　移动对象

3. 使用魔术棒工具 ⊠ 选择分离的位图。

(1) 新建一个 Animate（ActionScript 3.0）文档。选择菜单命令【文件】/【导入】/【导入到舞台】，导入素材文件"素材\第 3 章\鸟.jpg"。

(2) 在【属性】面板中查看图片的位置和大小，如图 3-55 所示，图片居于舞台中央，如图 3-56 所示。

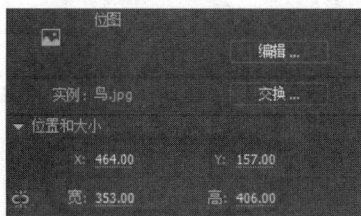

图3-55　属性设置　　　　　　　　　　图3-56　调整素材位置

(3) 选择菜单命令【修改】/【分离】，将位图分离，如图 3-57 所示。在图形外任意区域单

(4) 选择套索工具 ，在画面中按住鼠标左键拖曳鼠标指针绘制一个封闭的选区将鸟选中，如图 3-58 所示。按 Ctrl + Z 组合键撤销选择。

图3-57　分离图形

图3-58　多边形模式下的套索

(5) 选中多边形工具 ，绘制一组线段围成一个闭合区域，最后双击鼠标左键结束选择，如图 3-59 所示。按 Ctrl + Z 组合键撤销选择。

(6) 单击 （魔术棒工具）按钮，在【属性】面板中设置【阈值】为 "20"，然后单击鼠标左键选中鸟身上深色羽毛的色块，如图 3-60 所示。

图3-59　选择位图局部区域

图3-60　使用魔术棒工具选择色块

> **要点提示**
> 魔术棒工具 中的【阈值】参数可以在 0 ~ 200 范围内进行调节，值越大，魔术棒的容差范围就越大，就能选中色彩差异更大的范围。【平滑】选项组是对阈值的进一步补充，它包括【像素】【粗略】【一般】和【平滑】4 个选项。

3.3　使用变形工具

变形工具包括任意变形工具 和渐变变形工具 两类。

3.3.1　任意变形工具

使用任意变形工具 或菜单命令【修改】/【变形】中的选项，可以将图形对象、组、文本块和实例进行变形。根据所选的元素类型，可以任意变形、旋转、倾斜、缩放或扭曲该元素。在变形操作期间，可以更改或添加选择内容。

【操作要点】

1. 旋转与倾斜对象。

(1) 使用矩形工具在舞台中绘制一个矩形。

(2) 在【工具】面板中选中任意变形工具 ▦ 。

(3) 单击选中整个矩形。

(4) 在选项工具栏中单击 ▦ （旋转与倾斜）按钮。

(5) 将鼠标指针置于顶点处，当指针变为旋转图标时按住鼠标左键旋转图形，如图 3-61 所示。图中白色旋转中心可以根据需要拖动鼠标指针移动位置。

(6) 按 Ctrl+Z 组合键撤销操作。

(7) 将鼠标指针置于边线中点处，当指针变为倾斜图标时，可以拖动鼠标指针使图形倾斜变形，如图 3-62 所示。

(8) 按 Ctrl+Z 组合键撤销操作。

2. 缩放对象。

(1) 在选项工具栏中单击 ▦ （缩放）按钮，拖动 4 个顶点可以整体缩放图形，如图 3-63 所示。

(2) 拖动边线中点可以沿水平或竖直方向缩放图形，如图 3-64 所示。

(3) 按 Ctrl+Z 组合键撤销操作。

图3-61 旋转图形　　　　图3-62 倾斜图形　　　　图3-63 整体缩放图形

3. 扭曲对象。

(1) 在选项工具栏中单击 ▦ （扭曲）按钮。

(2) 拖动任意一个控制点都可以让图形扭曲变形，如图 3-65 所示。

(3) 多次按 Ctrl+Z 组合键撤销所有变形操作。

4. 使用封套。

(1) 在选项工具栏中单击 ▦ （封套）按钮，在图形外部将增加封套。

(2) 通过调整封套形状可以调整图形形状，如图 3-66 所示。

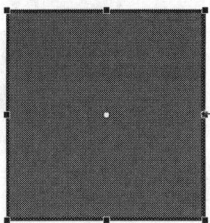

图3-64 沿水平方向缩放图形　　　　图3-65 扭曲对象　　　　图3-66 使用封套调整图形

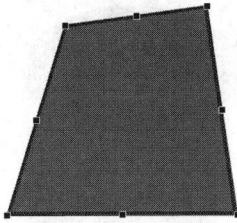

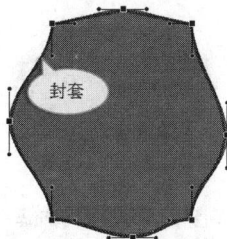

当图形形状不规则时，封套与图形边线不再重合，如图 3-67 所示。另外，选中任意变形工具并选中对象后，拖动对象控制点的同时按住 Ctrl+Shift 组合键，可以使与该点对称的另一个点产生对称的变形，如图 3-68 所示。

图3-67　封套与图形边线不重合

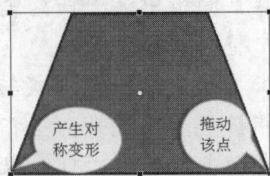

图3-68　产生对称变形

3.3.2　渐变变形工具

渐变变形工具与任意变形工具在一个工具组中。单击（任意变形工具）右下角的下拉按钮，在弹出的工具组中可选择渐变变形工具。该工具主要用于调整渐变色的填充样式，使其产生较为丰富的变化。

【操作要点】

1. 调整径向渐变填充。

(1) 选择椭圆工具，选择由红到黑的放射状渐变色，在舞台中绘制一个椭圆，如图 3-69 所示。

(2) 选择渐变变形工具，在椭圆的渐变色上单击鼠标左键，出现限制放射状渐变范围的框以及控制点，单击拖动圆形控制点（大小控制）可以缩放渐变区域，如图 3-70 所示。

(3) 向外拖动方形手柄（渐变宽度控制），横向拉伸渐变区域，如图 3-71 所示。

图3-69　绘制一个椭圆

图3-70　放大渐变区域

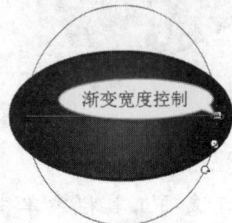

图3-71　横向拉伸渐变区域

(4) 按住最外侧的圆形手柄（旋转控制），拖曳旋转渐变色的角度，如图 3-72 所示。

(5) 向右下角拖动中心的三角形焦点，移动渐变焦点的位置，如图 3-73 所示。

(6) 向左上角移动中心的圆点，移动渐变中心的位置，如图 3-74 所示。

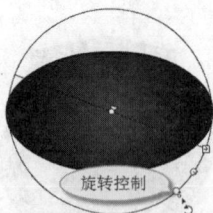

图3-72　旋转渐变色角度

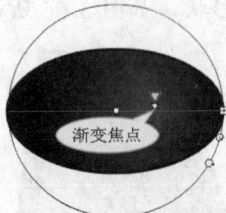

图3-73　移动渐变焦点的位置

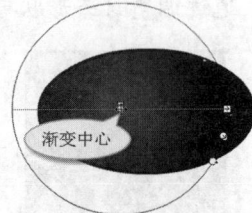

图3-74　移动渐变中心的位置

2. 调整线性渐变填充。

(1) 选择颜料桶工具，选择一种线性渐变色填充椭圆，如图 3-75 所示。
(2) 选择渐变变形工具，在渐变色上单击鼠标左键，会出现限制线性渐变范围的一组平行线、一个渐变中心和两个手柄。
(3) 向内拖曳方形手柄，缩小渐变色的横向区域，如图 3-76 所示。

图3-75　填充线性渐变色彩　　　　　　　　　　　图3-76　缩小渐变色横向区域

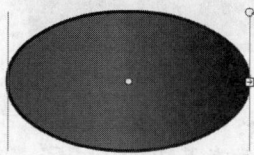

(4) 向右移动渐变中心，调整渐变色的位置，如图 3-77 所示。
(5) 拖动移动手柄，调整渐变区域的大小（即平行线区域大小，平行线外为纯色区），如图 3-78 所示。
(6) 按住外侧的圆形手柄旋转角度，调整渐变色的渐变方向，会出现图 3-79 所示的效果。

图3-77　移动渐变色的位置　　　　图3-78　调整渐变区域　　　　图3-79　旋转区域

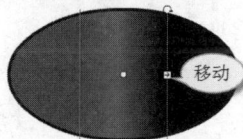

3.4　创建文本

当在 Animate CC 影片中使用系统安装的字体时，Animate CC 会将该字体信息嵌入 Animate CC SWF 文件中，从而确保该字体能够在 Animate CC Player 中正常显示。

要点提示　并不是所有显示在 Animate CC 中的字体都可以随影片导出，如果用户在作品中使用了计算机里没有安装的字体，则会造成字体不兼容的错误，所以最好使用系统自带的字体。

利用文本工具可以创建不同类型的文本，并可以设置不同的文本属性。在 Animate 中可以创建静态文本、动态文本和输入文本。下面介绍创建静态文本和输入文本的操作方法。

3.4.1　创建静态文本

可以使用计算机中丰富的字体来创建文本，将静态文本发布到 HTML 5 项目时会自动转换为轮廓，这样即使用户没有安装这些字体，也能查看到正确的文本效果。但是，静态文本所占的存储空间较大。

【操作要点】

1. 选择文本工具，在【属性】面板的文本类型下拉列表中选择【静态文本】选项，如图 3-80 所示。
2. 在舞台中单击鼠标左键，在出现的文本框中输入文字，如图 3-81 所示。此时，文本在水平方向上不断延伸，并超出舞台显示区。

图3-80　【属性】面板

图3-81　输入文字

3. 双击橡皮擦工具 ◆ 清空舞台。选择文本工具 T，在舞台中拖曳鼠标指针拉出一个文本框，然后在其中输入文字，如图 3-82 所示。此时，文字将被限制在文本框内，不会延长到舞台外面去。

4. 向左拖曳文本框右上角的方形手柄，缩小文字行宽后的效果如图 3-83 所示。随后输入的文字将被限制在新界定的文本框内，一行结束后将自动转到下一行。

图3-82　在文本框内输入文字

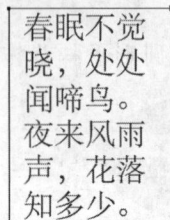

图3-83　缩小文本行宽后的效果

5. 双击文本框右上角的手柄，文字将回到单行状态，手柄也变成圆形。按 Ctrl+Z 组合键恢复上一步操作。

6. 在文本框内单击鼠标右键，在弹出的快捷菜单中选择【全选】命令，将文本框内的文本全部选中，如图 3-84 所示。

7. 打开【属性】面板的【字符】卷展栏，从【系列】下拉列表中选择【华文中宋】，设置【大小】为"48"、【字母间距】为"10"、【颜色】为红色。适当调整文本框大小，最终效果如图 3-85 所示。

图3-84　全选文本

图3-85　最终效果

3.4.2　创建输入文本

输入文本可以使用网络字体来创建，其字体丰富，使用方便。

【操作要点】

1. 创建单行文本。

(1) 选择文本工具 T，在【属性】面板的文本类型下拉列表中选择【输入文本】选项。

(2) 展开【段落】卷展栏，在【行为】下拉列表中选择【单行】选项，创建单行文本，如图 3-86 所示。

(3) 在【字符】面板中设置字体为【楷体】、【大小】为"30"、【字母间距】为"0"、【颜色】为蓝色，然后在舞台中绘制一个文本框并输入文字，如图 3-87 所示。

图3-86　【属性】面板

图3-87　缩小文本行宽后的效果

(4) 在文本框外部单击鼠标左键，结束文本输入，最终只显示一行文本，如图 3-88 所示。重新选中文本框并加大文本框宽度，才能显示更多内容。

2. 创建多行文本。

(1) 选中全部文本，打开【属性】面板的【段落】卷展栏，在【行为】下拉列表中选择【多行】选项，将文本转换为多行文本，系统将依据文本框宽度自动换行，如图 3-89 所示。

(2) 选中全部文本，在【属性】面板中设置字体为"华文隶书"、【大小】为"48"、【字母间距】为"6"、【颜色】为紫色。在每一句后回车换行，调整后的文字如图 3-90 所示。

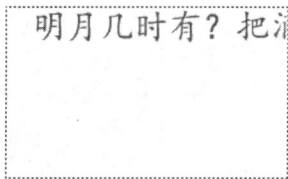

图3-88　显示单行文本

图3-89　文本换行

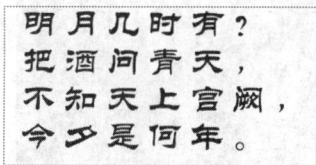

图3-90　调整文本

(3) 选中全部文本，在【段落】面板的【格式】工具组中设置文字对齐方式。

- 单击█按钮使文字左对齐，如图 3-90 所示。
- 单击█按钮使文字居中对齐，如图 3-91 所示。
- 单击█按钮使文字右对齐，如图 3-92 所示。
- 单击█按钮使文字两端对齐，如图 3-93 所示。

图3-91　居中对齐

图3-92　右对齐

图3-93　两端对齐

(4) 在【段落】面板的【边距】工具组中设置文本到文本框的 ▤（左边距）和 ▥（右边距），如图 3-94 所示；在【间距】工具组中设置 ▤（缩进）和 ▤（行距），如图 3-95 所示。

图3-94 设置边距

图3-95 设置间距

3. 编辑公式。

(1) 双击橡皮擦工具 ◆ 删除舞台中的文本，然后选择文本工具 T，选择【静态文本】选项，在舞台中单击鼠标左键后重新输入数学公式，设置字体为【Times New Roman】，结果如图 3-96 所示。

(2) 在【消除锯齿】下拉列表中选择【动画消除锯齿】选项，在【字符】面板底部单击 T 按钮，确保右侧的 T² 和 T₁ 按钮为激活状态。

(3) 使用 T² 和 T₁ 按钮为公式设置上下标，结果如图 3-97 所示。

$$f(x,y) = x12 + y12$$

图3-96 输入数学公式

$$f(x,y) = x_1{}^2 + y_1{}^2$$

图3-97 设置上下标

(4) 选中刚创建的文本，在【属性】面板底部展开【滤镜】卷展栏，单击 ➕ 按钮，为文字选择【发光】滤镜，如图 3-98 所示。按照图 3-99 所示设置滤镜参数，效果如图 3-100 所示。

(5) 在图 3-98 中单击 ➖ 按钮可以删除当前滤镜效果。

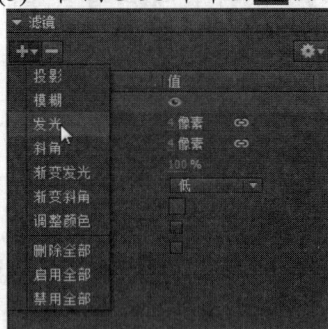

图3-98 添加发光滤镜

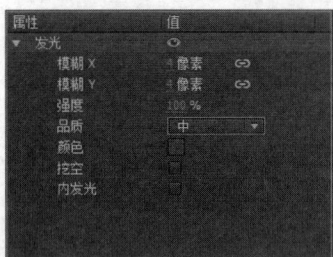

图3-99 滤镜参数

$$f(x,y) = x_1{}^2 + y_1{}^2$$

图3-100 滤镜效果

在图 3-86 所示的【属性】面板中，【消除锯齿】下拉列表中各选项的作用如下。

- 【使用设备字体】：指定 SWF 文件使用本地计算机上安装的字体来显示文本。例如，如果将 "Times New Roman" 字体指定为设备字体，则用于显示内容的计算机上必须安装有 "Times New Roman" 字体，才能正常显示文本。因此在使用设备字体时，应尽量选择通常计算机上都会安装的字体系列。

- 【位图文本(无消除锯齿)】：关闭消除锯齿功能，不对文本进行平滑处理，将用尖锐边缘显示文本。由于字体轮廓嵌入了 SWF 文件，从而增大了 SWF 文件。

- 【动画消除锯齿】：创建较为平滑的动画。由于 Animate CC 忽略对齐方式和

字距微调信息，因此该选项只适用于部分情况。指定该选项会创建较大的
SWF 文件。

- 【可读性消除锯齿】：选择该选项将使用新的消除锯齿引擎，改进了字体
  （尤其是较小字体）的可读性。指定该选项会创建较大的 SWF 文件，最终必
  须将 Animate CC 内容发布到 Animate CC 的播放器中。
- 【自定义消除锯齿】：选择该选项将会打开
  【自定义消除锯齿】对话框，在该对话框中可
  以根据需要修改字体的属性，如图 3-101 所示。

【自定义消除锯齿】对话框中各选项的功能如下。

- 【粗细】：用于确定进行消除锯齿转变后字体
  的粗细。较大的值可以使字符看上去较粗。
- 【清晰度】：用于确定文本边缘与背景过渡的
  平滑度。

图3-101 【自定义消除锯齿】对话框

3.5 使用辅助工具

辅助工具是指在操作中无法直接完成对象的创建，但可以辅助完成创作的工具。借助这
些辅助工具，可以在一定程度上简化操作。

3.5.1 使用手形工具

手形工具 可用于移动舞台，从而调整视图的显示范围，保持缩放比率不变。用户也
可以利用滑动条直接进行调整。

【操作要点】

1. 选择菜单命令【文件】/【导入】/【导入到舞台】，导入素材文件"素材\第 3 章\海
   滩.jpg"，此时画面已经超出了舞台显示范围，如图 3-102 所示。
2. 在【工具】面板中选择手形工具 ，此时鼠标指针变为手形形态，按住鼠标左键拖动
   画面，直到显示出需要显示的部分，移动后的画面如图 3-103 所示。

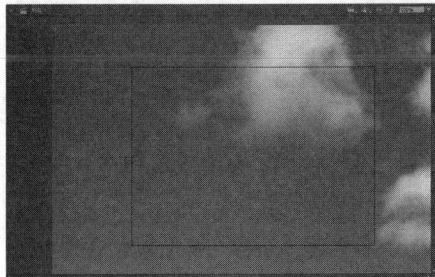

图3-102 导入位图

图3-103 调整位图的显示区域

3. 单击文件窗口右上角的显示比例调整区按钮，在弹出的下拉列表中选择合适的显示比
   例，如图 3-104 所示。

用户在使用其他工具进行编辑时，只要按住空格键就可以快速切换到手形工具。

4. 在【工具】面板中单击手形工具 右下角的下拉按钮，从弹出的工具组中选取旋转工具 ，可以绕舞台中心旋转图形，如图 3-105 所示。

图3-104　调整显示比例

图3-105　旋转图形

3.5.2　使用摄像头工具

使用摄像头工具 可以方便地对场景大小和角度进行调整。

【操作要点】

1. 接上例。在【工具】面板中选择摄像头工具 ，此时舞台下方将出现调整滑块，单击【缩放调整】按钮，拖动滑块缩放图形，如图 3-106 所示。
2. 单击【旋转调整】按钮，可以绕舞台中心旋转图形，如图 3-107 所示。

图3-106　缩放调整

图3-107　旋转调整

3.5.3　使用缩放工具

缩放工具 可以通过更改缩放比率或在 Animate CC 工作环境中移动舞台来更改舞台中的视图显示。此外，还可以使用菜单命令【视图】/【缩放比率】调整舞台的视图。

要在屏幕上查看整个舞台，或在高缩放比率的情况下查看绘画的特定区域，可以更改缩放比率。最大的缩放比率取决于显示器的分辨率和文档大小。

(1) 单击【放大】按钮 可以放大舞台中的对象，每单击一次图形放大一倍。
(2) 按住 Alt 键单击【缩放】按钮 可以缩小图形，每单击一次图形缩小 50%。
(3) 按住 Ctrl 键单击【缩放】按钮 可以移动图形。
(4) 要放大绘画的特定区域，可以利用缩放工具 拖出一个矩形选取框。

3.6 使用辅助面板

在 Animate CC 中创建和编辑图形时，有些面板的使用效率比较高，在优化作品的制作效果时发挥了较大的作用，如【对齐】面板和【变形】面板等。

3.6.1 使用【对齐】面板

【对齐】面板为用户提供了多种排列图形对象的选项，通过这些选项能够方便、快捷地设置对象之间的相对位置，比如对齐、平分间距，以及调整图形的长、宽比例等。

一、参数设置

选择菜单命令【窗口】/【对齐】，调出【对齐】面板，如图 3-108 所示。面板中各选项的功能如下。

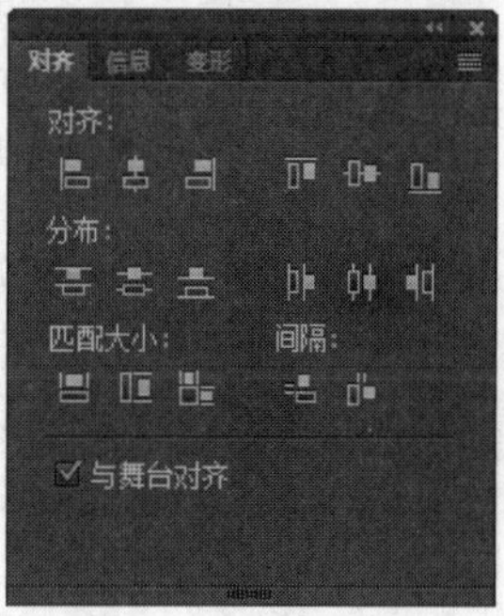

图3-108　【对齐】面板

(1) 【对齐】栏。

- ▣：设置选取对象基于左端对齐。
- ▣：设置选取对象沿垂直线中对齐。
- ▣：设置选取对象基于右端对齐。
- ▣：设置选取对象基于上端对齐。
- ▣：设置选取对象沿水平线中对齐。
- ▣：设置选取对象基于下端对齐。

(2) 【分布】栏。

- ▣：设置选取对象在横向上上端间距相等。
- ▣：设置选取对象在横向上中心间距相等。
- ▣：设置选取对象在横向上下端间距相等。
- ▣：设置选取对象在纵向上左端间距相等。
- ▣：设置选取对象在纵向上中心间距相等。
- ▣：设置选取对象在纵向上右端间距相等。

(3) 【匹配大小】栏。

- ▣：在水平方向上等尺寸变形，以所选对象中最长的或画面尺寸为基准。
- ▣：在垂直方向上等尺寸变形，以所选对象中最长的或画面尺寸为基准。
- ▣：在水平和垂直方向上同时进行等尺寸变形，以所选对象中最长的或画面尺寸为基准。

(4) 【间隔】栏。

- ▣：设置选取对象在纵向上间距相等。
- ▣：设置选取对象在横向上间距相等。

(5) 【与舞台对齐】复选项：以整个舞台范围为标准，在等距离调整时，先将对象的外边线吸附到画面的对应边缘后，再等分对象之间的距离。在尺寸匹配时，以对应边长为基准拉伸对象。不选中此复选项时，则以选取对象所在区域为标准。

二、基础应用——使用【对齐】面板

下面结合操作介绍【对齐】面板的用法。

【操作要点】

1. 选择菜单命令【文件】/【导入】/【导入到舞台】，导入素材文件"素材\第 3 章\猫.jpg""素材\第 3 章\狗.jpg"和"素材\第 3 章\鸭.jpg"。

2. 在舞台中按照图 3-109 所示位置排列位图。

3. 按住 Shift 键选择所有位图，在【对齐】面板的【间隔】栏中单击 (水平平均间隔)按钮，并选中【与舞台对齐】复选项，使选取对象的横向间距相等，如图 3-110 所示。

图3-109　排列位图

图3-110　等分位图间距

4. 单击 (顶对齐)按钮，使选取对象基于上边缘对齐，如图 3-111 所示。单击 (垂直中齐)按钮，使位图横向中心对齐，如图 3-112 所示。

图3-111　基于上边缘对齐位图

图3-112　横向中心对齐位图

5. 单击 (垂直居中分布)按钮，使图形在垂直方向上居中分布排列，如图 3-113 所示。单击 (匹配高度)按钮，以舞台高度为基准拉伸位图，如图 3-114 所示。

图3-113　垂直居中分布效果

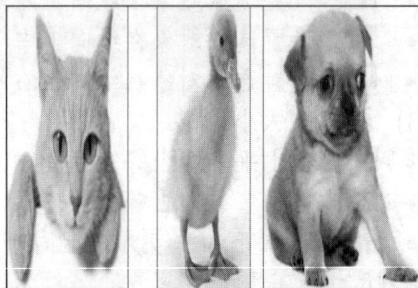

图3-114　匹配高度效果

3.6.2　使用【变形】面板

使用【变形】面板可以对图形对象、组、文本块和实例等进行变形。根据所选元素的类型，可以任意变形、旋转、倾斜、缩放或扭曲该元素。在变形期间，还可以更改或添加内容。

【操作要点】

1. 选择矩形工具，在舞台中绘制一个矩形，如图 3-115 所示。

2. 选择菜单命令【窗口】/【变形】，打开【变形】面板，如图 3-116 所示。

图3-115 绘制矩形

图3-116 【变形】面板

3. 选择矩形，单击 🔗（约束）按钮，在其前面任一文本框中输入 "60%"，按 Enter 键确认，矩形缩小后如图 3-117 左图所示。

4. 单击 🔗（约束）按钮取消约束选项，在 ↕ 右侧的文本框中输入 "120%"，按 Enter 键确认，此时矩形的拉伸如图 3-118 左图所示。

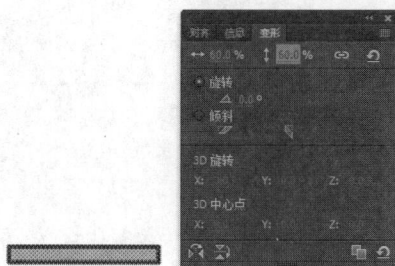

图3-117 缩小矩形

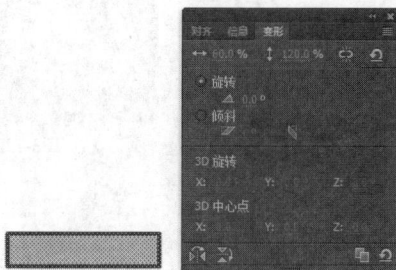

图3-118 拉伸矩形

5. 在【旋转】文本框中输入 "30"，按 Enter 键确认，结果如图 3-119 左图所示。

6. 选中【倾斜】单选项，在水平倾斜 ⬓ 文本框中输入 "90"，按 Enter 键确认，结果如图 3-120 左图所示。

图3-119 旋转矩形

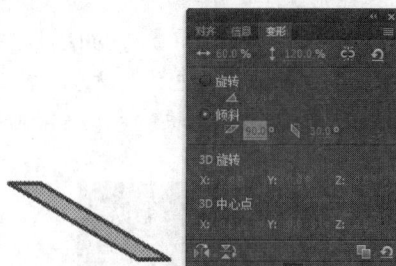

图3-120 倾斜矩形

7. 单击面板右下角的 ⮐（取消变形）按钮，将矩形恢复到初始状态。

8. 在【旋转】文本框中输入 "30"，连续单击面板底部的 🗐（重置选区和变形）按钮，结果如图 3-121 左图所示。

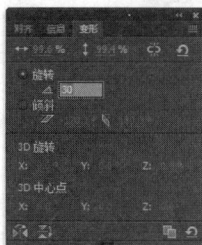

图3-121 旋转并复制矩形

3.7　综合应用——绘制"浪漫人生"

本例通过对一个场景的绘制来讲解 Animate CC 中常用绘图工具的使用方法和技巧，使读者初步认识 Animate CC 绘图功能，创建效果如图 3-122 所示。

图3-122　"浪漫人生"设计效果

【操作要点】

1.　绘制背景。

(1)　新建一个尺寸为"800 像素×600 像素"的 Animate（ActionScript 3.0）文档，其他属性使用默认参数。

(2)　将默认"图层 1"重命名为"背景层"。

(3)　绘制矩形。

① 选择矩形工具 ▣。

② 选择菜单命令【窗口】/【颜色】，打开【颜色】面板，如图 3-123 所示。

③ 设置矩形的笔触颜色为"无"，填充颜色的类型为【线性渐变】。

④ 从左至右第 1 个色块颜色为"#0099FF"，第 2 个色块颜色为"#CCFFFF"，如图 3-124 所示。

图3-123　【颜色】面板

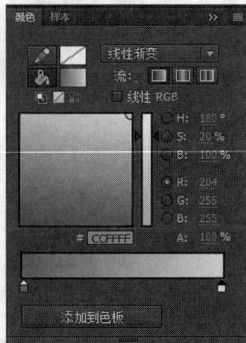

图3-124　调整颜色后的【颜色】面板

⑤ 拖动鼠标指针在舞台中绘制一个矩形。

⑥ 选中矩形，在【属性】面板中设置矩形【宽】【高】分别为"800""600"，设置位置坐标【X】【Y】均为"0.0"，如图 3-125 所示，最终舞台效果如图 3-126 所示。

图3-125　矩形的【属性】面板

图3-126　舞台效果

> **要点提示**　选择菜单命令【窗口】/【属性】，打开【属性】面板，在【属性】面板中可以设置对象的宽、高及位置坐标等。

(4)　填充矩形。

① 选择渐变变形工具 ，然后单击舞台中的矩形，如图 3-127 所示。

② 将颜色渐变顺时针旋转 90°，然后调整颜色渐变的中心，效果如图 3-128 所示。

图3-127　调整渐变变形

图3-128　调整渐变方向后的渐变形状

2.　绘制草地。

(1)　绘制和调整线条 1。

① 新建图层并重命名为"草地"层。

② 选择线条工具 ，在【属性】面板中设置笔触颜色为"黑色"、笔触高度为"1"，其属性设置如图 3-129 所示。

③ 在舞台中绘制一条斜线，如图 3-130 所示。

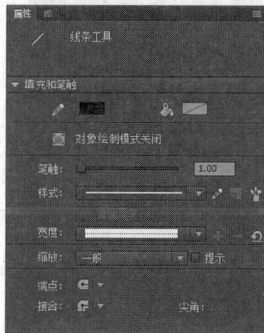

图3-129　设置线条属性

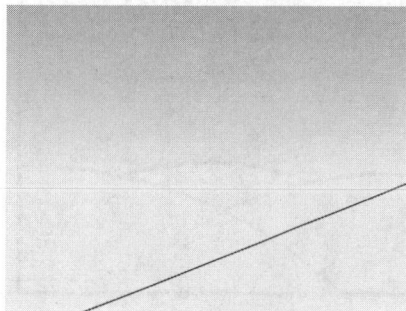

图3-130　绘制斜线

④ 选择选择工具 ，将鼠标指针放置在线条的中心位置，当指针呈拖动状态 时，按住鼠标左键并向上拖动鼠标指针，将线条调整至图 3-131 所示的效果。

(2)　绘制和调整线条 2。

① 选择线条工具 ，在舞台中绘制一条如图 3-132 所示的斜线。

图3-131 调整后的线条

图3-132 绘制第 2 条斜线

② 利用选择工具 ▷ 调整其形状如图 3-133 所示。

(3) 用同样的方法绘制第 3 条曲线，最终效果如图 3-134 所示。

图3-133 调整后的线条形状

图3-134 第 3 条线的形状

(4) 选择线条工具 ∕，将外边框封闭起来，如图 3-135 所示。

要点提示　连接时一定要使首尾连接紧密，如果有间隙，将会导致不能填充颜色。

(5) 填充图形。

① 选择颜料桶工具 ⬤。

② 打开【颜色】面板，调整其填充颜色的类型为【线性渐变】、第 1 个色块颜色为 "#EEF742"、第 2 个色块颜色为 "#99CC00"，如图 3-136 所示。

图3-135 封闭线条

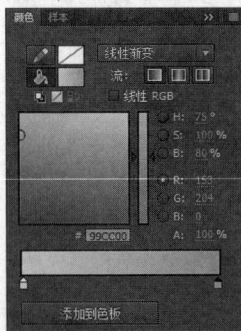

图3-136 调整填充颜色

③ 把鼠标指针移入舞台，此时的指针将变为颜料桶形状 ，在封闭的线条框内依次单击鼠标左键填充颜色，效果如图 3-137 所示。

④ 选择渐变变形工具 ▣，分别调整 3 块草地的渐变颜色如图 3-138～图 3-140 所示。

图3-137 填充颜色

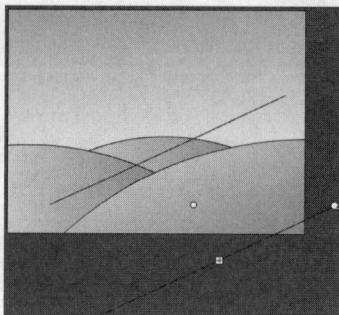

图3-138 调整渐变颜色（1）

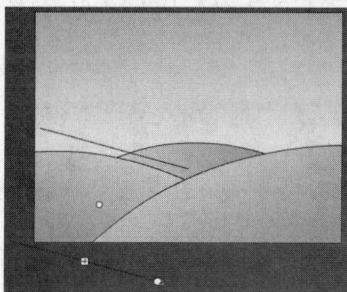

图3-139 调整渐变颜色（2）

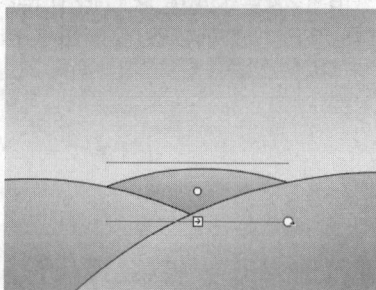

图3-140 调整渐变颜色（3）

(6) 利用选择工具 ▷ ，单击选中黑色的线条，然后按 Delete 键将线条全部删除。

3. 绘制云彩。

(1) 绘制椭圆。

① 新建图层并重命名为"云彩"。

② 选择椭圆工具 ◉ ，在【属性】面板中设置其笔触颜色为"无"、填充颜色为"白色"。

③ 在舞台中绘制一个椭圆，如图 3-141 所示。

(2) 在椭圆的周围绘制一些小的椭圆，使其像空中的云彩，效果如图 3-142 所示。

图3-141 绘制椭圆

图3-142 绘制云彩

(3) 利用同样的方法，在舞台中再绘制两朵云彩，效果如图 3-143 所示。

4. 绘制太阳。

(1) 新建图层并重命名为"太阳"。

(2) 选择椭圆工具 ◉ 。

(3) 打开【颜色】面板，设置笔触颜色为无、填充颜色的类型为【径向渐变】。

(4) 设置第 1 个色块颜色为"#FF0000"、第 2 个色块颜色为"#FFCC33"，【颜色】面板设置如图 3-144 所示。

图3-143　最终的云彩效果

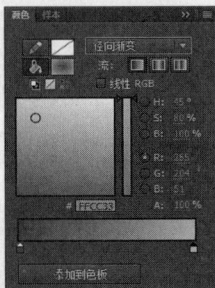

图3-144　【颜色】面板

(5)　在舞台中按住 Shift 键的同时拖动鼠标指针，绘制一个尺寸为"100×100"的圆，如图 3-145 所示，其属性设置如图 3-146 所示。

图3-145　绘制太阳

图3-146　"太阳"的属性设置

5.　导入素材。

(1)　导入图片 1。

①　新建图层并重命名为"植物"。

②　选择菜单命令【文件】/【导入】/【导入到舞台】，导入素材文件"素材\第 3 章\浪漫人生\植物.png"，其属性设置如图 3-147 所示，舞台效果如图 3-148 所示。

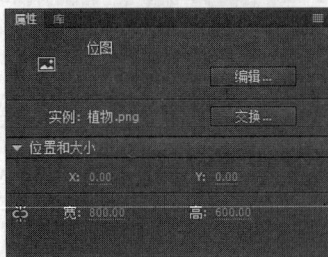

图3-147　"植物"的属性设置

图3-148　导入植物后的舞台效果

要点提示　导入图片的方法与技巧将在第 4 章详细讲解，读者可参阅相关章节的内容。

(2)　导入图片 2。

①　新建图层并重命名为"家"。

②　选择菜单命令【文件】/【导入】/【导入到舞台】，导入素材文件"素材\第 3 章\浪漫人生\家.png"，其属性设置如图 3-149 所示，舞台效果如图 3-150 所示。

图3-149 "家"的属性设置

图3-150 导入家后的效果

(3) 导入图片 3。

① 新建图层并重命名为"人物"。

② 选择菜单命令【文件】/【导入】/【导入到舞台】，导入素材文件"素材\第 3 章\浪漫人生\人物.png"，其属性设置如图 3-151 所示，舞台效果如图 3-152 所示。

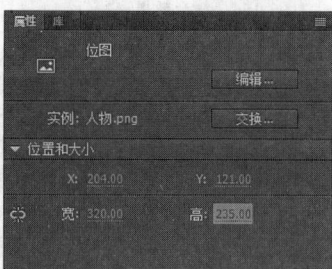

图3-151 "人物"的属性设置

图3-152 导入人物后的效果

6. 制作标题。

(1) 书写文字 1。

① 新建图层并重命名为"标题下"。

② 选择文本工具 T 。

③ 打开【属性】面板，设置字体为【华文行楷】、【大小】为"60"、填充颜色为"#FFFFFF"。

④ 在舞台中输入文字"浪漫人生"，文字的属性设置如图 3-153 所示，舞台效果如图 3-154 所示。

图3-153 "标题下"的属性设置

图3-154 舞台效果（1）

(2) 书写文字 2。

① 新建图层并重命名为"标题上"。

② 选择文本工具 T，设置填充颜色为"#FF6600"。

③ 输入与上一步相同的文字，其属性设置如图 3-155 所示，舞台效果如图 3-156 所示。

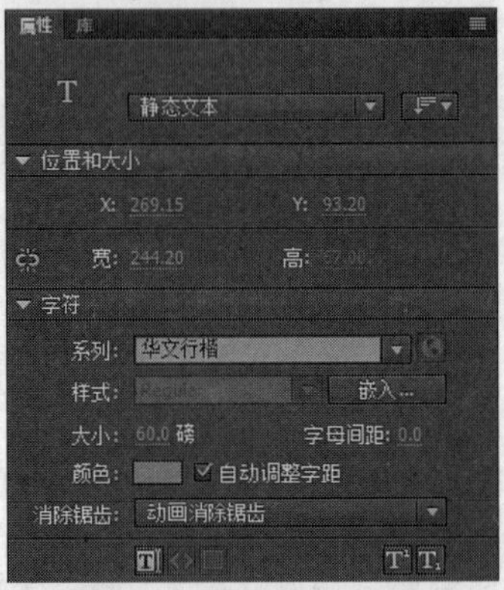

图3-155　"标题上"属性设置

图3-156　舞台效果（2）

(3) 案例最终的时间轴状态如图 3-157 所示。

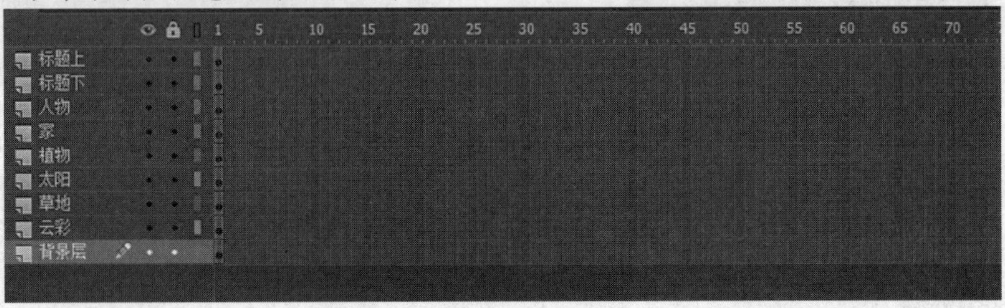

图3-157　最终的时间轴状态

3.8　习题

1. 渐变色有哪些类型？如何设置？

2. 墨水瓶工具与颜料桶工具在用途上有何不同？

3. 任意变形工具与渐变变形工具在用途上有何不同？

4. 文本有哪些主要类型？各有何用途？

5. 【对齐】面板上主要有哪些对齐方式？

第4章 使用素材

【学习目标】

- 明确元件和库的概念。
- 掌握元件的种类及其应用方法。
- 掌握导入音频到场景中的基本方法。
- 掌握导入视频到场景中的基本方法。

使用绘图工具和编辑工具绘制素材可以制作为元件并多次使用，这样可以大大提高设计效率。同时，还可以将外部的素材文件导入到场景中，这些素材包括特定格式的音频和视频文件，使最终创建的作品"音画并茂"。

4.1 元件与库

元件是 Animate CC 2019 动画制作中的重要概念，使用元件制作动画能大大提高设计效率，提升设计质量。

4.1.1 元件与库的概念

对于在文档中重复出现的元素，使用创建元件的方式是很好的做法。

一、 元件、库与实例

元件是指创建一次即可多次使用的元素，创建的元件将会存储在元件库中，库是容纳和管理元件的工具。将元件放在舞台上时，就会创建该元件的一个实例。

用户可以修改实例的属性而不会影响主元件，也可以通过编辑元件来更改所有实例。

> **要点提示** 形象地说，元件是动画的"演员"，实例是"演员"在舞台上的"角色"，库是容纳"演员"的"房子"。如图 4-1 所示，舞台上的图形（如"树""房子"）都是元件，都存在于【库】面板中，如图 4-2 所示。

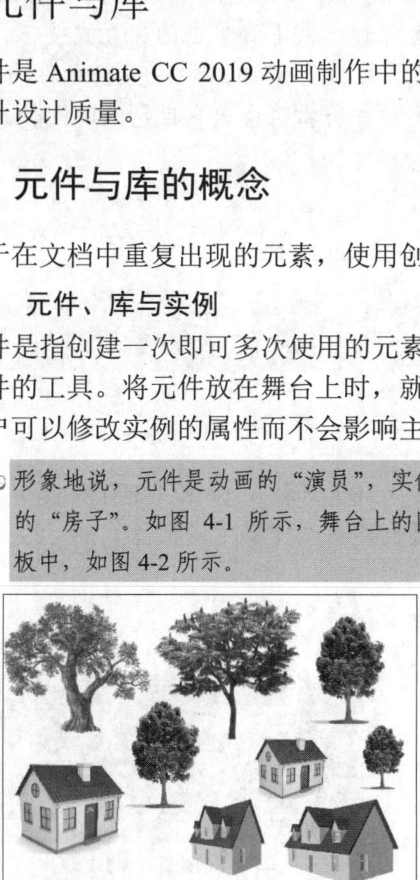

图4-1 元件在舞台上的显示

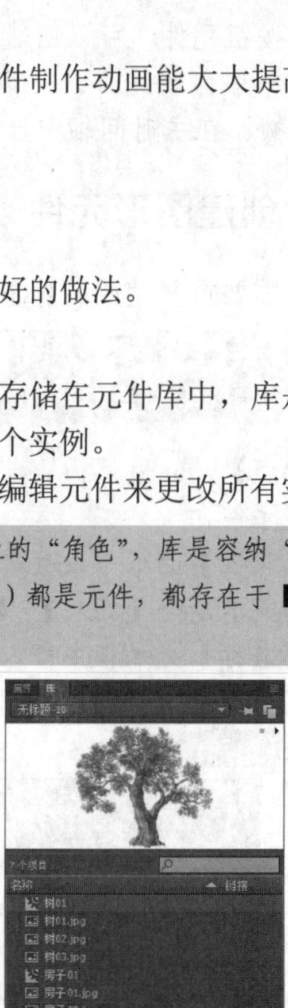

图4-2 库中的元件

元件只需创建一次就可以在当前文档或其他文档中重复使用，如图 4-2 中的"树"和"房子"图形，在创建实例时可以根据需要调整其大小和位置。

二、 使用元件的优点

使用元件进行设计主要有以下优点。

(1) 可以简化动画的编辑。在动画编辑过程中，把多次使用的元素制作成元件，修改元件后，对应用于动画中的所有实例也将自动改变，而不必逐一修改，大大节省了制作时间。

(2) 减小动画文件尺寸。重复的信息只被保存一次，而其他引用就只保存图片存放位置，因此使用元件可以大大减小动画的文件尺寸。

(3) 加快文件的下载速度。元件下载到浏览器端只需要一次，因此，可以加快动画的下载速度。

三、 元件的类型

元件主要有以下 3 种类型。

- 图形元件：用于静态图像，也可以用于创建与主时间轴同步的、可重复使用的动画片段。图形元件的时间轴与主时间轴重叠。

> **要点提示**　如果图形元件包含 10 帧，那么在主时间轴中完整播放该元件的实例也需要 10 帧。在图形元件的动画序列中不能使用交互式对象和声音，即使使用了也没有作用。

- 按钮元件：可以创建响应鼠标弹起、指针经过、按下和单击的交互式按钮。
- 影片剪辑元件：可以创建重复使用的动画片段。例如，影片剪辑元件有 10 帧，在主时间轴中只需要 1 帧即可，因为影片剪辑将播放它自己的时间轴。

4.1.2 创建图形元件

对于需要重复使用的静态图像，可以将其创建为图形元件。

> **要点提示**　与影片剪辑元件或按钮元件不同，用户不能为图形元件提供实例名称，也不能在动作脚本中引用图形元件。

【操作要点】

1. 创建元件。

(1) 在【属性】面板中设置舞台尺寸为"400 像素×300 像素"，如图 4-3 所示。

(2) 选择菜单命令【插入】/【新建元件】，打开【创建新元件】对话框。

① 在【名称】文本框中输入名称"蝴蝶"。

② 在【类型】下拉列表中选取【图形】选项，如图 4-4 所示。

③ 单击　确定　按钮。

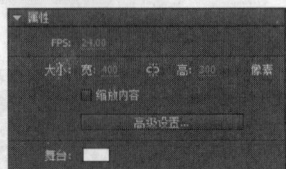

图4-3 【属性】面板　　　　　　图4-4 【创建新元件】对话框

(3) 选择菜单命令【文件】/【导入】/【导入到舞台】，导入素材文件"素材\第 4 章\蝴蝶

1.jpg"，在弹出的提示框中单击 [否] 按钮，结果如图 4-5 所示。

(4) 切换到【库】面板，可以看到创建的图形元件，如图 4-6 所示。

图4-5　导入图片

图4-6　【库】面板

2. 使用元件创建实例。

(1) 此时出现两种编辑环境，一种是编辑场景，另一种是编辑元件。在场景顶部可以切换这两种编辑环境，如图 4-7 和图 4-8 所示。

图4-7　编辑场景

图4-8　编辑元件

(2) 按照图 4-7 所示切换到场景，在【库】面板中将新建的"蝴蝶"元件拖动到场景中，如图 4-9 所示。

> **要点提示**　由于此时元件中只包含一张图片，因此，在图 4-6 中拖动"蝴蝶"元件与拖动"蝴蝶 1.jpg"图片效果完全相同。

(3) 确保选中新创建的实例，在【属性】面板中按照图 4-10 所示设置元件大小和色彩效果，在设置大小时为了防止图形变形，可单击 [⊂⊃] 按钮锁定长宽比。

图4-9　将元件拖动到场景中

图4-10　编辑元件

3. 创建其他元件。

(1) 按照图 4-8 所示切换到元件编辑窗口，继续导入素材文件"素材\第 4 章\蝴蝶 2.jpg"，在弹出的提示框中单击 [否] 按钮，适当调整图片位置，结果如图 4-11 所示。

(2) 此时的"蝴蝶"元件中包含两张图片，如图 4-12 所示。

图4-11　导入素材

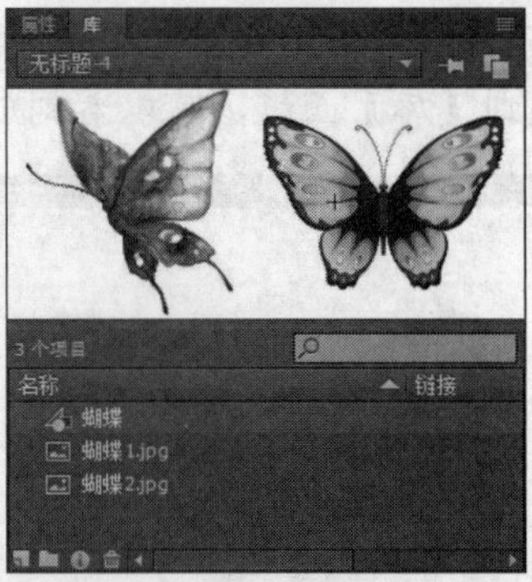

图4-12　【库】面板

(3) 切换到场景，此时场景中的内容也自动更新，由一只蝴蝶变为两只蝴蝶。

(4) 将【库】面板中的"蝴蝶"元件拖动到场景中，适当调整对象的大小和位置，再创建一个元件实例，如图 4-13 所示。

(5) 分别将图片"蝴蝶 1.jpg"和"蝴蝶 2.jpg"拖到场景的左下角和右上角，并适当调整对象的大小和位置，单独为元件中的图片创建实例，结果如图 4-14 所示。

图4-13　创建实例（1）

图4-14　创建实例（2）

4.1.3　创建按钮元件

按钮元件可以在影片中响应鼠标单击等交互式操作。创建按钮元件时，需要区分 4 种不同的状态：【弹起】【指针经过】【按下】和【单击】。用户可以在对应的帧中创建所需的图形或导入位图等元素，构建随鼠标状态变化的元件。

【操作要点】

1. 创建图形。

(1) 新建一个 Animate（ActionScript 3.0）文档。

(2) 选择菜单命令【插入】/【新建元件】，打开【创建新元件】对话框。

① 在【名称】文本框中输入"按钮"。

② 在【类型】下拉列表中选择【按钮】选项，如图 4-15 所示。

③ 单击 确定 按钮。

(3) 选择椭圆工具 。

① 设置笔触高度为"2"。

② 设置适当的边线颜色和填充颜色。

③ 在舞台中绘制圆，如图 4-16 所示。

④ 选择圆，然后选择菜单命令【窗口】/【对齐】，打开【对齐】面板。

⑤ 选中【与舞台对齐】复选项，单击 （水平中齐）按钮。

⑥ 单击 （垂直中齐）按钮，使圆相对舞台中心对齐，结果如图 4-17 所示。

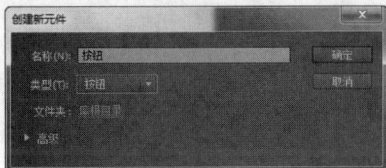

图4-15　【创建新元件】对话框　　　　图4-16　绘制圆　　　　图4-17　对齐到舞台

2.　编辑按钮弹起时的形状。

(1)　【时间轴】面板上默认选中【弹起】状态，如图 4-18 所示。

(2)　选中圆的填充色块，然后选择菜单命令【窗口】/【颜色】，打开【颜色】面板，在面板中设置一种线性渐变色彩，如图 4-19 所示，填充效果如图 4-20 所示。

图4-18　【时间轴】面板　　　　图4-19　设置渐变色　　　　图4-20　填充效果

(3)　选中绘制的圆后，选择菜单命令【窗口】/【变形】，打开【变形】面板。

(4)　单击 按钮使之变为 状态，启用【约束】功能。

①　设置长宽比为 "80.0%"。

②　将【旋转】设置为 "180.0°"。

③　单击 按钮旋转复制出一个圆，参数设置如图 4-21 所示，结果如图 4-22 所示。

(5)　在【时间轴】面板中选择【指针经过】状态帧，按 F6 键添加关键帧，如图 4-23 所示。

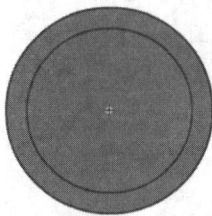

图4-21　参数设置　　　　图4-22　设计结果　　　　图4-23　【时间轴】面板

(6)　选择当前帧中内部圆的填充色，在【颜色】面板中调整一种渐变色，如图 4-24 所示。

3. 编辑按钮按下时的形状。

(1) 在【时间轴】面板中选择【弹起】状态帧，选择菜单命令【编辑】/【时间轴】/【复制帧】。

(2) 选择【按下】状态帧，选择菜单命令【编辑】/【时间轴】/【粘贴帧】，如图 4-25 所示。

4. 使用按钮。

(1) 在【时间轴】面板中单击 ▦ 按钮，切换到场景中。

(2) 从图 4-26 所示的【库】面板中将"按钮"元件拖放到舞台中。

(3) 选择菜单命令【控制】/【启用简单按钮】，测试按钮效果，可以看到当鼠标经过按钮以及单击按钮时，按钮内部圆圈中的渐变色将发生变化。

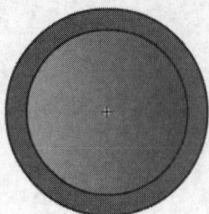

图4-24　调整渐变色　　　　　图4-25　粘贴帧　　　　　图4-26　【库】面板

4.1.4　创建影片剪辑元件

使用影片剪辑元件能创建可重复使用的动画片段。影片剪辑具有独立于主影片时间轴播放的多帧时间轴，既可以将影片剪辑看作主影片内的小影片（可包含交互式控件、声音或其他影片剪辑实例），也可以将影片剪辑实例放在按钮元件的时间轴内，以创建动画按钮。

> **要点提示**　可以在其他影片剪辑和按钮内添加影片剪辑来创建嵌套的影片剪辑。还可以使用【属性】面板为影片剪辑的实例分配实例名称，然后在动作脚本中引用该实例名称。

【操作要点】

1. 创建影片剪辑元件。

(1) 新建一个 Animate（ActionScript 3.0）文档。

(2) 选择菜单命令【插入】/【新建元件】，弹出【创建新元件】对话框。

① 在【名称】文本框中输入"变形"。

② 在【类型】下拉列表中选择【影片剪辑】选项，如图 4-27 所示，单击 确定 按钮。

(3) 使用椭圆工具 ⬤ 在舞台中绘制一个圆，如图 4-28 所示。

图4-27　【创建新元件】对话框　　　　　　　　　图4-28　绘制圆

(4) 单击选中第 20 帧，按 F7 键创建一个空白关键帧，如图 4-29 所示。

(5) 继续在第 20 帧处绘制一个矩形，如图 4-30 所示。

图4-29　创建空白关键帧

图4-30　绘制矩形

(6) 在时间轴上 1~20 帧任意一帧处单击鼠标右键，在弹出的快捷菜单中选择【创建补间形状】命令，创建补间形状动画。此时的时间轴如图 4-31 所示。

(7) 按 Enter 键查看动画效果，可以看到对象由圆变方的过程，如图 4-32 所示。

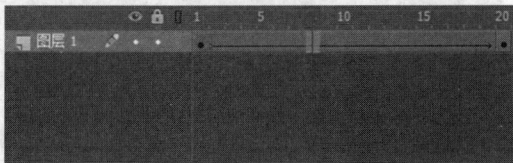

图4-31　创建补间形状动画

图4-32　对象渐变

2. 使用元件创建实例。

(1) 打开【库】面板，可以看到刚刚创建的影片剪辑元件，如图 4-33 所示。

(2) 在界面右上方单击【编辑场景】按钮，切换到场景。

(3) 将【库】面板中的影片剪辑元件拖放 3 次到场景中，创建 3 个实例。

(4) 按 Ctrl+Enter 组合键测试影片，可以看到 3 个实例均产生了变形动画，如图 4-34 所示。

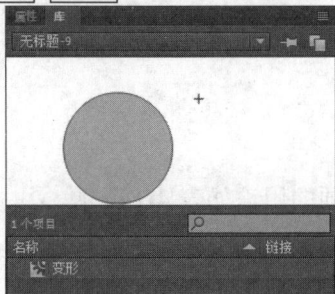

图4-33　【库】面板

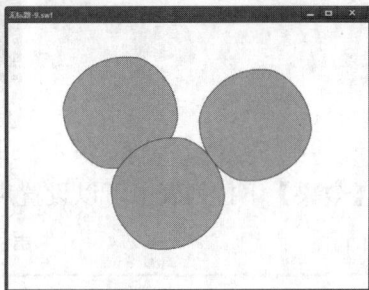

图4-34　测试影片

4.2 导入音频

音乐能为 Animate 动画增添律动和艺术感染力。Adobe Animate CC 常用的音乐格式有 WAV、AIFF、MP3 等几种。

4.2.1 声音格式的选择

声音要占用大量的磁盘空间和内存，不同的声音格式所占的空间不同，选择合理的声音格式可以使动画更加小巧、灵活。MP3 格式的声音数据经过压缩后，比 WAV 格式或 AIFF 格式声音数据小。MP3 格式一般用于 MTV 的制作，而使用一些小段的音乐时，一般用

WAV 格式。

一、 导入声音的方法

选择菜单命令【文件】/【导入】/【导入到库】，打开【导入到库】对话框，选择要导入的声音文件，然后单击 打开(O) 按钮，声音直接被导入到【库】面板中，如图 4-35 所示。

选中时间轴上的第 2 帧，在【属性】面板中即可加入声音。在某一帧上插入音频文件后，对应时间轴上会显示出图 4-36 所示的声音波形图，波形图结束时，即表明声音结束。

图4-35 【库】面板

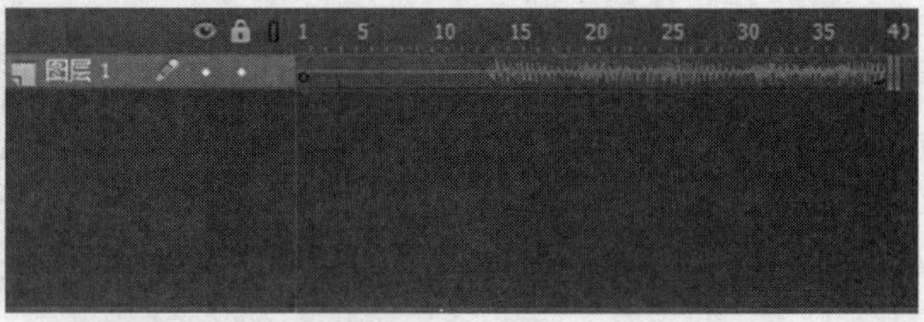

图4-36 显示声音波形

二、 声音属性的设置

Animate CC 提供的声音效果设置选项如图 4-37 所示。

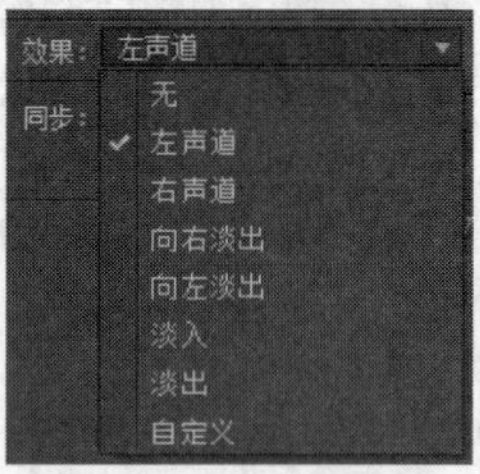

图4-37 声音效果属性

在【效果】下拉列表中可以设置声音效果，各个选项的用途如表 4-1 所示。

表 4-1　　　　　　　　　　　　声音的效果属性选项

选项	功能
无	不对声音文件应用效果，选择此选项将删除以前应用的效果
左声道、右声道	系统播放歌曲时，默认是左声道播放伴音，右声道播放歌词。所以，若插入一首 MP3，只想播放伴音的话，就选择左声道；想保留清唱的话，就选择右声道
向右淡出、向左淡出	会将声音从一个声道切换到另一个声道
淡入、淡出	淡入就是声音由低开始，逐渐变高；淡出就是声音由高开始，逐渐变低
自定义	选择该选项，将打开【编辑封套】对话框，可以通过拖动滑块来调节声音的高低。最多可以添加 8 个滑块。窗口中显示的上下两个分区分别是左声道和右声道。波形远离中间位置时，表明声音高；靠近中间位置时，表明声音低

要点提示 在各种效果中常用的是"淡入"和"淡出"效果，可以通过设置 4 个滑块来完成。开始在最低点，逐渐升高，平稳运行一段后，结尾处再设到最低。

Animate CC 提供的声音同步设置选项如图 4-38 所示，各个选项的功能如表 4-2 所示。

图4-38 声音同步属性

表 4-2 声音的同步属性选项

选项	功能
事件	将声音设置为【事件】，可以确保声音有效地播放完毕，不会因为帧已经播放完而引起音效的突然中断，制作该设置模式后，声音会按照指定的重复播放次数一次不漏地全部播放完
开始	将音效设定为【开始】，每当影片循环一次时，音效就会重新开始播放一次。如果影片很短而音效很长，就会造成一个音效未完而又开始另外一个音效，这样就造成音效的混合而使音效变乱
停止	结束声音文件的播放，可以强制【开始】和【事件】的音效停止
数据流	设置为【数据流】的时候，会迫使动画播放的进度与音效播放进度一致，如果遇到机器的运行不快，Animate 电影就会自动略过一些帧以配合背景音乐的节奏。一旦帧停止，声音也就会停止，即使没有播放完，也会停止

要点提示

其中应用最多的是【事件】选项，它表示声音由加载的关键帧处开始播放，直到声音播放完成或者被脚本命令中断。而【数据流】选项表示声音播放和动画同步，也就是说，如果动画在某个关键帧上被停止播放，声音也随之停止。直到动画继续播放的时候，声音才会从停止处开始继续播放，一般用来制作 MTV。

4.2.2 基础训练——制作"音乐播放器"

本案例将利用 Animate CC 的导入音频文件和打开外部库的功能来制作一个音乐播放器，其制作思路及效果如图 4-39 所示。

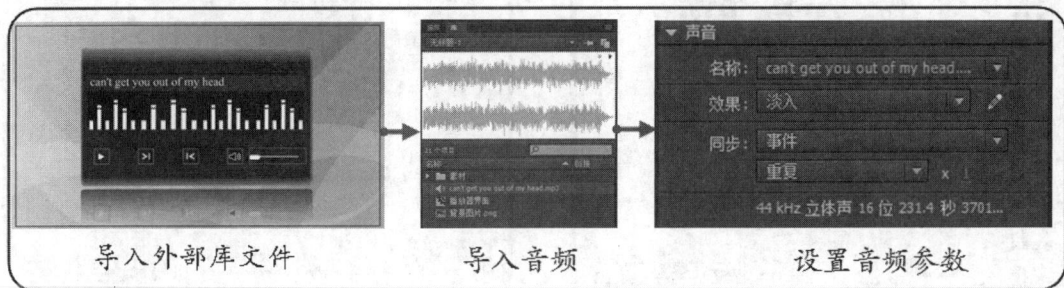

导入外部库文件　　　　导入音频　　　　设置音频参数

图4-39 "音乐播放器"制作思路及效果

【操作要点】

1. 导入外部库文件。

(1) 新建一个 Animate（ActionScript 3.0）文档，并设置文档尺寸为"550 像素 × 300 像素"，其他文档属性保持默认设置。

(2) 将当前图层命名为"背景"，然后新建一个名为"播放器"的图层。

(3) 选择菜单命令【文件】/【导入】/【打开外部库】，打开素材文件"素材\第 4 章\音乐播放器\音乐播放器素材.fla"，如图 4-40 所示。

(4) 选中"播放器界面"影片剪辑元件和"背景图片.png"图形文件，按 $\boxed{Ctrl}$+$\boxed{C}$ 组合键进行复制操作。

(5) 打开【库】面板，按 $\boxed{Ctrl}$+$\boxed{V}$ 组合键将其复制到当前【库】面板中，如图 4-41 所示。

图4-40　打开外部库

图4-41　当前【库】面板

> **要点提示**　当复制外部库中的某个元件到本地【库】面板中时，与该元件相关联的资源也会被复制到本地【库】面板中。

2.　导入音频文件。

(1) 选择菜单命令【文件】/【导入】/【导入到库】，打开【导入到库】对话框，如图 4-42 所示。

(2) 打开素材文件"素材\第 4 章\音乐播放器\can't get you 'out of my head.mp3"，如图 4-43 所示。

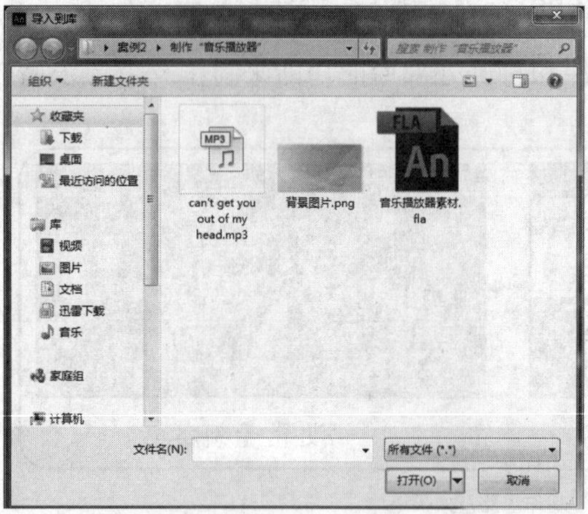

图4-42　【导入到库】对话框

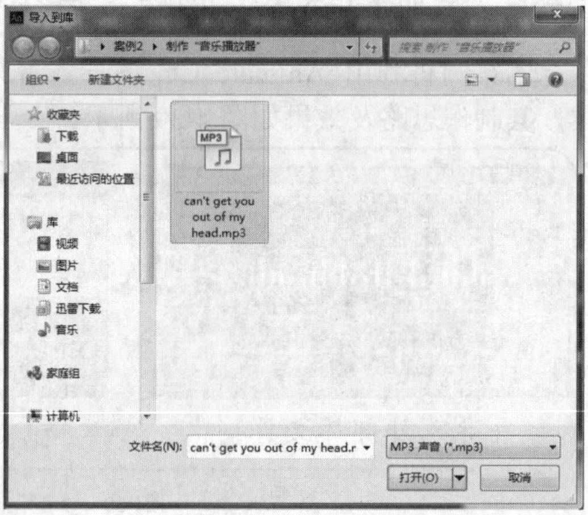

图4-43　选择音频文件

(3) 单击 打开(O) 按钮，将选择的音频文件导入到【库】面板中，效果如图 4-44 所示。

3.　布置舞台。

(1) 新建并重命名图层，最后创建图 4-45 所示的图层。

(2) 将当前【库】面板中的"背景图片.png"拖入到"背景"图层上，并按照图 4-46 所示设置其属性。

图4-44　【库】面板

图4-45　新建图层

(3) 将当前【库】面板中的"播放器界面"元件拖入到"播放器"图层上，并按照图 4-47 所示设置其属性。

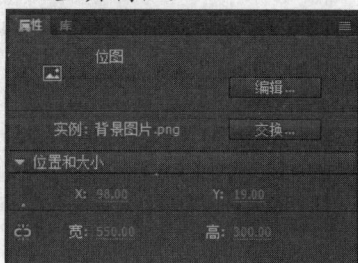

图4-46　设置图片属性

图4-47　设置播放器界面属性

4. 把音频文件加入动画中。

(1) 选择"音频"层的第 1 帧，打开【属性】面板的【声音】卷展栏，在【名称】下拉列表中选择刚才导入的音频文件，如图 4-48 所示。

(2) 在【效果】下拉列表中选择【淡入】选项，在【同步】下拉列表中选择【事件】选项，如图 4-49 所示。

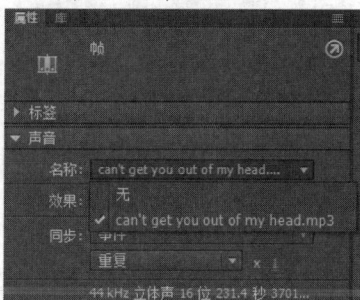

图4-48　选择导入的音频

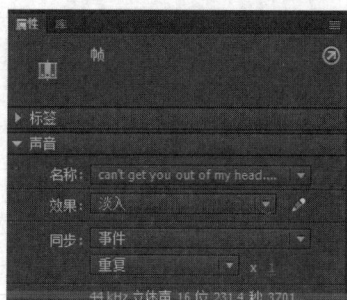

图4-49　设置音频属性

(3) 按 Ctrl + Enter 组合键保存测试影片，完成动画的制作。

4.3　导入视频

Animate 对导入的视频格式作了严格的限制，只能导入"flv"格式的视频，"flv"视频格式是目前网页视频观看的主要格式。

101

4.3.1　导入视频的方法

在 Animate CC 中导入"flv"格式的视频步骤如下。

1. 选择菜单命令【文件】/【导入】/【导入视频】，打开【导入视频】对话框。
2. 选中【在 SWF 中嵌入 FLV 并在时间轴中播放】单选项。
3. 单击 浏览... 按钮，打开【打开】对话框，导入视频文件，如图 4-50 所示。
4. 单击 下一步 > 按钮，进入【嵌入】设置界面，设置【符号类型】为【嵌入的视频】，其他参数保持默认设置，如图 4-51 所示。
5. 单击 下一步 > 按钮，进入【完成视频导入】设置界面，单击 完成 按钮完成视频导入。

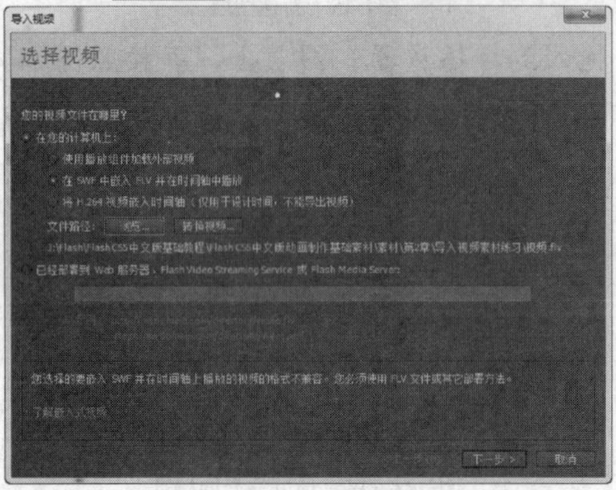

图4-50　导入视频设置（1） 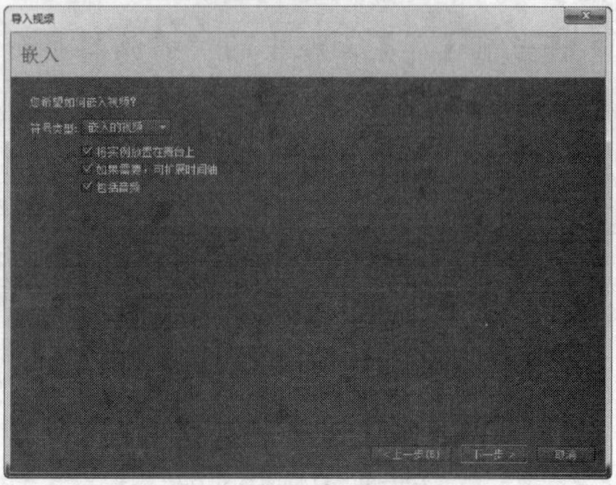　　　　　　　　图4-51　导入视频设置（2）

　　【符号类型】参数的设置对视频导入后的存在形式有非常大的影响，具体含义如表 4-3 所示，用户可以根据具体需要进行选择。

表 4-3　　　　　　　　　　　　　　　　　【符号类型】选项的含义

类型	含义
嵌入的视频	将视频导入到当前的时间轴上
影片剪辑	系统自动新建一个影片剪辑元件，将视频导入该影片剪辑元件内部的帧上
图形	系统自动新建一个图形元件，将视频导入该图形元件内部的帧上

4.3.2　基础训练——制作"液晶电视"

本案例将利用 Animate CC 导入视频文件的功能来制作一个"液晶电视"的效果，动画演示的是一小段影片在"液晶电视"上播放，其制作思路及效果如图 4-52 所示。

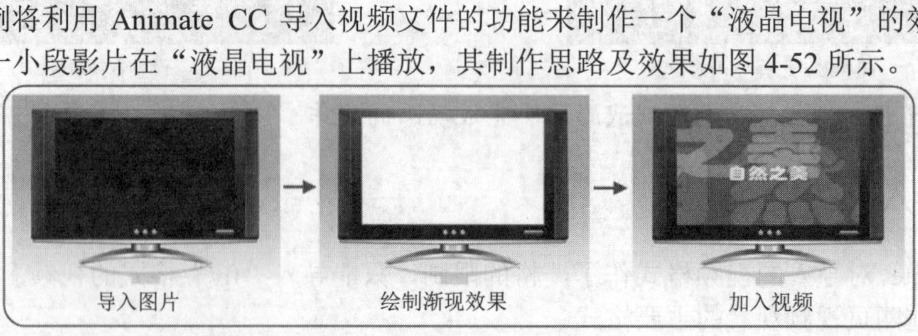

图4-52　"液晶电视"制作思路及效果

【操作要点】

1. 导入背景。

(1) 新建一个 Animate（ActionScript 3.0）文档。

(2) 设置文档尺寸为"550 像素 × 380 像素"、帧频为"20"fps，其他文档属性使用默认参数，如图 4-53 所示。

① 将"图层 1"重命名为"电视"。

② 选择菜单命令【文件】/【导入】/【导入到舞台】，导入素材文件"素材\第 4 章\液晶电视\电视.png"。

③ 按照图 4-54 所示将图片相对舞台居中对齐，效果如图 4-55 所示。

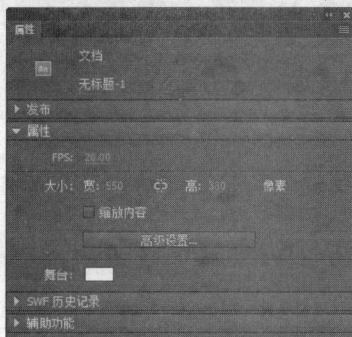

图4-53 设置文档属性

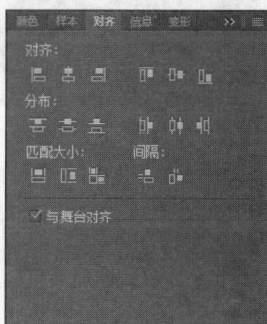

图4-54 【对齐】面板

图4-55 导入背景

2. 制作开场特效。

(1) 单击 🔳（新建图层）按钮，新建一个图层并重命名为"开场特效"。

(2) 分别选中"电视"层和"开场特效"层的第 16 帧，按 F5 键插入帧，此时的时间轴状态如图 4-56 所示。

(3) 选中"开场特效"层的第 1 帧，然后选择矩形工具 🔳。

① 在【属性】面板中设置其笔触颜色为"无"、填充颜色为"黑色"。

② 在舞台上绘制一个矩形。

③ 调整其【宽】【高】分别为"370""215"。

④ 位置坐标【X】【Y】分别为"88""45.5"，参数设置如图 4-57 所示。

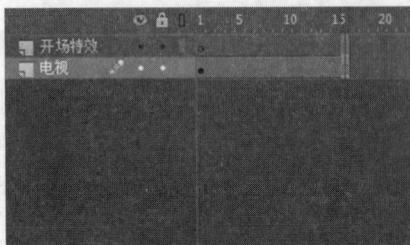

图4-56　时间轴状态

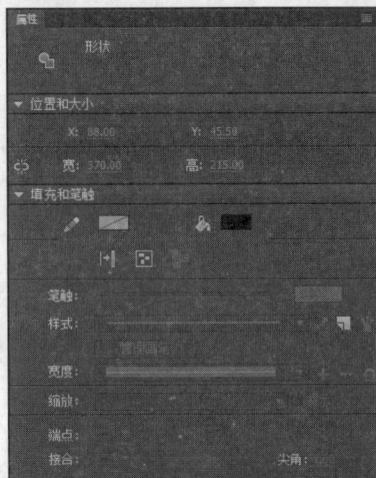

图4-57　设置矩形的属性

(4) 选中"开场特效"层的第 8 帧，按 F6 键插入一个关键帧，然后调整矩形的填充颜色为"白色"，舞台效果如图 4-58 所示。

(5) 选中"开场特效"层的第 16 帧，按 F6 键插入一个关键帧，然后调整矩形的填充颜色的【Alpha】值为"0%"，如图 4-59 所示。

图4-58　调整矩形颜色为白色

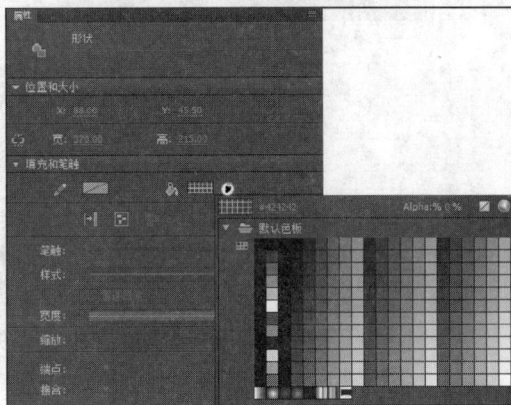

图4-59　设置填充颜色的【Alpha】值

(6) 选中"开场特效"层第 1 帧～第 8 帧的任意一帧，然后选择菜单命令【插入】/【创建补间形状】，从而为第 1 帧～第 8 帧创建形状补间动画。

(7) 用同样的方法为"开场特效"层的第 8 帧～第 16 帧创建形状补间动画，此时的时间轴状态如图 4-60 所示。

3. 导入视频。

(1) 在"开场特效"层之上新建一个图层并重命名为"影视文件"图层，然后选中第 8 帧，按 F7 键，插入一个空白关键帧。

(2) 确认"影视文件"层的第 8 帧处于选中状态，选择菜单命令【文件】/【导入】/【导入视频】，打开【导入视频】对话框，如图 4-61 所示。

(3) 单击 浏览… 按钮，打开【打开】对话框，导入素材文件"素材\第 4 章\液晶电视\自然之美.flv"。

图4-60　时间轴状态

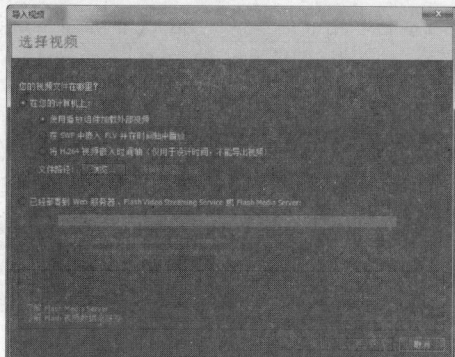

图4-61　【导入视频】对话框

(4) 在【导入视频】对话框中选中【在 SWF 中嵌入 FLV 并在时间轴中播放】单选项，如图
4-62 所示。

(5) 单击 下一步 > 按钮，进入【嵌入】界面，在【符号类型】下拉列表中选择【嵌入的视
频】选项，如图 4-63 所示。

图4-62　选择导入方式

图4-63　【嵌入】界面

(6) 单击 下一步 > 按钮，打开【完成视频导入】界面，如图 4-64 所示。

(7) 单击 完成 按钮，Animate 将开始按照先前配置导入视频，完成后视频将导入到舞台
中，并在【库】面板中显示导入的视频，如图 4-65 所示。

图4-64　【完成视频导入】界面

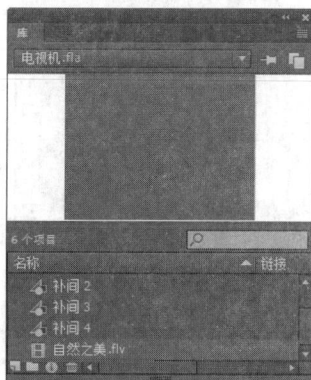

图4-65　【库】面板

105

(8) 选择舞台中的视频，在【属性】面板中设置其属性，如图 4-66 所示。

(9) 分别选中"电视"图层和"开场特效"图层的第 386 帧，按 F5 键插入帧，时间轴状态如图 4-67 所示。

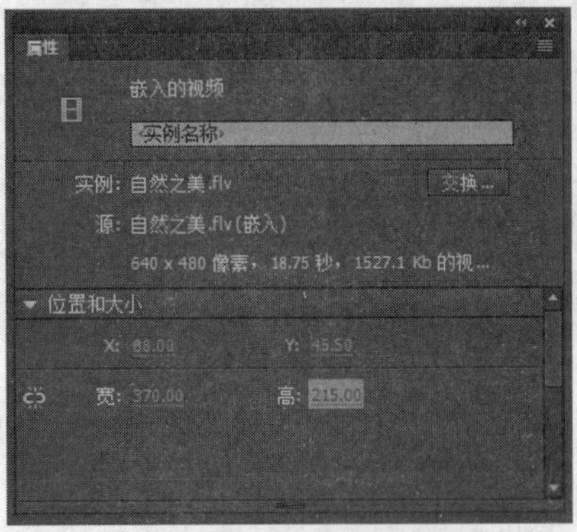

图4-66 视频的【属性】面板

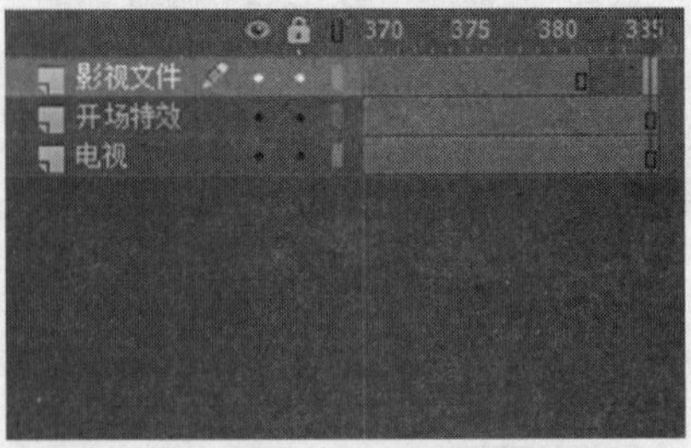

图4-67 时间轴状态

(10) 保存测试影片，完成动画的制作。

4.4 综合应用——制作"户外广告"

随着广告的发展，在路边、山间、田野随处可见户外广告的身影。本案例将通过导入图片和声音来模拟一个户外广告的效果，从而带领读者学习导入图片和声音的方法，操作思路和效果如图 4-68 所示。

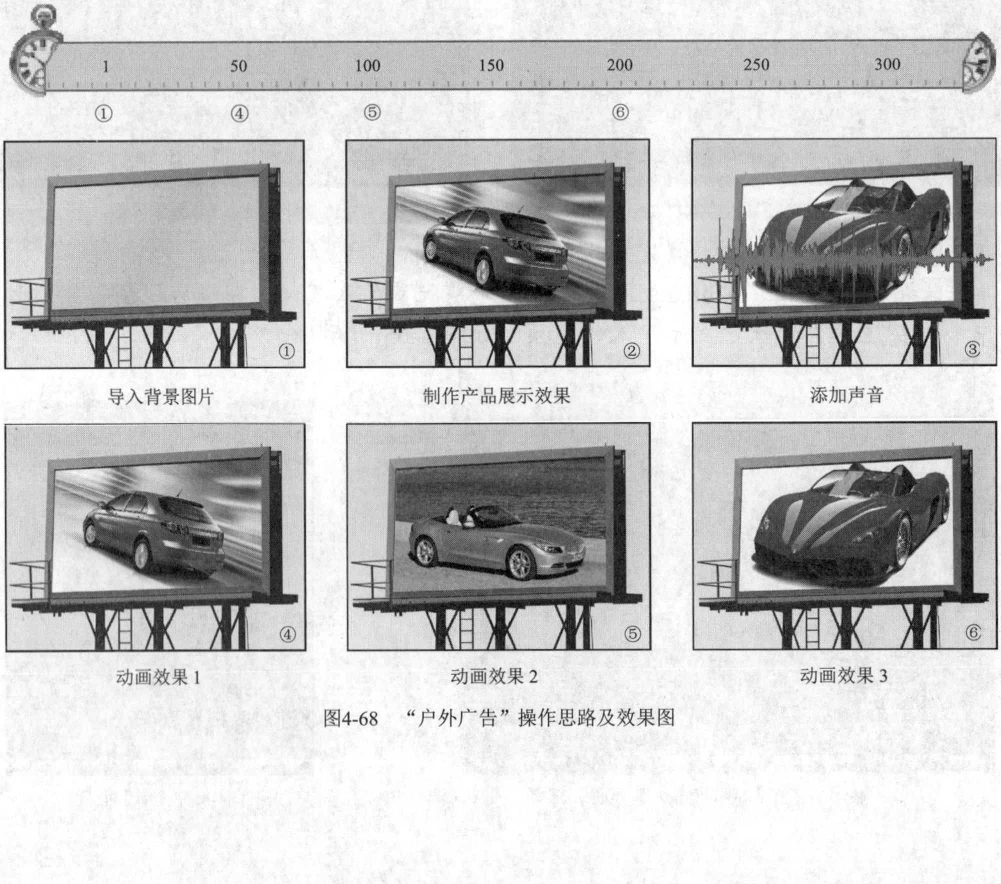

导入背景图片　　制作产品展示效果　　添加声音

动画效果1　　动画效果2　　动画效果3

图4-68 "户外广告"操作思路及效果图

【操作要点】

1. 设置场景。

(1) 新建一个 Animate（ActionScript 3.0）文档。

(2) 设置文档尺寸为"604 像素 × 409 像素"，文档其他属性使用默认参数，如图 4-69 所示。

(3) 单击 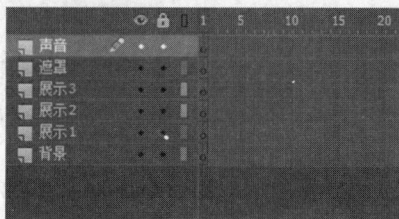 （新建图层）按钮，新建并重命名图层，图层最终效果如图 4-70 所示。

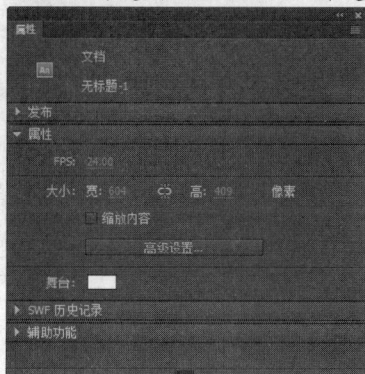

图4-69　设置文档参数

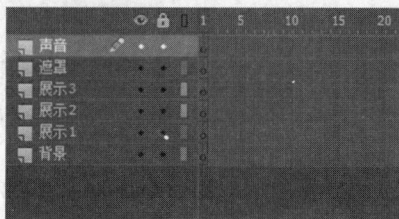

图4-70　新建图层

2. 导入背景图片。

(1) 选中"背景"图层的第 1 帧。

(2) 选择菜单命令【文件】/【导入】/【导入到舞台】，打开【导入】对话框。

(3) 导入素材文件"素材\第 4 章\户外广告\图片\户外广告.png"，如图 4-71 所示。

图4-71　导入背景图片

3. 制作展示图片 1 的显示效果。

(1) 添加帧，结果如图 4-72 所示。

① 选中"背景"图层的第 240 帧。

② 按住 Shift 键单击鼠标左键选中"声音"图层的第 240 帧，即可选中所有图层的第 240 帧。

③ 按 F5 键插入一个普通的帧。

(2) 导入素材。

① 选中"展示 1"图层的第 1 帧。

② 导入素材文件"素材\第 4 章\户外广告\图片\跑动的汽车.bmp"到舞台。

(3) 设置属性，如图 4-73 所示。

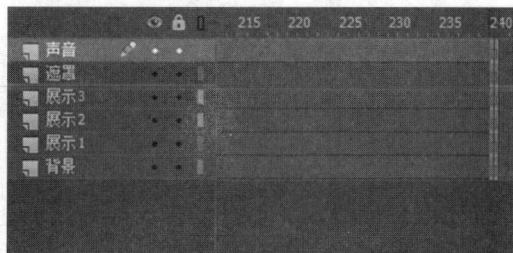

图4-72　添加帧

① 在【属性】面板的【位置和大小】卷展栏中，设置图片【宽】为 "440"、【高】为 "308"。

② 设置【X】为 "80"、【Y】为 "30"。

图4-73　设置属性

(4) 将图片转换为图形元件，如图 4-74 所示。

① 单击选中场景中的汽车图片。

② 按 F8 键打开【转换为元件】对话框。

③ 设置元件的【类型】为【图形】、【名称】为 "跑动的汽车"。

④ 单击 确定 按钮，将图片转换为图形元件。

> **要点提示**　图片是不能直接制作动画的，需要将图片转换为元件才能制作各种动画效果。

(5) 插入帧。

① 选中 "展示 1" 图层的第 15 帧，按 F6 键插入一个关键帧。

② 用同样的方法分别在第 65 帧和第 80 帧处插入一个关键帧。

(6) 设置【Alpha】值，如图 4-75 所示。

① 单击选中第 1 帧处的元件，选中场景中的汽车元件，在【属性】面板的【色彩效果】卷展栏中设置【Alpha】值为 "0%"。

② 用同样的方法，设置第 80 帧处元件的【Alpha】值为 "0%"。

图4-74　将图片转换为图形元件

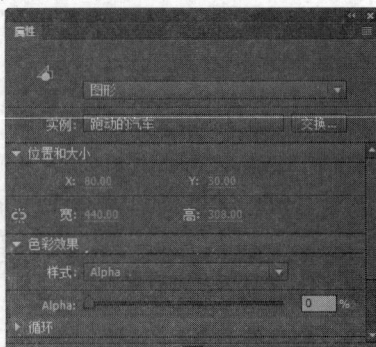

图4-75　属性设置

(7) 创建补间动画。

① 在第 1 帧 ~ 第 15 帧单击鼠标右键，在弹出的快捷菜单中选择【创建传统补间】命令，如图 4-76 所示。

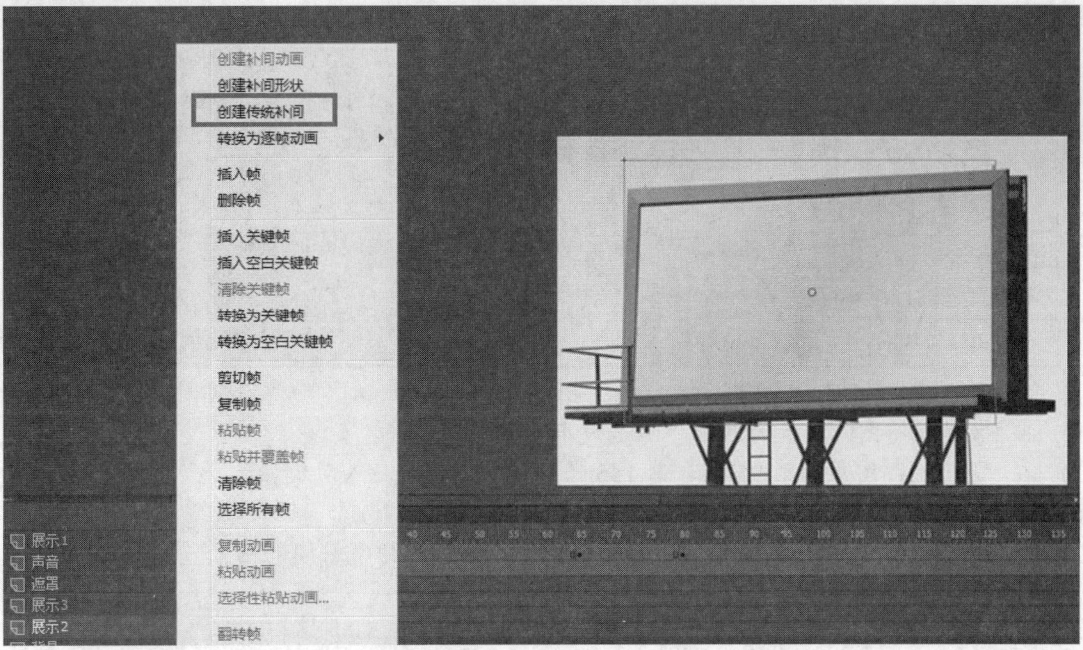

图4-76　创建传统补间

② 用同样的方法在第65帧～第80帧创建传统补间动画，效果如图4-77所示。

图4-77　效果图

要点提示 在选择某一帧上的元件时，有两种方法：一是选中该帧，然后在舞台上单击选中对应的元件；二是选中该帧，然后按 V 键即可选中帧上的元件。关于补间动画的详细创建方法将在本书后续章节中介绍。

4. 制作展示图片2的显示效果。

(1) 选中"展示2"图层的第80帧，按 F6 键插入一个关键帧。

(2) 选择菜单命令【文件】/【导入】/【导入到舞台】，打开【导入】对话框，导入素材文件"素材\第4章\户外广告\图片\海边汽车.png"到舞台，如图4-78所示。

(3) 设置图片属性，如图4-79所示。

① 选中图片，在【属性】面板的【位置和大小】卷展栏中，设置图片【宽】为"440"、【高】为"299.4"。

② 设置【X】为"80"、【Y】为"15"。

109

图4-78　导入图片

图4-79　设置图片属性

(4)　按 F8 键，将图片转换为名为"海边汽车"的图形元件。

(5)　在"展示 2"图层的第 95 帧、第 145 帧和第 160 帧处插入关键帧。

(6)　分别设置第 80 帧和第 160 帧处元件的【Alpha】值为"0%"。

(7)　分别在第 80 帧～第 95 帧和第 145 帧～第 160 帧创建传统补间动画。

　　　最后的设计效果如图 4-80 所示。

图4-80　效果图

5.　制作展示图片 3 的显示效果。

(1)　选中"展示 3"图层的第 160 帧，按 F6 键插入一个关键帧。

(2)　导入素材文件"素材\第 4 章\户外广告\图片\红色汽车.jpg"到舞台，如图 4-81 所示。

(3)　设置图片属性，如图 4-82 所示。

①　选中图片，在【属性】面板的【位置和大小】卷展栏中，设置图片的【宽】为"440"、【高】为"330"。

②　设置【X】为"91"、【Y】为"-2"。

图4-81　导入图片

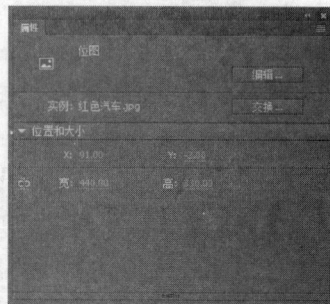

图4-82　设置图片属性

(4) 按 F8 键，将图片转换为名为"红色汽车"的图形元件。

(5) 分别在"展示 3"图层的第 175 帧、第 225 帧和第 240 帧处按 F6 键插入关键帧。

(6) 分别设置第 160 帧和第 240 帧处元件的【Alpha】值为"0%"。

(7) 分别在第 160 帧~第 175 帧和第 225 帧~第 240 帧创建传统补间动画。

最终设计效果如图 4-83 所示。

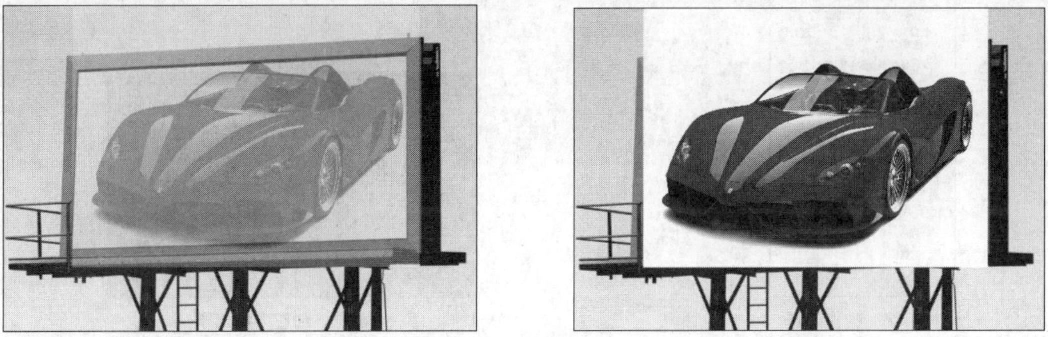

图4-83 效果图

6. 制作遮罩。

(1) 选择"遮罩"图层的第 1 帧。

(2) 按 R 键启用矩形工具。

① 设置笔触颜色为"无"，如图 4-84 所示。

② 设置填充颜色为"#00CBFF"。

③ 在舞台上绘制一个矩形。

(3) 使用部分选取工具 ▶ 调整矩形大小，使其填充整个广告牌的显示屏幕，如图 4-85 所示。

图4-84 设置笔触

图4-85 制作遮罩元件

(4) 将图层转换为遮罩层。

① 用鼠标右键单击"遮罩"图层，在弹出的快捷菜单中选择【遮罩层】命令，将图层"遮罩"转换为遮罩层，如图 4-86 所示。

要点提示 将图层"遮罩"转换为遮罩层后，图层"展示 3"会自动转换为被遮罩层，可以将图层"展示 1"和图层"展示 2"拖到图层"展示 3"下方，软件会自动识别并将其转换为被遮罩层。

② 将"展示 1"图层、"展示 2"图层和"展示 3"图层转换为被遮罩层，如图 4-87 所示。

图4-86　制作遮罩

图4-87　制作多层遮罩

7.　添加声音。

(1)　选择"声音"图层，选择菜单命令【文件】/【导入】/【导入到库】，打开【导入到库】对话框。

(2)　双击导入素材文件"素材\第 4 章\户外广告\声音\bgsound.mp3"，如图 4-88 所示。

(3)　选中"声音"图层的第 1 帧。

(4)　在【属性】面板的【声音】卷展栏中设置声音的【名称】为"bgsound.mp3"，设置声音的【同步】为【数据流】和【重复】，如图 4-89 所示。

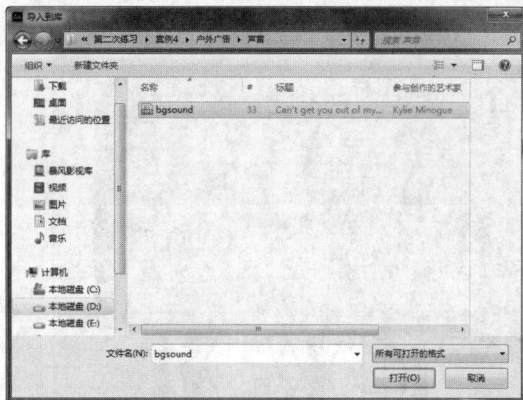

图4-88　导入声音

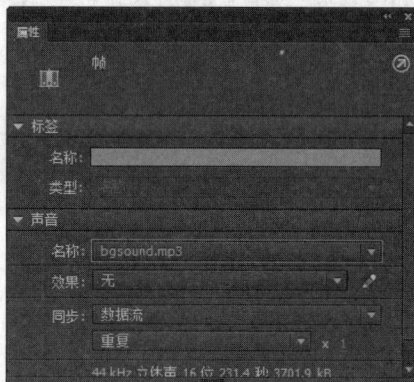

图4-89　设置声音属性

(5)　按 Ctrl+S 组合键保存影片文件，案例制作完成。

4.5　习题

1.　什么是元件，它有什么用途？

2.　什么是库，它有什么用途？

3.　什么是元件的实例？使用元件设计有什么优势？

4.　在 Animate CC 中可以导入哪些常用格式的音频文件？

5.　在 Animate CC 中如何导入视频文件？

第5章 制作逐帧动画

【学习目标】

- 掌握逐帧动画的制作原理。
- 掌握对帧的各种操作。
- 掌握使用逐帧动画的方法。
- 进一步熟悉元件在动画制作中的用途。

在 Animatie 动画制作中，逐帧动画（Frame By Frame）是一种基础的动画类型。逐帧动画的制作原理与电影播放模式类似，适合于表现细腻的动画情节。合理运用逐帧动画的设计技巧，可以制作出生动、活泼的作品。

5.1 逐帧动画制作原理

逐帧动画的制作原理是逐一创建出每一帧上的动画内容，然后顺序播放各动画帧上的内容，从而实现连续的动画效果。

5.1.1 知识解析

随着时间的推移，事物发生的位置和外观变化都可以记录为动画，其本质是将真实生活中的片段模仿出来。Animate 中创建动画的手段丰富多样。

一、时间轴

【时间轴】面板位于工作区下方，其底部显示时间轴的状态，如图 5-1 所示。所有图层都排列在时间轴左侧，每个层排列一行，且都由帧组成。

(1) 组成要素。

【时间轴】面板上各组成要素的功能如下。

- 播放头：播放动画时，用于指示当前在舞台上显示的帧。
- 帧标尺：其上显示帧编号。
- 当前帧：显示当前选中的帧编号。
- 播放时长：动画到当前运行的时间。
- 缩放显示：调整在当前范围内显示帧的疏密程度，向右拖动滑块，显示的帧数越少，帧与帧之间间距越大；向左拖动滑块，显示的帧数越多，帧与帧之间间距越小。
- ▣（帧居中）：单击该按钮可使播放头所处位置在面板中居中显示，用于调整显示帧的范围。
- ▣（循环）：创建循环动画。

- ⬚（绘图纸外观）：单击该按钮后，在时间标尺上将会出现绘图纸轮廓显示范围标记📍，表明在这一范围内帧中的对象同时在舞台上显示。
- ⬚（绘图纸外观轮廓）：单击该按钮后，绘图纸轮廓显示范围内出现的对象可以同时被编辑，不管其是否为当前帧。
- ⬚（修改标记）：单击该按钮后，将弹出一个下拉菜单，菜单中各选项的含义如下。

【始终显示标记】：不管是否单击⬚按钮，均随播放头出现绘图纸轮廓显示。

【锚定标记】：在当前位置锁定绘图纸轮廓显示，与播放头位置移动无关。

【标记范围 2】：以当前帧位置为准，左右加两帧显示绘图纸轮廓。

【标记范围 5】：以当前帧位置为准，左右加 5 帧显示绘图纸轮廓。

【标记所有范围】：以当前帧位置为准，左右所有的帧显示绘图纸轮廓。

(2) 显示设置。

在【时间轴】面板中单击右上方的⬚按钮，弹出图 5-2 所示的帧视图设置菜单，该菜单用于改变【时间轴】面板的显示状态。其中主要选项的含义介绍如下。

- 【很小】：以很小的方格形式显示每一帧，这样【时间轴】面板中可显示更多的帧。
- 【小】：以较小的方格形式显示每一帧。
- 【一般】：以标准方格形式显示每一帧，这是默认选择。
- 【中】：以中等大小的方格形式显示每一帧。
- 【大】：以大的方格形式显示每一帧。
- 【预览】：在方格中最大限度地显示每一帧动画对象的缩略图示。
- 【关联预览】：与前一个命令类似，但显示对象保持与舞台大小对应的比例。
- 【较短】：缩短方格的高度，使更多的层被显示出来。

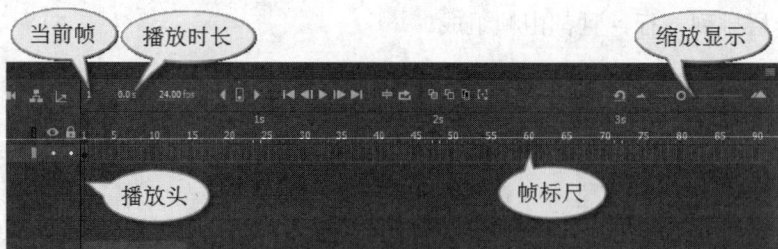

图5-1　时间轴

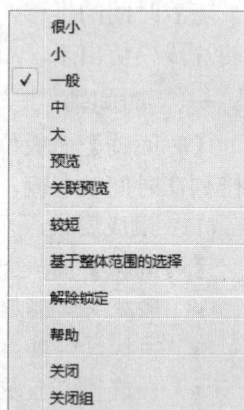

图5-2　帧视图设置菜单

二、　帧的类型

Animate CC 2019 中可将帧分为关键帧和普通帧两种类型。

(1) 关键帧。

关键帧是描绘动画关键状态的帧。通过关键帧，决定动画对象在运动过程中的关键状态，中间帧的动画效果就会由计算机动画软件自动计算得出。

一个动画中至少要有两个关键帧，动画越复杂，关键帧就越多。逐帧动画的每一帧都可以看成是关键帧。对关键帧的处理是动画制作的关键。

要掌握关键帧的原理，须记住以下 4 点内容。

- 定义：用来存储用户对动画的对象属性所做的更改或者 ActionScript 代码。
- 显示：单个关键帧在时间轴上用一个黑色圆点█表示。
- 补间动画：关键帧之间可以创建补间动画，从而生成流畅的动画。
- 空白关键帧：关键帧中不包含任何对象即为空白关键帧，显示为一个空心圆点○。

(2) 普通帧。

普通帧是指内容没有变化的帧，通常用来延长动画的播放时间，普通帧的最后一帧中显示为一个中空矩形。

空白关键帧后面的普通帧显示为白色，关键帧后面的普通帧显示为浅灰色。

Animate 在时间轴上可以设置不同的帧，其显示的图标如表 5-1 所示。

表 5-1　　　　　　　　　　　　　　　　帧的类型

类型	特点	在时间轴上的图示
空白帧	其中不包含任何对象（如图形、声音等），相当于一张空白影片	
关键帧	其中内容可以编辑的帧，使用黑色实心圆点表示	
空白关键帧	不包含内容的关键帧，用空心圆点表示，新建一个图层时会自动创建一个空白关键帧	
普通帧	关键帧之后灰背景的帧，与关键帧保持相同的内容，用来延长播放时间，结束时的那一帧用带有黑色方块	
动作渐变帧	在两帧之间创建动作渐变后中间的过渡帧，用颜色填充加箭头表示	
形状渐变帧	在两帧之间创建形状渐变后中间的过渡帧，用颜色填充加箭头表示	
不可渐变帧	在两帧之间创建动作或形状变化不成功，用颜色填充加虚线表示	

三、　帧的操作

帧的操作主要有菜单命令、鼠标右键快捷菜单和键盘快捷键 3 种方式。

在【时间轴】面板中可以插入、选择、移动和删除帧，也可以剪切、复制和粘贴帧，还可以将其他帧转化成关键帧，对于多层动画来说，还可以在不同的层中移动帧。

(1) 插入帧。

1. 单击选中任意帧，在【插入】主菜单中选取【时间轴】选项，按照图 5-3 所示可以插入【帧】【关键帧】和【空白关键帧】。
2. 在任意帧上单击鼠标右键，在弹出的快捷菜单中选择相应的插入命令，图 5-4 所示。

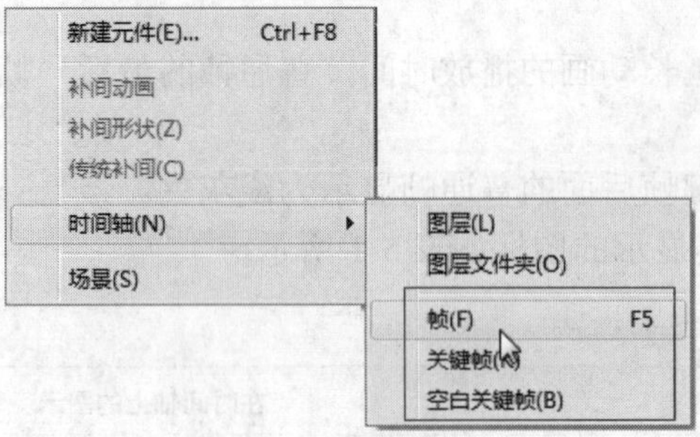

图5-3　主菜单操作 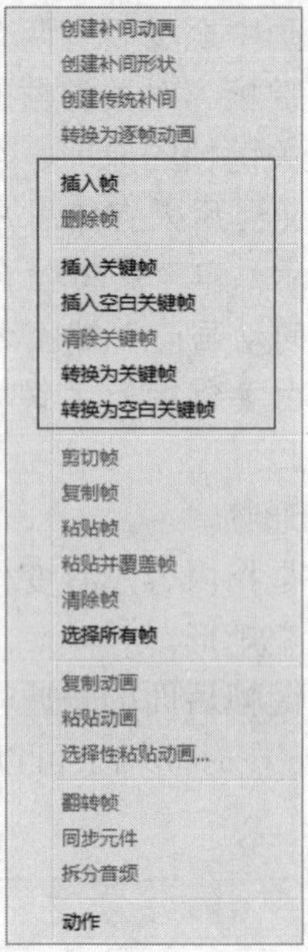　　　　　　　　　　　　　图5-4　快捷菜单操作

（2）选择帧。

1. 用鼠标左键单击所要选择的帧。
2. 按 Ctrl+Alt 组合键的同时分别单击所要选择的帧，可以选择多个不连续的帧。
3. 按 Shift 键的同时分别单击所要选择的两帧，其间的所有帧均被选择。
4. 用鼠标左键单击所要选择的帧，并继续拖动，其间的所有帧均被选择。
5. 拖动鼠标指针可以选中一组连续帧。
6. 选择菜单命令【编辑】/【时间轴】/【选择所有帧】，可选择所有帧（空白帧除外）。

（3）移动帧。

1. 选择一帧或多个帧，当指针变为 形状时将其拖动到新位置。如果拖动时按 Alt 键，则会在新位置复制出所选的帧。
2. 选择一帧或多个帧，然后选择菜单命令【编辑】/【时间轴】/【剪切帧】，剪切所选帧。再单击所要放置的位置，选择菜单命令【编辑】/【时间轴】/【粘贴帧】，粘贴所选的帧。

常用的帧操作命令的快捷键及功能如表 5-2 所示。

表 5-2　　　　　　　　　　　　　　　　常用的帧操作

命令	快捷键	功能说明
创建补间动画		在当前选择的帧的关键帧之间创建动作补间动画
创建补间形状		在当前选择的帧的关键帧之间创建形状补间动画
插入帧	F5	在当前位置插入一个普通帧，此帧将延继上帧的内容
删除帧	Shift+F5	删除所选择的帧
插入关键帧	F6	在当前位置插入关键帧，并将前一关键帧的作用时间延长到该帧之前

命令	快捷键	功能说明
插入空白关键帧	F7	在当前位置插入一个空白关键帧
清除关键帧	Shift+F6	清除所选择的关键帧，使其变为普通帧
转换为关键帧		将选择的普通帧转换为关键帧
转换空白关键帧		将选择的帧转换为空白关键帧
剪切帧	Ctrl+Alt+X	剪切当前选择的帧
复制帧	Ctrl+Alt+C	复制当前选择的帧
粘贴帧	Ctrl+Alt+V	将剪切或复制的帧粘贴到当前位置
清除帧	Alt+Backspace	清除所选择的帧
选择所有帧	Ctrl+Alt+A	选择时间轴中的所有帧
翻转帧		将所选择的帧翻转，只有在选择了两个或两个以上的关键帧时该命令才有效
同步符号		如果所选帧中包含图形元件实例，那么执行此命令，将确保在制作动作补间动画时图形元件的帧数与动作补间动画的帧数同步
动作	F9	为当前选择的帧添加 ActionScript 代码

四、 逐帧动画的制作原理

逐帧动画利用人的视觉暂留原理，快速播放连续的、具有一定细微差别的图像，即可使原来静止的图形运动起来，如图 5-5 所示。

图5-5 逐帧动画原理

要创建逐帧动画，需要将动画的每一帧均定义为关键帧，然后为每一帧创建图像，其基本思想是把一系列相差甚微的图形或文字放置到一系列关键帧中。

五、 逐帧动画原理的特点

逐帧动画的最大不足是制作过程复杂，在制作大型动画时效率低下，并且动画所占的空间也远远多于渐变动画。

由于逐帧动画的每一帧都是独立制作的，因此，可以创建出许多用渐变动画手段难以实现的动画，其动画表现力更加丰富和强大。

逐帧动画具有非常强的设计灵活性，几乎可以表现任何需要表现的内容，很适合表现细腻的动作和表情等。因此，很多优秀的动画设计中都会用到逐帧动画。

六、 创建逐帧动画的制作方法

制作逐帧动画主要有以下 3 种方法。

(1) 从外部导入素材生成逐帧动画，如导入静态的图片、序列图像和 GIF 动态图片等。

(2) 使用数字或者文字制作逐帧动画，如实现文字跳跃或旋转等特效动画。

(3) 绘制矢量逐帧动画，使用各种制作工具在场景中绘制连续变化的矢量图形，从而形成逐帧动画。

5.1.2 基础训练——制作"川剧变脸"

逐帧动画的制作原理比较简单，本例将使用逐帧动画来模拟"川剧变脸"的动画效果，其制作思路及效果如图 5-6 所示。

| 制作背景 | 制作变脸效果 | 制作文字 |

图5-6 "川剧变脸"制作思路及效果

【操作要点】

1. 制作背景。

(1) 新建一个 Animate（ActionScript 3.0）文档，设置文档帧频为"1"fps，其他文档属性使用默认参数，如图 5-7 所示。

(2) 将默认的"图层 1"重命名为"背景"。

(3) 选择菜单命令【文件】/【导入】/【导入到舞台】，导入素材文件"素材\第 5 章\川剧变脸\背景图片.png"，效果如图 5-8 所示。

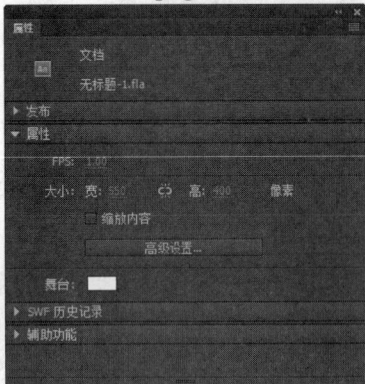

图5-7 设置文档参数

图5-8 舞台背景效果

2. 制作变脸动画。

(1) 在"背景"图层之上新建一个图层并重命名为"变脸效果"。

(2) 选中"背景"图层的第 5 帧，按 F5 键插入帧，时间轴状态如图 5-9 所示。

(3) 导入图片 1。

① 选中"变脸效果"图层的第 1 帧。

② 选择菜单命令【文件】/【导入】/【导入到舞台】，导入素材文件"素材\第 5 章\川剧变脸\脸谱\鲍自安.png"。

③ 调整图片位置，使其相对舞台居中对齐，效果如图 5-10 所示。

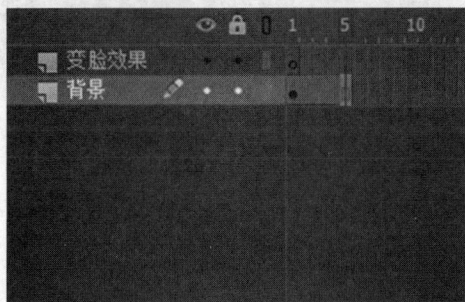

图5-9　时间轴状态

图5-10　第 1 帧的舞台效果

(4) 导入图片 2。

① 选中"变脸效果"图层的第 2 帧。

② 按 F7 键插入一个空白关键帧。

③ 选择菜单命令【文件】/【导入】/【导入到舞台】，导入素材文件"素材\第 5 章\川剧变脸\脸谱\鼓越.png"。

④ 调整图片位置，使其相对舞台居中对齐，效果如图 5-11 所示。

(5) 导入图片 3、图片 4 和图片 5。

① 为"变脸效果"图层的第 3 帧导入图像"夏侯婴"，效果如图 5-12 所示。

图5-11　第 2 帧的舞台效果

图5-12　第 3 帧的舞台效果

② 为"变脸效果"图层的第 4 帧导入图像"张颌"，效果如图 5-13 所示。

③ 为"变脸效果"图层的第 5 帧导入图像"马谡"，效果如图 5-14 所示。

最终的时间轴状态如图 5-15 所示，可以看到每一帧均为关键帧。

图5-13　第 4 帧的舞台效果

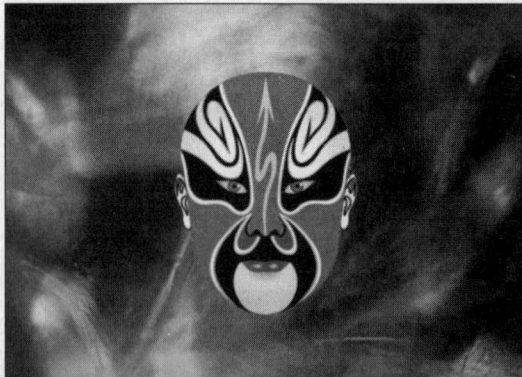

图5-14　第 5 帧的舞台效果

图5-15　时间轴状态

3.　制作文字逐帧动画。

(1)　新建图层。

①　在"变脸效果"图层上面新建一个图层。

②　将图层重命名为"文字效果"图层。

③　选中"文字效果"图层的第 2 帧，按 F7 键插入一个空白关键帧。

(2)　创建文本 1。

①　选择文本工具 T 。

②　设置字体的【系列】为【楷体】（读者可以设置为自己喜欢的字体或者自行购买外部字体库）。

③　设置【颜色】为"#FFFF00"。

④　设置【大小】为"100"，在舞台上输入"川"字。

⑤　将文字放置到舞台的左上角，如图 5-16 所示。

(3)　创建文本 2。

①　选中"文字效果"图层的第 3 帧。

②　按 F6 键插入一个关键帧。

③　输入"剧"字。

④　将文字放置到舞台的右上角，如图 5-17 所示。

(4)　创建文本 3 和文本 4。

①　使用类似的方法在第 4 帧输入"变"字，然后将文字放置在舞台左下角，如图 5-18 所示。

②　使用类似的方法在第 5 帧输入"脸"字，然后将文字放置在舞台右下角，如图 5-19 所示。

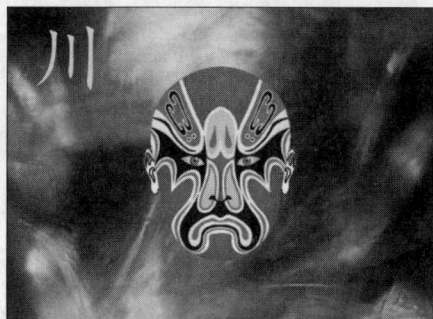

图5-16　第 2 帧添加"川"字

图5-17　第 3 帧添加"剧"字

图5-18　第 4 帧添加"变"字

图5-19　第 5 帧添加"脸"字

(5) 保存测试影片，川剧变脸动画即制作完成。

5.1.3　提高训练——制作"神秘舞者"

　　人物的动画制作要求较为细腻，一般都需要使用逐帧动画来制作。本案例将使用逐帧动画来制作一个"神秘舞者"的动画效果，其制作思路及效果如图 5-20 所示。

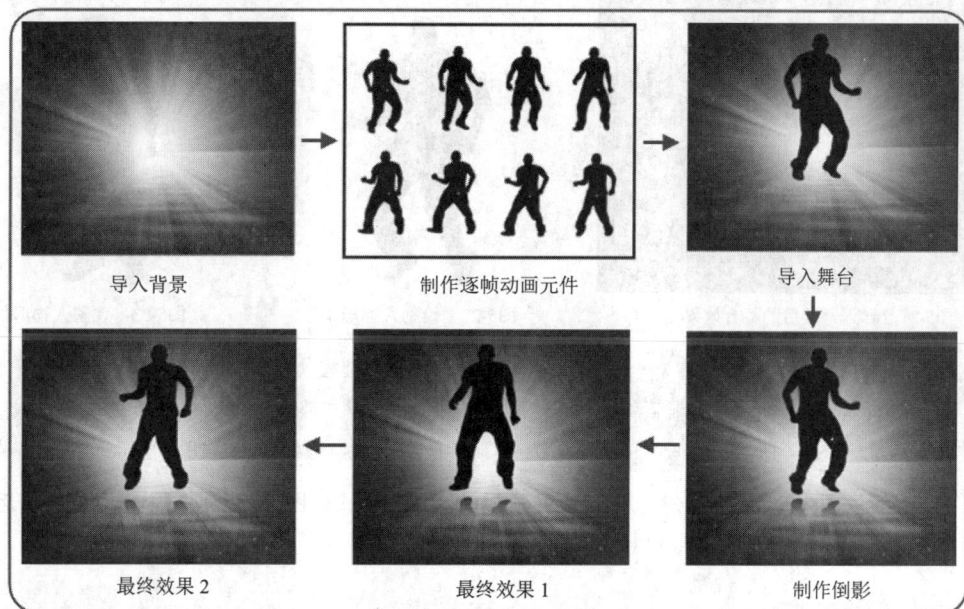

图5-20　"神秘舞者"制作思路及效果

【操作要点】

1. 制作背景。

(1) 新建一个 Animate（ActionScript 3.0）文档。

① 设置文档尺寸为"425 像素 × 360 像素"、帧频为"12fps"。

② 其他文档属性使用默认参数。

(2) 导入素材。

① 将默认的"图层 1"重命名为"背景"层。

② 选择菜单命令【文件】/【导入】/【导入到舞台】，导入素材文件"素材\第 5 章\神秘舞者\背景.jpg"。

③ 将导入的背景图片相对舞台居中对齐，如图 5-21 所示。

2. 制作逐帧动画。

(1) 选择菜单命令【插入】/【新建元件】，在弹出的【创建新元件】对话框中设置【名称】为"神秘舞者"、【类型】为【影片剪辑】，然后单击 确定 按钮进入元件的编辑模式。

(2) 将默认的"图层 1"重命名为"舞者"，然后选中第 1 帧，在舞台上绘制图 5-22 所示的人物形状。

> 要点提示　如读者尚不能完成人物动作绘制，可选择菜单命令【文件】/【导入】/【打开外部库】，打开素材文件"素材\第 5 章\神秘舞者\人物动作.fla"，然后将【库】面板中名为"人物动作"的影片剪辑元件拖入到舞台并居中，即可完成人物动作的制作。

(3) 选中"舞者"图层的第 2 帧，按 F6 键插入一个关键帧，然后调整人物形状，结果如图 5-23 所示。

图5-21　导入背景后的舞台效果　　　图5-22　绘制人物形状　　　图5-23　调整人物形状

> 要点提示　通常情况下，Animate 在舞台中一次显示动画序列的一个帧。为了方便用户定位和编辑逐帧动画，单击【时间轴】面板下方的【绘图纸外观】按钮，可以在舞台中一次查看两个或多个帧。如图 5-24 所示，播放头下面的帧用全彩色显示，其余的帧用半透明状显示。

(4) 用同样的方法分别调整第 3 帧～第 8 帧的人物形状，如图 5-25 所示。制作完成后的时间轴状态如图 5-26 所示。

只显示第 1 帧

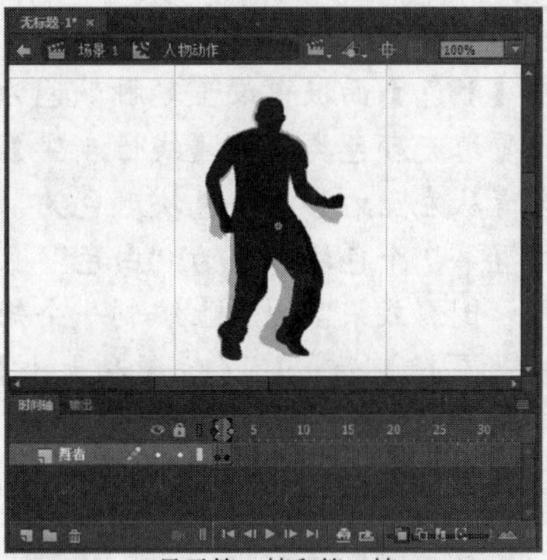

显示第 1 帧和第 2 帧

图5-24 使用绘图纸外观功能

第 3 帧   第 4 帧   第 5 帧   第 6 帧   第 7 帧   第 8 帧

图5-25 其他帧的人物形状

(5) 编辑场景。

① 单击 [场景1] 按钮，退出元件编辑模式，返回主场景。

② 新建一个图层并重命名为"舞者"。

③ 选中"舞者"图层的第 1 帧，将【库】面板中名为"神秘舞者"的元件拖入到舞台。

④ 在【属性】面板的【位置和大小】卷展栏中设置位置坐标【X】为"214.1"、【Y】为"135.9"，舞台效果如图 5-27 所示。

图5-26 时间轴状态

图5-27 舞台效果

3. 制作倒影效果。

(1) 新建图层。

① 在"舞者"图层上面新建两个图层。

② 从上到下依次重命名为"倒立舞者"和"倒影效果"。

(2) 绘制矩形。

① 选择矩形工具 ▣ 。

② 在【颜色】面板中设置笔触颜色为"无"。

③ 设置填充颜色类型为【线性渐变】。

④ 设置从左至右第 1 个色块颜色为"黑色",其【Alpha】参数为"100%"。

⑤ 设置第 2 个色块颜色为"白色"且其【Alpha】参数为"0%",如图 5-28 所示。

⑥ 在"倒影效果"图层上绘制一个矩形。

⑦ 在【属性】面板的【位置和大小】卷展栏中,设置矩形的位置坐标【X】【Y】分别为"115""255"。

⑧ 设置【宽】【高】分别为"200""60",结果如图 5-29 所示。

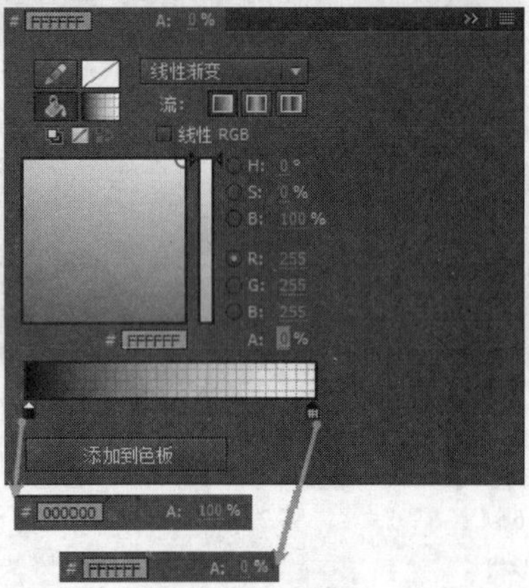

图5-28 设置参数

图5-29 设置倒影范围

⑨ 使用渐变变形工具 ▣ 调整矩形的填充渐变色为从上到下逐渐变淡,如图 5-30 所示。

(3) 帧操作。

① 选中"舞者"图层的第 1 帧,单击鼠标右键,在弹出的快捷菜单中选择【复制帧】命令。

② 选中"倒立舞者"图层的第 1 帧,单击鼠标右键,在弹出的快捷菜单中选择【粘贴帧】命令。

(4) 调整图形。

① 选中"倒立舞者"图层的"神秘舞者"元件,打开【变形】面板,设置水平倾斜为"180"、垂直倾斜为"0",如图 5-31 所示。

图5-30 调整矩形的渐变方向

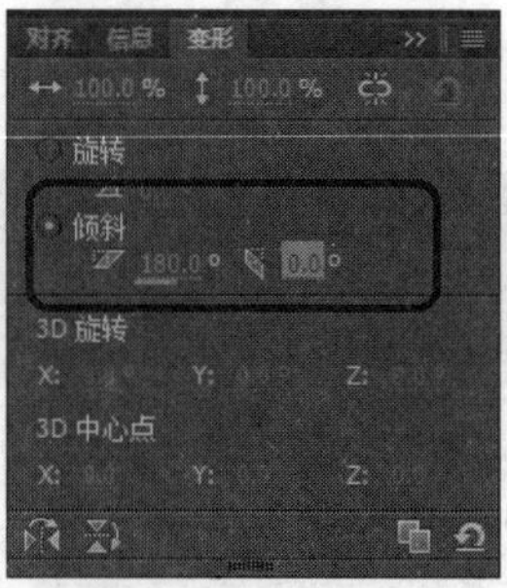

图5-31 设置变形参数

② 调整翻转后的元件,使其顶部与矩形的顶部对齐,舞台效果如图 5-32 所示。

(5) 创建遮罩。

① 选中"倒立舞者"图层,单击鼠标右键,在弹出的快捷菜单中选择【遮罩层】命令,将

124

"倒立舞者"图层变为遮罩层。

② 设置完成的舞台效果如图 5-33 所示，此时的时间轴状态如图 5-34 所示。

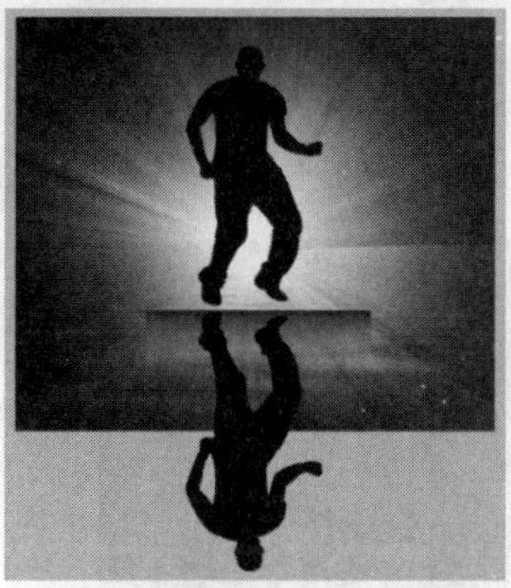

图5-32 调整倒立舞者的位置

图5-33 遮罩后的效果

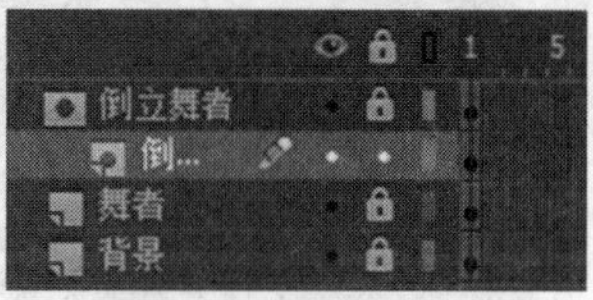

图5-34 时间轴状态

(6) 保存测试影片，神秘舞者动画制作完成。按 Ctrl+Enter 组合键播放动画。

5.2 综合应用——制作"网络促销"

随着网络的飞速发展，网络促销已经成为产品促销的常用手段。本案例将制作一个显示器产品促销的网络动画，从而带领读者进一步学习并掌握逐帧动画的制作方法，操作思路及效果如图 5-35 所示。

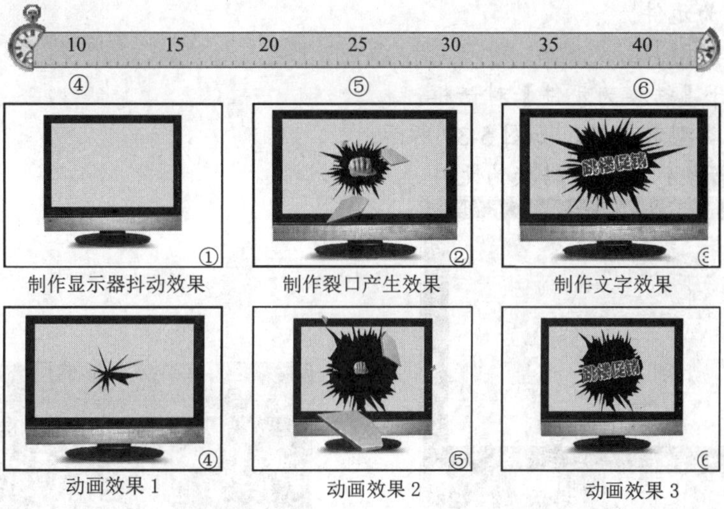

制作显示器抖动效果 ①　制作裂口产生效果 ②　制作文字效果 ③

动画效果 1 ④　动画效果 2 ⑤　动画效果 3 ⑥

图5-35 "网络促销"操作思路及效果图

【操作要点】

1. 布置场景。

(1) 新建文件。

① 新建一个 Animate（ActionScript 3.0）文档。

② 设置文档帧频为"24"fps。

③ 按照图 5-36 所示设置其他文档属性参数。

(2) 连续单击🔲按钮新建图层，然后重命名各图层，效果如图 5-37 所示。

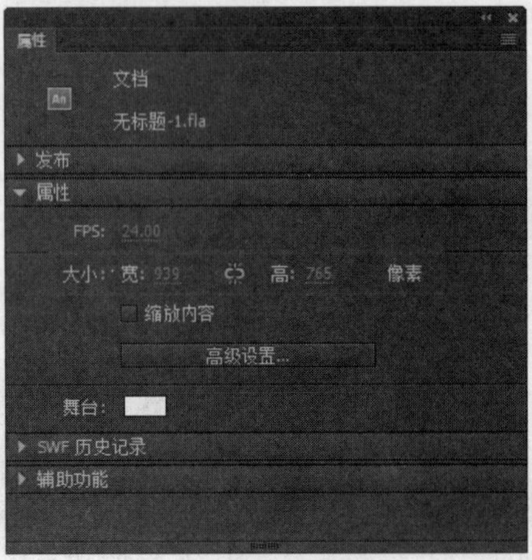

图5-36　设置文档参数

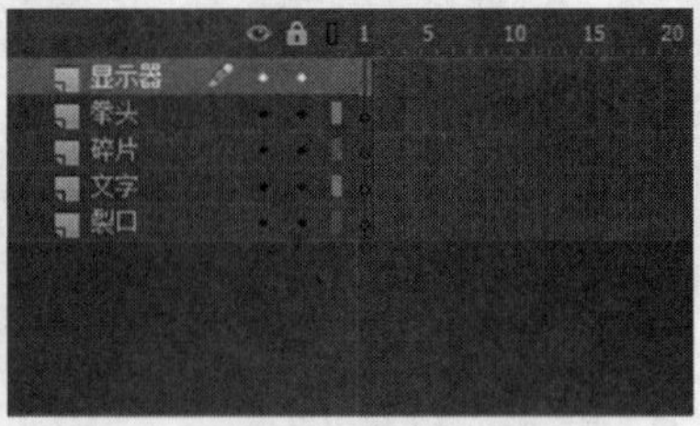

图5-37　新建图层

2.　制作显示器抖动效果。

(1)　导入背景。

①　选中 "显示器" 图层的第 1 帧。

②　选择菜单命令【文件】/【导入】/【导入到舞台】，导入素材文件 "素材\第 5 章\跳楼促销\图片\显示器.jpg"。

③　将图片居中对齐到舞台，效果如图 5-38 所示。

(2)　将图片转换为元件。

①　选中场景中的图片。

②　按 F8 键打开【转换为元件】对话框。

③　设置元件的类型和名称，如图 5-39 所示。

④　单击 确定 按钮将图片转换为元件。

图5-38　导入图片并对齐到舞台

图5-39　将图片转换为元件

(3)　关键帧操作。

①　在 "显示器" 图层的第 2 帧处插入一个关键帧，将图片向下移动 12 像素。

②　在第 3 帧处插入一个关键帧，将图片向上和向左移动 6 像素。

③　在第 4 帧处插入一个关键帧，将图片向上和向右移动 12 像素。

④　在第 5 帧处插入一个关键帧，将图片向左移动 6 像素。

最终的时间轴状态如图 5-40 所示。

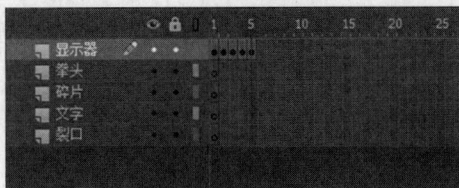

图5-40　时间轴状态

(4)　复制帧。

①　复制"显示器"图层的第 1 帧～第 5 帧。

②　分别在第 6 帧、第 15 帧和第 20 帧处粘贴帧。

③　在第 70 帧处插入一个普通帧。

最终的时间轴状态如图 5-41 所示。

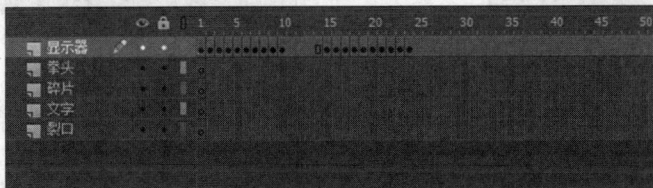

图5-41　复制帧

3.　制作裂口效果。

(1)　绘制裂口图形。

①　在"裂口"图层的第 2 帧处插入一个关键帧。

②　按 P 键启动钢笔工具。

③　在显示器中心位置绘制一个简单的裂口效果图形，设置填充颜色为黑色。

④　将绘制的形状转换为名为"裂口效果 1"的图形元件，效果如图 5-42 所示。

图5-42　制作裂口效果

(2)　关键帧操作。

①　在"裂口"图层的第 3 帧处插入一个关键帧。

②　按 Ctrl + T 组合键打开【变形】面板，设置变形大小为"130%"，如图 5-43 所示。

③　在第 4 帧处插入一个关键帧，设置变形大小为"160%"。

④　在第 5 帧处插入一个关键帧，设置变形大小为"190%"。

⑤　在第 10 帧处插入一个关键帧，设置变形大小为"400%"。

⑥　在第 14 帧处插入一个关键帧，设置变形大小为"300%"。

⑦　分别在第 5 帧～第 10 帧和第 10 帧～第 14 帧创建传统补间动画。

最终的时间轴状态如图 5-44 所示。

图5-43　设置变形参数

图5-44　时间轴状态

(3)　制作抖动效果，如图 5-45 所示。

①　在"裂口"图层的第 15 帧处插入一个关键帧，将图片向下移动 12 像素。

②　在第 16 帧处插入一个关键帧，将裂口图形向上和向左移动 6 像素。

③　在第 17 帧处插入一个关键帧，将裂口图形向上和向右移动 12 像素。

④　在第 18 帧处插入一个关键帧，将裂口图形向左移动 6 像素。

⑤　在第 19 帧处插入一个关键帧，设置变形大小为"450%"。

⑥　在第 20 帧处插入一个关键帧，设置变形大小为"600%"。

(4)　绘制裂口形状 2，效果如图 5-46 所示。

①　在"裂口"图层的第 21 帧处，插入一个空白关键帧。

②　在第 24 帧处插入一个空白关键帧。

③　按 P 键启动钢笔工具。

④　在显示器中心位置绘制裂口效果图形。

⑤　将绘制的形状转换为名为"裂口效果 2"的图形元件。

图5-45　制作抖动效果

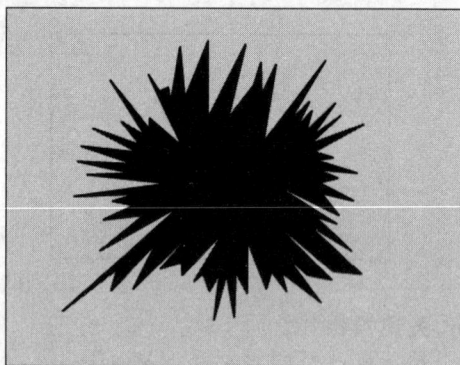

图5-46　绘制裂口形状 2

(5)　制作放大效果，如图 5-47 所示。

①　在第 28 帧处插入一个关键帧，设置变形大小为"240%"。

②　在第 31 帧处插入一个关键帧，设置变形大小为"200%"。

③　在第 24 帧～第 28 帧任意一帧上单击鼠标右键，在弹出的快捷菜单中选择【创建传统补

间】命令，创建传统补间动画。

④ 使用类似方法在第 28 帧～第 31 帧创建传统补间动画。

图5-47 制作放大效果

要点提示 传统补间动画可以实现两个关键帧之间的动作渐变，其具体设计方法将在第 6 章中详细介绍。

(6) 制作抖动效果，如图 5-48 所示。

① 在第 32 帧处插入一个关键帧，设置变形大小为"230%"。

② 在第 33 帧处插入一个关键帧，设置变形大小为"200%"。

③ 在第 34 帧处插入一个关键帧，设置变形大小为"225%"。

④ 在第 35 帧处插入一个关键帧，设置变形大小为"200%"。

⑤ 在第 36 帧处插入一个关键帧，设置变形大小为"220%"。

⑥ 在第 37 帧处插入一个关键帧，设置变形大小为"200%"。

⑦ 在第 38 帧处插入一个关键帧，设置变形大小为"215%"。

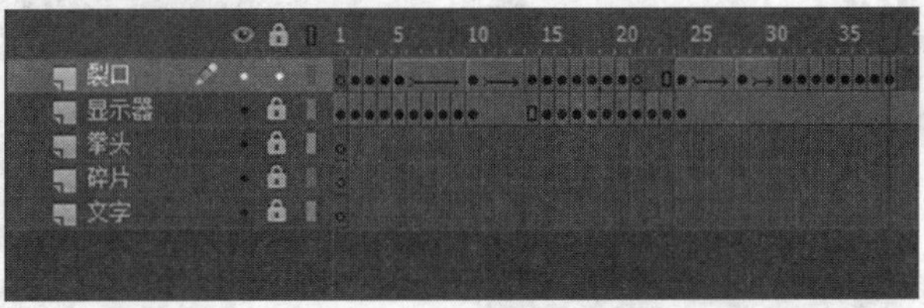

图5-48 制作抖动效果

4. 制作拳头打击效果。

(1) 导入"拳头"图片，效果如图 5-49 所示。

① 在"拳头"图层的第 16 帧处插入一个关键帧。

② 选择菜单命令【文件】/【导入】/【导入到舞台】，导入素材文件"素材\第 5 章\跳楼促销\图片\拳头.png"。

③ 将图片转换为名为"拳头"的图形元件。

④ 将元件放置在显示器中心位置。

(2) 制作拳击效果，最终的时间轴状态如图 5-50 所示。

① 按 Ctrl + T 组合键打开【变形】面板，调整第 16 帧处拳头的变形大小为"30%"。

② 在第 17 帧处插入一个关键帧，设置变形大小为 "60%"、【旋转】为 "﹣15°"。

③ 在第 18 帧处插入一个关键帧，设置变形大小为 "90%"、【旋转】为 "﹣30°"。

④ 在第 19 帧处插入一个关键帧。

⑤ 在第 24 帧处插入一个关键帧，设置变形大小为 "0%"、【旋转】为 "0°"。

⑥ 在第 29 帧处插入一个关键帧。

⑦ 在第 36 帧处插入一个关键帧。

⑧ 分别在第 19 帧～第 24 帧和第 29 帧～第 36 帧创建传统补间动画。

图5-49　导入 "拳头" 图片

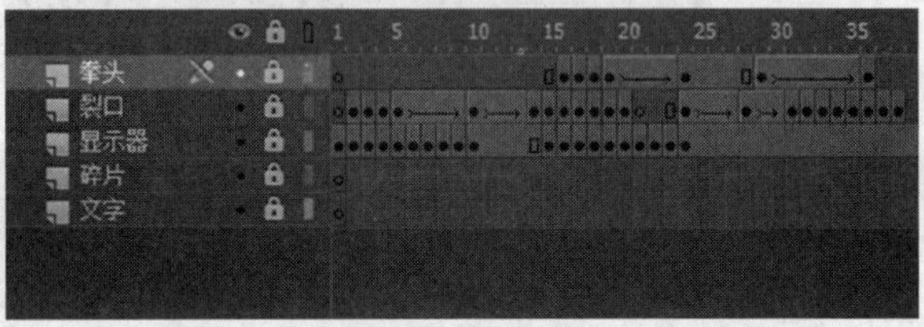

图5-50　时间轴状态

5.　制作文字效果。

(1)　创建文字。

① 在 "文字" 图层的第 38 帧处插入一个关键帧。

② 按 T 键启动文本工具。

③ 在舞台上输入文字 "跳楼促销"，如图 5-51 所示。

④ 在【属性】面板的【字符】卷展栏中设置【系列】为 "微软雅黑"（读者可以设置为自己喜欢的字体或者自行购买外部字体库）。

⑤ 设置【大小】为 "50"、【颜色】为红色，如图 5-52 所示。

图5-51　输入文字

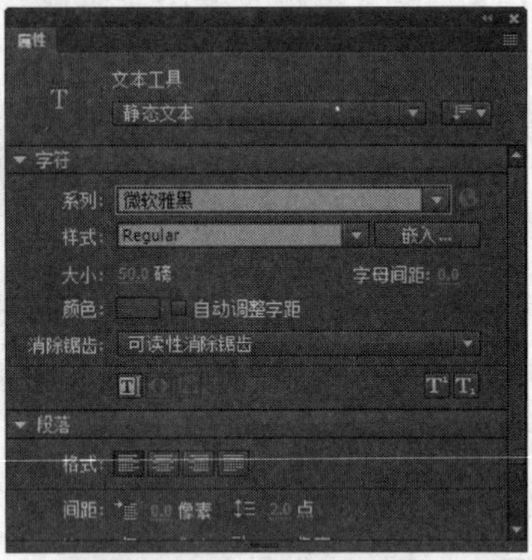

图5-52　设置文字属性

(2)　制作文字的描边效果。

① 在【属性】面板的【滤镜】卷展栏中添加【渐变发光】滤镜。

② 设置【渐变发光】滤镜的参数，如图 5-53 所示。

③ 在【属性】面板的【滤镜】卷展栏中添加【发光】滤镜。

④ 设置【发光】滤镜的参数，如图 5-54 所示。

图5-53　设置渐变发光

图5-54　设置发光

⑤　在【变形】面板中设置【旋转】为"-8°"。

最终设计效果如图 5-55 所示。

图5-55　文字的描边效果

(3)　制作文字抖动效果，最终的时间轴状态如图 5-56 所示。

①　在"裂口"图层的第 70 帧处插入一个普通帧。

②　在"文字"图层的第 39 帧处插入一个关键帧，将文字向下移动 6 像素。

③　复制"文字"图层的第 38 帧和 39 帧。

④　分别在第 40 帧、第 42 帧和第 44 帧处粘贴帧。

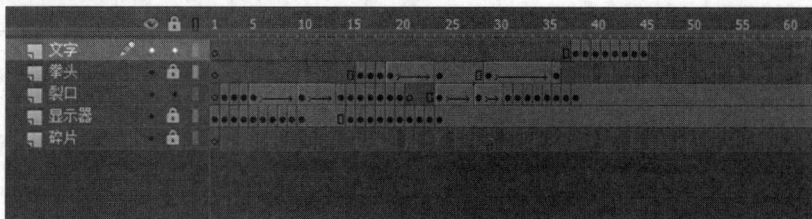

图5-56　时间轴状态

6.　制作碎片飞出效果。

(1)　在"碎片"图层的第 40 帧处插入一个普通帧。

(2)　在"碎片"图层的第 17 帧处插入一个空白关键帧。

(3) 选择菜单命令【文件】/【导入】/【打开外部库】，打开【作为库打开】对话框，导入素材文件 "素材\第 5 章\跳楼促销\外部库\碎片.fla"。

(4) 将外部【库】面板中名为 "碎片" 的图形元件拖入到舞台，如图 5-57 所示。

(5) 在【属性】面板的【位置和大小】卷展栏中，设置【X】为 "362"、【Y】为 "180"。

(6) 在【属性】面板的【循环】卷展栏中，设置【选项】为【播放一次】、【第一帧】为 "1"，如图 5-58 所示，最终效果如图 5-59 所示。

图5-57　导入库元件

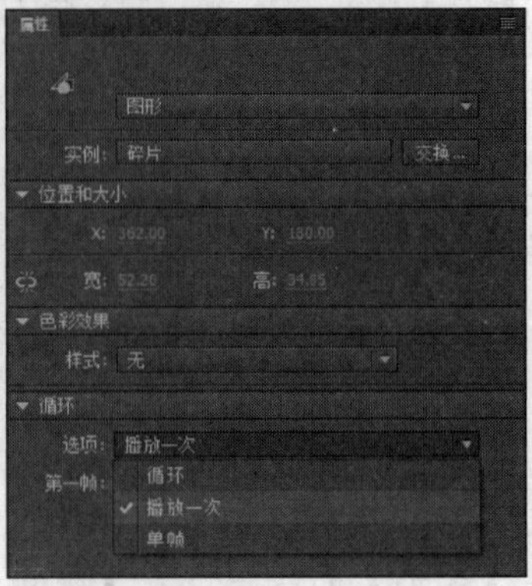

图5-58　设置属性

图5-59　碎片飞出效果

(7) 按 Ctrl + S 组合键保存影片文件，案例制作完成。

5.3　习题

1. 什么是帧？
2. 说明空白关键帧与关键帧的区别。
3. 说明空白帧与空白关键帧的区别。
4. 简要说明逐帧动画的制作原理。
5. 练习制作一个简单的逐帧动画。

第6章 制作补间动画

【学习目标】
- 掌握 Animate CC 2019 绘图工具的使用方法。
- 掌握使用 Animate CC 2019 绘图工具绘图的技巧。
- 掌握素材的导入方法。
- 掌握使用导入素材进行动画开发的方法。

补间动画可以将舞台上对象的位置变化，以及大小、颜色或其他属性的改变记录为动画，是 Animate CC 中非常重要的动画制作方法和表现手段。制作补间动画时，要在两个关键帧之间创建插补帧，插补帧是由计算机自动运算而得到的。

6.1 制作补间形状动画

补间形状动画先在一个关键帧上绘制一个形状，然后在另一个关键帧上更改该形状或绘制另一个形状等，Animate CC 将自动根据两者之间帧的值或形状来创建动画，可以实现两个图形之间颜色、形状、大小和位置的变化。

6.1.1 知识解析

一、 补间动画的种类

早期的 Flash 只能创建两种类型的补间动画，一种叫补间动画，实际上是运动补间动画，可以让物体产生缩放、旋转、位置、透明等变化。另一种叫补间形状动画，主要用于变形动画，例如，将一个圆形物体变为方形。

因为前期已有的两种动画都无法实现 3D 旋转功能，所以后期的 Flash 中加入了 3D 功能。为了区别开，把前期的补间动画改为传统补间动画，这样就有 3 种创建补间动画的形式。

- 创建补间动画：可以完成传统补间动画的效果，还能实现 3D 补间动画。
- 创建补间形状动画：用于变形动画。
- 创建传统补间动画：能实现位置、旋转、放大缩小、透明度变化等效果。

下面通过一个简单的案例来说明三者的区别。

【操作要点】

1. 制作补间形状动画。
(1) 新建一个动画文件。
(2) 在时间轴的第 1 帧绘制一个圆。
(3) 在时间轴第 15 帧处按 F7 键插入一个空白关键帧，然后在此帧绘制一个正方形。
(4) 在第 1 帧上单击鼠标右键，在弹出的快捷菜单中选择【创建补间形状】命令，则可以实现一个圆变成方形的动画，如图 6-1 所示。

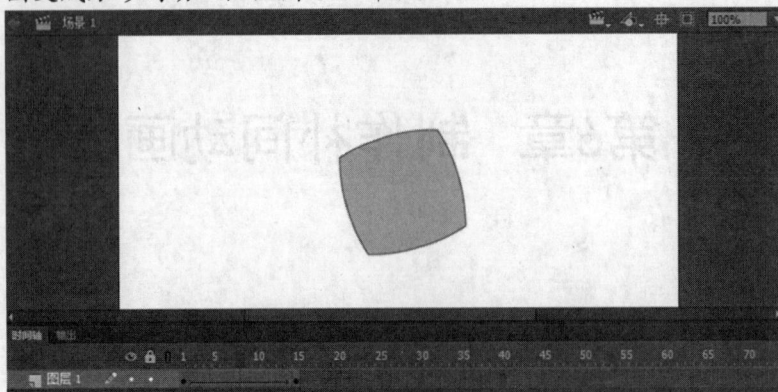

图6-1　制作补间形状动画

要点提示　动画制作完毕后，拖动播放头可以查看动画效果，也可以在动画控制区单击▶按钮播放动画，还可以直接按 Enter 键，查看动画效果。

2.　制作传统补间动画。

(1)　新建一个 Animate（ActionScript 3.0）文档。

(2)　在时间轴第 1 帧处绘制一个圆，框选整个图形，按 F8 键将其转换为图形元件。

(3)　单击第 15 帧，按 F6 键插入一个关键帧。

(4)　将第 15 帧处的图形缩小，然后将其移动位置。

要点提示　可以通过【属性】面板设置对象的【宽】和【高】来缩放图形，使用选择工具 ▷ 来移动图形。

(5)　在第 1 帧上单击鼠标右键，在弹出的快捷菜单中选择【创建传统补间】命令，则可以实现一个大圆变小并移动的动画。

(6)　在时间轴中单击 ▣（绘图纸外观）按钮，打开绘图纸外观效果，可以看到动画从第 1 帧到第 15 帧的变化过程，如图 6-2 所示。

图6-2　创建传统补间动画

要点提示　要删除补间动画，可以在时间轴上的补间动画区域单击鼠标右键，在弹出的快捷菜单中选择【删除补间】命令。

3.　制作补间动画。

(1)　新建一个动画文件。

(2) 在时间轴第 1 帧处绘制一个正方形，框选整个对象后按 F8 键，将其转换为影片剪辑元件。

要点提示 这里要制作 3D 旋转效果，而 3D 旋转只对影片剪辑有效。

(3) 在第 15 帧处按 F5 键插入帧（这里注意，是插入"帧"，而不是插入"关键帧"）。

(4) 在第 1 帧处单击鼠标右键，在弹出的快捷菜单中选择【创建补间动画】命令。

(5) 在第 15 帧上单击鼠标右键，在弹出的快捷菜单中选择【插入关键帧】/【旋转】命令。

(6) 单击工具栏中的 ◈ （3D 旋转工具）按钮，此时，对象上显示旋转工具，拖动鼠标指针，对第 15 帧的对象进行一定角度的旋转操作，此时动画完成。

(7) 按 Ctrl+Enter 组合键测试动画，可以看到对象在做三维旋转，如图 6-3 所示。

图6-3　制作补间动画

要点提示 创建传统补间动画和补间动画时要求使用元件实例，如果所选的对象不是元件实例，Animate 会提示将其转换为元件。

二、　创建补间形状动画

补间形状动画是指在两个或两个以上的关键帧之间对形状进行补间，从而创建出一个形状随着时间的改变而变成另一个形状的动画效果。补间形状动画可以实现两个矢量图形之间颜色、形状、位置的变化，其原理如图 6-4 所示。

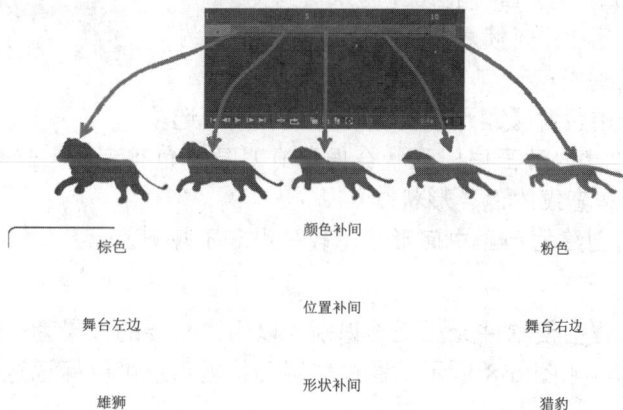

图6-4　补间形状动画的原理

135

要点提示 补间形状动画只能对矢量图形进行补间，要对组、实例或位图图像应用补间形状，必须先分离这些元素。

同一图层上，在绘制着不同矢量图形的两关键帧之间任选一帧，在该帧上单击鼠标右键，在弹出的快捷菜单中选择【创建补间形状】命令，如图 6-5 所示，即可在两关键帧之间创建补间形状动画。

如果两关键帧之间任何一个关键帧中的内容不符合创建补间形状的要求或内容为空，则将使创建补间形状动画失败，如图 6-6 所示。

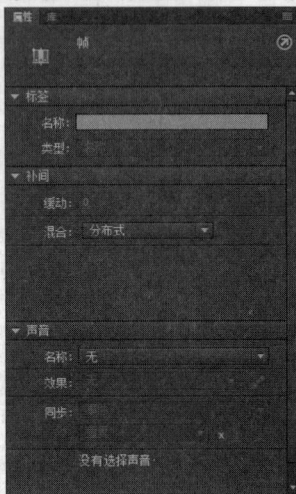

三、 补间形状动画的属性面板

当建立了一个补间形状动画后，单击时间轴，其【属性】面板如图 6-7 所示。

图6-5　选择【创建补间形状】命令　　　　图6-6　补间形状动画创建失败　　　　图6-7　补间形状动画的【属性】面板

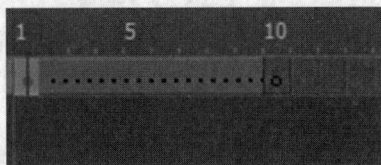

在【补间】卷展栏中经常使用的选项如下。

(1) 【缓动】参数。

在【缓动】参数栏中输入相应的数值，形状补间动画就会随之发生相应的变化。

- 其值为 -100~0 时，动画变化的速度从慢到快。
- 其值为 0~100 时，动画变化的速度从快到慢。
- 【缓动】为 0 时，补间帧之间的变化速率是不变的。

(2) 【混合】下拉列表。

【混合】下拉列表中包含【角形】和【分布式】两个选项。

- 【角形】：指创建的动画中间形状会保留有明显的角和直线，这种模式适合于具有锐化转角和直线的混合形状。
- 【分布式】：指创建的动画中间形状比较平滑和不规则。

四、 使用形状提示

复杂的形状变形过程会使软件无法正确识别（以用户想要的效果为基准）形状上的关键点，从而导致变形紊乱，如图 6-8 所示。通过使用形状提示点可以标记这些关键点，以弥补此缺陷，如图 6-9 所示。

图6-8 未使用形状提示　　　　　　　　　　　　　图6-9 使用形状提示点

(1) 添加形状提示。

单击补间形状动画的开始帧，选择菜单命令【修改】/【形状】/【添加形状提示】或按 Ctrl+Shift+H 组合键，可在形状上增加一个带字母的红色圆圈，相应地，在结束帧的形状上也会增加形状提示符，如图 6-10 所示。

(2) 调节形状提示。

分别将这两个形状提示符安放到适当的位置时，起始关键帧上的形状提示点为黄色，结束关键帧上的形状提示点为绿色，如图 6-11 所示。

第 1 帧　　　　　　　　第 10 帧　　　　　　显示为黄色　　　　　　显示为绿色

图6-10　形状提示符　　　　　　　　　　　　图6-11　调节形状提示符

继续添加形状提示点，并调节提示点位置，此时图形的变化过程如图 6-12 所示。

图6-12　使用形状提示

6.1.2　基础训练——制作"动物变身"

在很多动画中，都可以看到一些物体变身的效果，其原理很简单，本例将使用补间形状动画来制作一个动物大变身的效果，如图 6-13 所示。

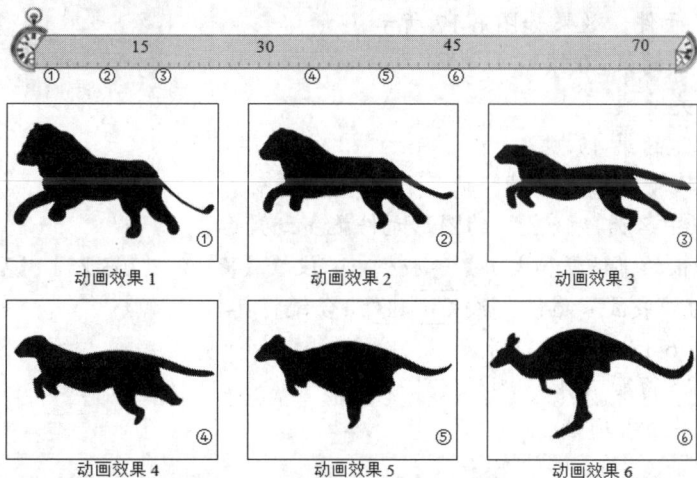

动画效果 1　　　　　　　动画效果 2　　　　　　　动画效果 3

动画效果 4　　　　　　　动画效果 5　　　　　　　动画效果 6

图6-13　"动物变身"操作思路及效果图

【操作要点】

1. 布置场景元素。

(1) 预设场景。

按 Ctrl+O 组合键打开素材文件 "素材\第 6 章\动物变身\动物大变身.fla"，效果如图 6-14 所示。

(2) 布置 "狮子" 元件，效果如图 6-15 所示。

① 选中 "图层 1" 的第 1 帧。

② 将【库】面板中名为 "狮子" 的图形元件拖曳到舞台。

③ 在【属性】面板的【位置和大小】卷展栏中，设置【X】为 "129.95"、【Y】为 "116.45"。

④ 选中舞台上的 "狮子" 元件，按 Ctrl+B 组合键将其打散。

图6-14　打开制作模板

图6-15　布置 "狮子" 元件

(3) 布置 "豹子" 元件，效果如图 6-16 所示。

① 选中 "图层 1" 的第 15 帧。

② 按 F7 键插入一个空白关键帧。

③ 将【库】面板中名为 "豹子" 的图形元件拖曳到舞台。

④ 在【属性】面板的【位置和大小】卷展栏中，设置【X】为 "143.65"、【Y】为 "143.5"。

⑤ 选中舞台上的 "豹子" 元件，按 Ctrl+B 组合键将其打散。

(4) 布置 "袋鼠" 元件，效果如图 6-17 所示。

① 选中 "图层 1" 的第 30 帧。

② 按 F6 键插入关键帧。

③ 选中 "图层 1" 的第 45 帧。

④ 按 F7 键插入一个空白关键帧。

⑤ 将【库】面板中名为 "袋鼠" 的图形元件拖曳到舞台。

⑥ 在【属性】面板的【位置和大小】卷展栏中，设置【X】为 "133.25"、【Y】为 "124.55"。

⑦ 选中舞台上的 "袋鼠" 元件，按 Ctrl+B 组合键将其打散。

(5) 插入帧，如图 6-18 所示。

① 选中 "图层 1" 的第 70 帧。

② 按 F5 键插入一个普通帧。

图6-16 布置"豹子"元件

图6-17 布置"袋鼠"元件

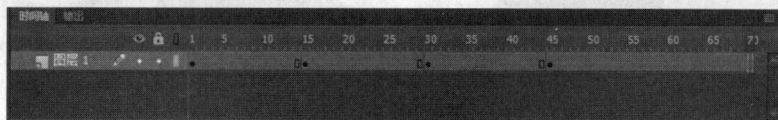

图6-18 插入帧

2. 制作补间形状动画。

(1) 在第 1 帧～第 15 帧创建补间形状动画。

① 用鼠标右键单击"图层 1"的第 1 帧。

② 在弹出的快捷菜单中选择【创建补间形状】命令，如图 6-19 所示。

图6-19 创建第 1 帧～第 15 帧的形状补间动画

(2) 使用同样的方法在第 30 帧～第 45 帧创建形状补间动画，此时的时间轴如图 6-20 所示。

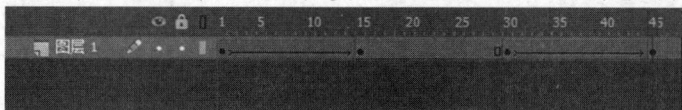

图6-20 创建第 30 帧～第 45 帧的形状补间动画

3. 添加形状提示点。

(1) 在第 1 帧～第 15 帧添加形状提示点，效果如图 6-21 所示。

① 选中"图层 1"的第 1 帧。

② 选择菜单命令【修改】/【形状】/【添加形状提示】，添加一个形状提示点。

③ 将提示点拖动到狮子图形的嘴部。

④ 选中"图层 1"的第 15 帧。

⑤ 将提示点拖动到豹子图形的嘴部并使它变为绿色。

⑥ 使用同样的方法再依次在第 1 帧狮子身上添加 4 个形状提示点，并依次分别在第 15 帧调整提示点的位置到豹子的相应部位。

图6-21　在第 1 帧~第 15 帧添加形状提示点

(2) 使用同样的方法在第 30 帧~第 45 帧添加形状提示点，操作效果如图 6-22 所示。

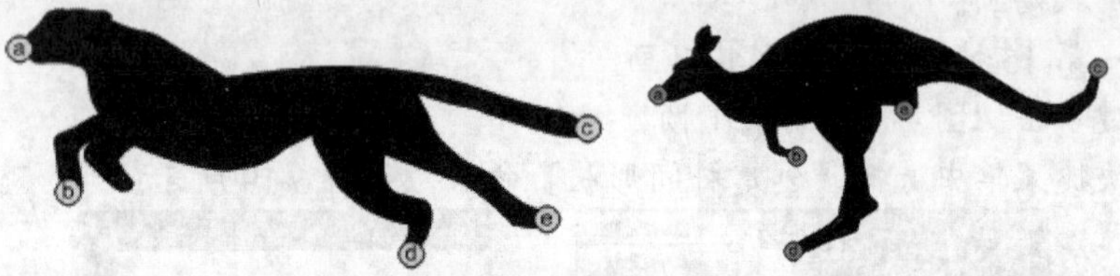

图6-22　在第 30 帧~第 45 帧添加形状提示点

要点提示　按逆时针顺序从形状的左上角开始放置形状提示点，它们的工作效果最好。添加的形状提示点不宜太多，但应将每个形状提示点放置在合适的位置。

(3) 按 Ctrl+S 组合键保存影片文件，案例制作完成。

6.2　制作传统补间动画

Flash CS4 之前的各个版本创建的补间动画都称为传统补间动画，可在动画中展示移动位置、改变大小、旋转和改变色彩等效果。

6.2.1　知识解析

在存储着同一元件两种不同属性的两关键帧之间任选一帧，在该帧上单击鼠标右键，在弹出的快捷菜单中选择【创建传统补间】命令，即可创建传统补间动画，如图 6-23 所示。

如果两关键帧之间任意一个关键帧中的内容不符合要求，传统补间动画就会创建失败，如图 6-24 所示。

当选中传统补间动画的任意一帧时，其【属性】面板如图 6-25 所示。其中常用的选项为【旋转】和【缓动】。

在【旋转】下拉列表中选择不同的方式，元件就会按照不同的方式旋转。

- 【无】：元件不产生旋转。
- 【自动】：元件的旋转由用户自己进行设置。

- 【顺时针】：元件播放时以顺时针方向进行旋转，并可在其后设置旋转次数。
- 【逆时针】：元件播放时以逆时针方向进行旋转，并可在其后设置旋转次数。

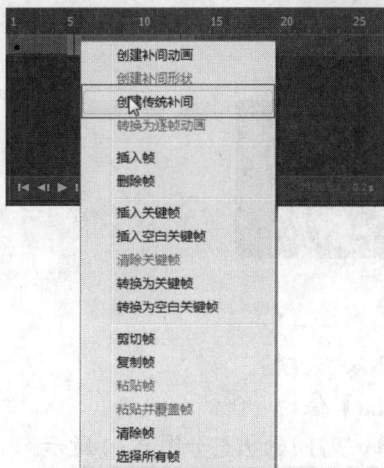

图6-23 选择【创建传统补间】命令   图6-24 传统补间动画创建失败   图6-25 【属性】面板

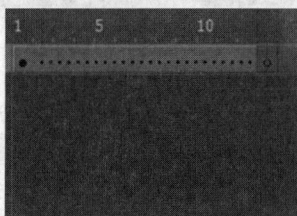

6.2.2 基础训练——制作"汽车广告"

传统补间动画在商业领域的应用也十分广泛，其中用于制作广告的案例特别丰富。接下来将为读者介绍一个"汽车广告"的制作方法，效果如图 6-26 所示。

图6-26 "汽车广告"效果

【操作要点】

1. 布置场景。
(1) 打开素材文件"素材\第 6 章\汽车广告\汽车广告.fla"。
(2) 新建图层并重命名，在所有图层的第 120 帧处插入帧，得到图 6-27 所示的效果。
(3) 将【库】面板中的"背景"元件拖入到"背景"图层上，并相对舞台居中对齐，如图 6-28 所示。

图6-27 新建图层   图6-28 设置背景元件

(4) 将"路面及光效"元件拖入到"路面"图层上，并设置其位置坐标【X】【Y】分别为
"−62""150.45"，效果如图 6-29 所示。

图6-29 设置路面

2. 帧设置。

(1) 在"路面"图层的第 10 帧、第 70 帧和第 80 帧处分别插入关键帧。

(2) 在第 1 帧和第 80 帧处设置"路面及光效"元件的【Alpha】值为"0%"。

(3) 在第 1 帧～第 10 帧、第 70 帧～第 80 帧创建传统补间动画，时间轴状态如图 6-30 所示。

图6-30 时间轴状态

3. 布置汽车元件。

(1) 将"汽车"元件拖入到"汽车"图层上。

(2) 在"汽车"图层的第 30 帧、第 70 帧、第 90 帧处分别插入关键帧。

(3) 在第 1 帧～第 30 帧、第 70 帧～第 90 帧创建传统补间动画，并在 4 个关键帧处分别设
置"汽车"元件的属性，如图 6-31 所示。

时间轴效果

第 1 帧效果　　　　　　第 30 帧、第 70 帧效果　　　　　　第 90 帧效果

图 6-31 创建汽车动画

| 第1帧"汽车"元件属性参数 | 第30帧、第70帧"汽车"元件属性参数 | 第90帧"汽车"元件属性参数 |

图6-31 创建汽车动画（续）

4. 创建传统补间动画。

(1) 选中"汽车"图层的第 1 帧，在【属性】面板的【补间】卷展栏中设置其【缓动】为"100"。

(2) 在"文字"图层的第 30 帧处插入关键帧，将"文字"元件拖入到"文字"图层上，并设置位置坐标【X】【Y】分别为"98""41"，效果如图 6-32 所示。

图6-32 设置文字

(3) 在"文字"图层的第 40 帧、第 90 帧、第 100 帧处分别插入关键帧。

(4) 在第 30 帧和第 100 帧处为"文字"元件添加【模糊】滤镜，并设置【模糊 X】为"255"、【模糊 Y】为"0"。

(5) 在第 30 帧~第 40 帧、第 90 帧~第 100 帧创建传统补间动画（接受转换为元件的提示操作），时间轴状态如图 6-33 所示。

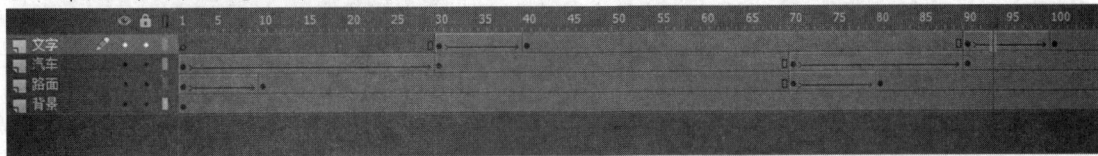

图6-33 时间轴状态

5. 保存测试影片，一个汽车广告的案例即制作完成。

6.3 创建补间动画

补间动画是指在两个关键帧之间做动画的渐变，从而实现图画的运动。插入补间动画后两个关键帧之间的其他帧是由计算机自动运算而得到的。

143

6.3.1 知识解析

在包含一个元件的图层上的任意一帧处单击鼠标右键，在弹出的快捷菜单中选择【创建补间动画】命令，即可创建补间动画，如图 6-34 所示。

图6-34 创建补间动画

> **要点提示** 如果图层是普通图层，它将成为补间图层。如果图层是引导、遮罩或被遮罩图层，它将成为补间引导、补间遮罩或补间被遮罩图层。

一、 常用帧操作

在补间动画中，可以执行以下常用帧操作。

(1) 在时间轴中拖动补间范围的任意一端，可以按所需长度缩短或延长范围，如图 6-35 所示。

(2) 通过鼠标指针还可以将补间区域全部选中，进行整体拖放，如图 6-36 所示。

图6-35 缩短或延长补间范围

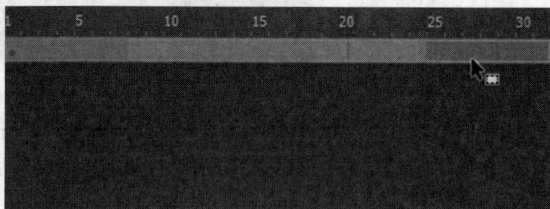

图6-36 整体拖放补间范围

(3) 将播放头放在补间范围内的某个帧上，然后将舞台上的对象拖到新位置，即可将动画添加到补间，如图 6-37 所示。并且自动在时间轴播放头所在的帧处插入一个关键帧，选中舞台上的对象（小狗），将可以查看其运动的轨迹线。

时间轴效果

图层效果

图6-37 添加动画到补间

(4) 使用 ▷ （选择工具）工具可对轨迹线进行调整，如图 6-38 所示，这样就极大地方便了用户对动画进行细部控制。

(5) 要选中补间范围内的某一帧，可通过单击鼠标左键来选择，如图 6-39 所示。

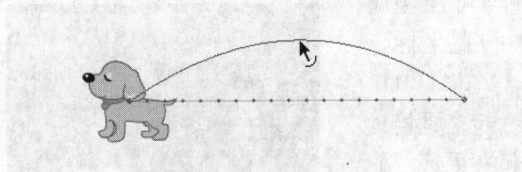

图6-38 细部调整轨迹线

图6-39 选择一帧

二、 补间动画对象及属性

可补间的对象类型包括影片剪辑、图形和按钮元件以及文本字段。可补间的对象的属性包括以下几个方面。

- 2D X 和 Y 位置。
- 3D Z 位置（仅限影片剪辑）。
- 2D 旋转（绕 z 轴）。
- 3D X、Y 和 Z 旋转（仅限影片剪辑）。
- 3D 动画要求 FLA 文件在发布设置中面向 ActionScript 3.0 和 Flash Player 10 及以上版本。
- 倾斜 X 和 Y。
- 缩放 X 和 Y。
- 颜色效果，包括 Alpha（透明度）、亮度、色调和高级颜色设置。只能在元件上补间颜色效果。若要在文本上补间颜色效果，应将文本转换为元件。
- 滤镜属性（不包括应用于图形元件的滤镜）。

三、 三维操作工具

【工具】面板中有 3D 平移工具和 3D 旋转工具两种。

(1) 选择【工具】面板中的 3D 平移工具（单击 3D 旋转工具右下角的下拉按钮，从弹出的工具组中选取），可对舞台上的影片剪辑元件进行三维平移，如图 6-40 所示。

在 x 方向上移动元件   在 y 方向上移动元件   在 z 方向上移动元件

图6-40 三维平移工具的使用

(2) 选择【工具】面板中的 3D 旋转工具，即可对舞台上的影片剪辑元件进行三维旋转，如图 6-41 所示。

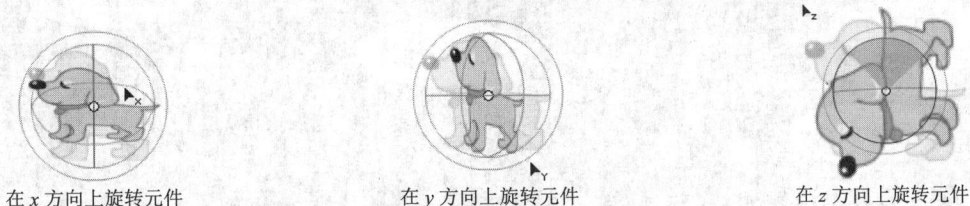

在 x 方向上旋转元件   在 y 方向上旋转元件   在 z 方向上旋转元件

图6-41 三维旋转工具的使用

选择舞台上使用 3D 工具进行了操作的元件，可在【属性】面板的【3D 定位和视图】卷展栏中设置 3D 位置坐标、透视角度以及消失点等参数，如图 6-42 所示。

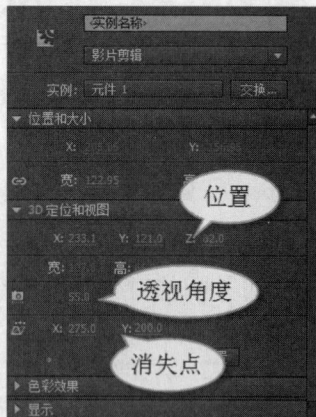

图6-42　【属性】面板

- 透视角度：增大透视角度，可使 3D 对象看起来更接近查看者。减小透视角度，可使 3D 对象看起来更远。此效果与通过镜头更改视角的照相机镜头缩放类似。
- 消失点：3D 影片剪辑的 z 轴都朝着消失点后退。通过重新定位消失点，可以更改沿 z 轴平移对象时对象的移动方向。通过调整消失点的位置，可以精确控制舞台上 3D 对象的外观和动画。

四、动画编辑器

创建补间动画后，双击时间轴上任意动画帧即可在其下方打开动画编辑器面板，如图 6-43 所示。该面板可以查看所有补间属性及其属性关键帧，还提供了向补间添加精度和详细信息的工具。

使用动画编辑器可以进行以下操作。

- 设置各属性关键帧的值。
- 添加或删除各个属性的关键帧。
- 将属性关键帧移动到补间内的其他帧。
- 将属性曲线从一个属性复制到另一个属性。
- 翻转各属性的关键帧。
- 重置各属性或属性类别。
- 使用贝塞尔控件对大多数单个属性的补间曲线的形状进行微调（X、Y 和 Z 属性没有贝塞尔控件）。
- 添加/删除滤镜或色彩效果，并调整其设置。
- 向各个属性和属性类别添加不同的预设缓动。
- 创建自定义缓动曲线。
- 将自定义缓动添加到各个补间属性和属性组中。
- 对 X、Y 和 Z 属性的各个属性关键帧启用浮动。通过浮动，可以将属性关键帧移动到不同的帧或在各个帧之间移动，以创建流畅的动画。

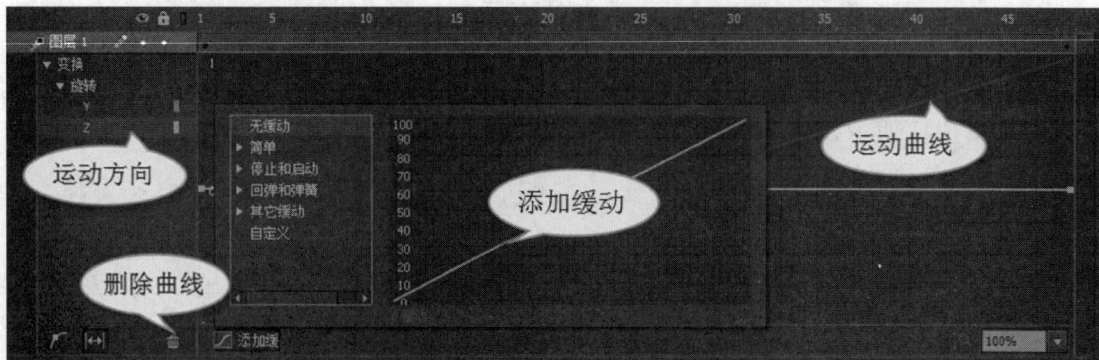

图6-43　动画编辑器面板

6.3.2 基础训练——制作"图片展示"

本例将利用 3D 旋转工具 配合补间动画来制作一个"图片展示"的效果动画，其设计思路及效果如图 6-44 所示。

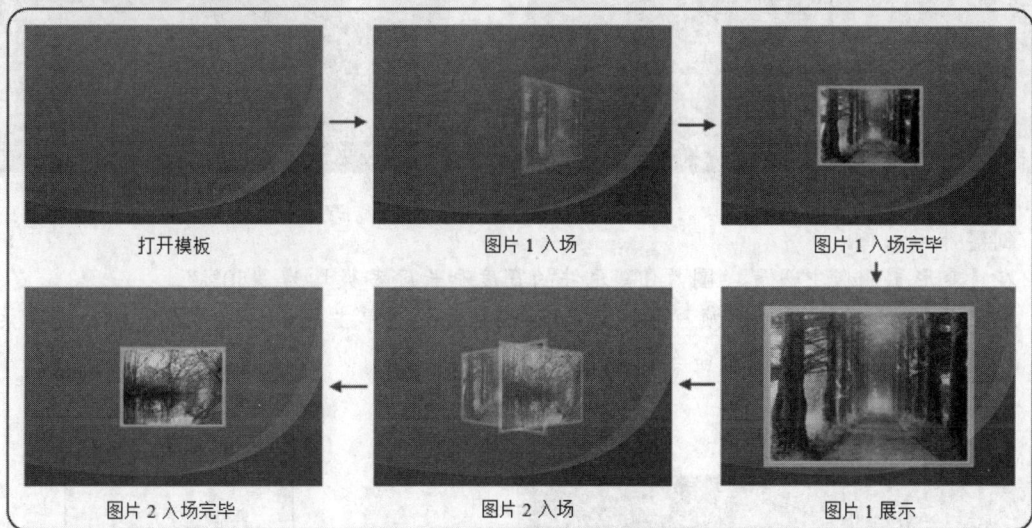

图6-44 "图片展示"制作思路及效果

【操作要点】

1. 制作"图片 1"元件的入场。

(1) 导入素材。

① 打开素材文件"素材\第 6 章\图片展示\图片展示.fla"，场景效果如图 6-45 所示。

② 【库】面板效果如图 6-46 所示。

图6-45 模板场景

图6-46 【库】面板

(2) 在"背景"图层之上新建并重命名图层，得到图 6-47 所示的图层效果。

(3) 创建元件的实例。

① 在"图片 1"图层的第 20 帧处按 F6 键，插入关键帧。

② 将【库】面板中的"图片 1"元件拖入场景中，并相对舞台居中对齐。

③ 此时的场景效果如图 6-48 所示，时间轴效果如图 6-49 所示。

图6-47 创建图层

图6-48 场景效果

(4) 创建补间动画。

① 在【变形】面板中设置"图片 1"元件的宽度和长度参数均为"50%"。

② 在"图片 1"图层第 20 帧～第 660 帧的任意位置上单击鼠标右键，在弹出的快捷菜单中选择【创建补间动画】命令，如图 6-50 所示。

图6-49 时间轴效果

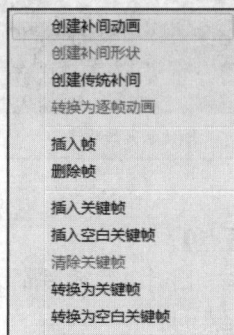

图6-50 选择【创建补间动画】命令

(5) 移动图形。

① 选择"图片 1"元件，将播放头拖动到第 29 帧处。

② 使用选择工具 ▷ 将"图片 1"元件向右移动半个图片宽度的距离，在第 29 帧处会自动生成一个关键帧来记录这一变化，如图 6-51 所示。

图6-51 移动图形

(6) 旋转图形。

① 选择 3D 旋转工具 。

② 选择第 29 帧处的"图片 1"元件。将鼠标指针放置在 y 轴线上，当鼠标指针变为图 6-52 所示的形状时，按住鼠标左键向下拖曳鼠标指针，对"图片 1"元件进行 3D 旋转，得到的效果如图 6-53 所示。

图6-52　使用 3D 旋转工具

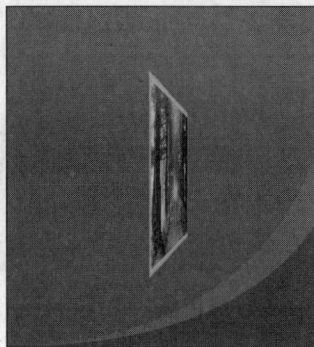

图6-53　旋转图形

(7)　翻转帧。

①　打开【属性】面板的【色彩效果】卷展栏，在【样式】下拉列表中选择【Alpha】选项，设置其【Alpha】参数为 "0"，效果如图 6-54 所示。

②　在"图片 1"图层第 20 帧～第 29 帧的任意位置单击鼠标右键，在弹出的快捷菜单中选择【翻转关键帧】命令，如图 6-55 所示。

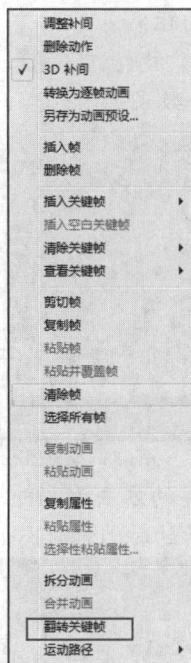

图6-54　设置透明度之后的效果

图6-55　选择【翻转关键帧】命令

> **要点提示**　读者在为元件的 A、B 两帧（A 帧在前，B 帧在后）之间创建补间动画时，如果 B 帧所需的元件属性已在 A 帧存在，可在 B 帧处创建 A 帧所需的元件属性，而后再使用翻转帧工具将 A、B 两帧翻转。

(8)　调整图形。

①　在第 31 帧和第 45 帧处，按 F6 键插入关键帧。此时，时间轴效果如图 6-56 所示。

②　调整第 45 帧处"图片 1"元件的宽度和长度均为 "100%"，效果如图 6-57 所示。

图6-56 时间轴效果

图6-57 调整参数后的图片

2. 制作"图片 1"元件的出场。

(1) 调整图形。

① 在"图片 1"图层的第 130 帧和第 144 帧处，按 F6 键插入关键帧。

② 调整第 144 帧处"图片 1"元件的宽度和长度均为"50%"，效果如图 6-58 所示。

(2) 旋转图形。

① 在第 146 帧和第 155 帧处，按 F6 键插入关键帧。

② 选择第 155 帧处的"图片 1"元件，使用选择工具 将"图片 1"元件向左移动半个图片宽度的距离。

③ 选择 3D 旋转工具 ，对"图片 1"元件进行 3D 旋转，设置其【Alpha】参数为"0%"，效果如图 6-59 所示。

图6-58 调整图形

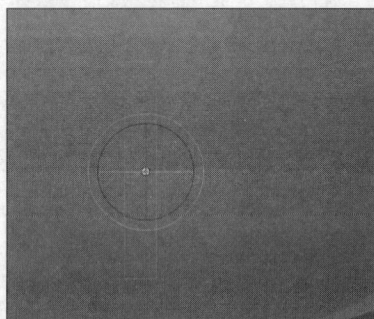

图6-59 旋转图形

(3) 使用同样的方法为元件"图片 2""图片 3""图片 4"和"图片 5"制作图片展示效果，最后的时间轴状态如图 6-60 所示。

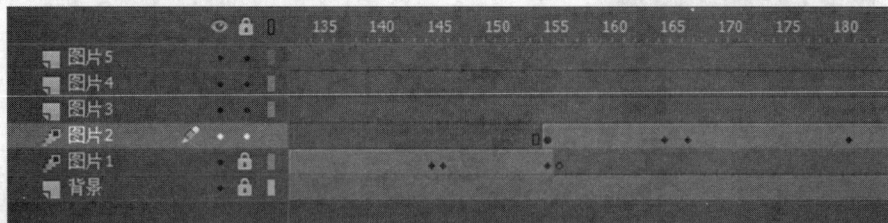

图6-60 设置完成后的时间轴

要点提示 读者可根据自己的喜好将后一个元件的出现放置在前一个元件消失之前，以使两个元件有比较好的衔接。

(4) 保存测试影片，一个绚丽的图片展示效果制作完成。

6.4 使用动画预设

通过动画预设功能可以使用动画模板快速创建动画。

6.4.1 知识解析

用户可以使用系统默认预设制作动画，也可以自定义动画预设效果。

一、 使用默认预设

选择菜单命令【窗口】/【动画预设】，打开【动画预设】面板，如图 6-61 所示，这里面已经包含了软件自带的预设动画方案。

选中舞台中的元件，然后选择一个动画预设方案，再单击 应用 按钮，就可以使用预设动画方案在元件上创建一个动画效果。图 6-62 所示为一个小球大幅度跳动的预设动画。

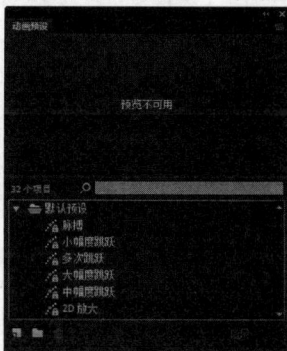

图6-61 【动画预设】面板

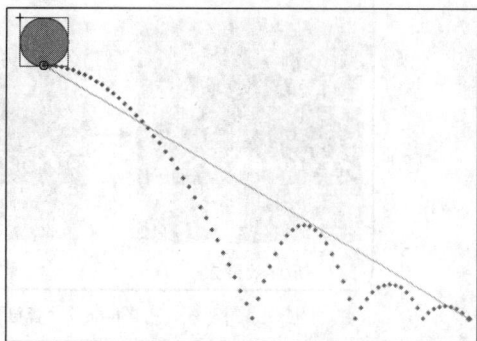

图6-62 小球预设动画

二、 制作动画预设

除了使用软件自带的动画预设以外，用户还可以根据需要自己制作动画预设，以便更快地完成重复工作。

在补间动画所在图层的补间范围的任意一帧上单击鼠标右键，在弹出的快捷菜单中选择【另存为动画预设】命令，如图 6-63 所示，将打开【将预设另存为】对话框，如图 6-64 所示，然后输入预设的名称，最后单击 确定 按钮完成预设创建。在【动画预设】面板中即可查看和使用新建的动画预设，如图 6-65 所示。

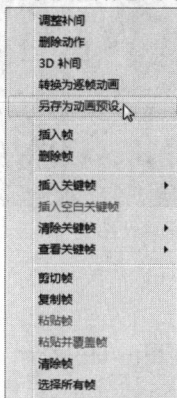

图6-63 菜单命令

图6-64 【将预设另存为】对话框

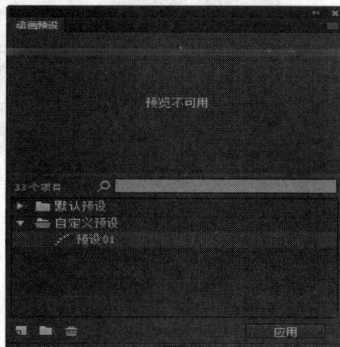

图6-65 查看预设

6.4.2 基础训练——制作"音符琴手"

本案例将利用动画预设功能创建一个趣味的"音符琴手"动画，模拟使用音符来弹奏钢琴的效果，同时带领读者学会使用神奇的动画预设，其设计思路及效果如图 6-66 所示。

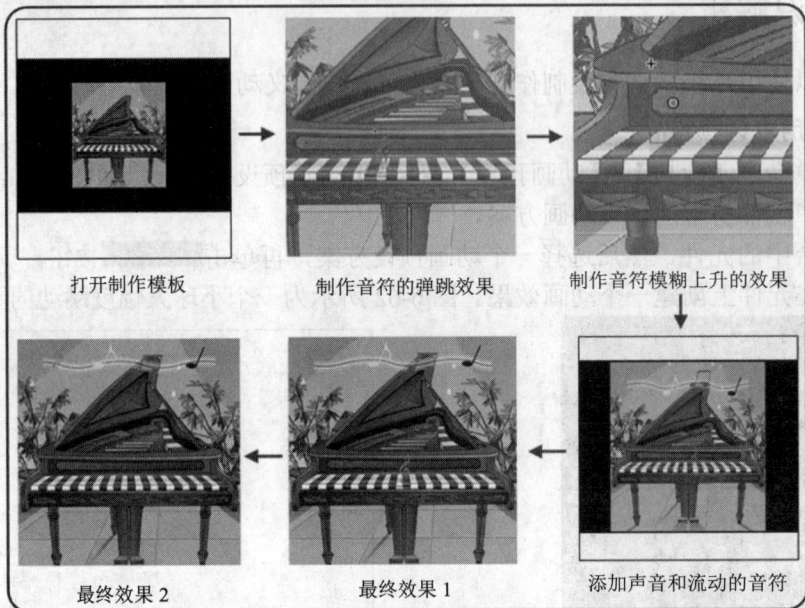

图6-66 "音符琴手"设计思路及效果

【操作要点】

1. 制作跳动的音符效果。

(1) 打开素材。

打开素材文件"素材\第 6 章\音符琴手\音符琴手.fla"，场景中效果如图 6-67 所示。时间轴设置如图 6-68 所示。

图6-67 打开制作模板

图6-68 时间轴设置

(2) 插入帧。

① 在"自弹钢琴"图层和"遮罩"图层的第 100 帧处分别插入帧。

② 拖动播放头观察场景中的效果，发现钢琴的琴键有弹奏的效果，如图 6-69 所示。

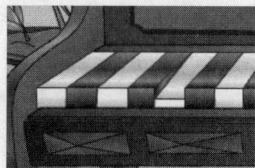

第 4 帧处场景中效果　　第 18 帧处场景中效果　　第 32 帧处场景中效果

图6-69　"自弹钢琴"图层动画效果

(3) 使用预设。

① 在"跳动的音符"图层的第 71 帧处插入帧。

② 选择菜单命令【窗口】/【动画预设】，打开【动画预设】面板。

③ 选择"默认预设"文件夹中的"波形"效果，如图 6-70 所示。

④ 单击 应用 按钮，最终的时间轴状态如图 6-71 所示。

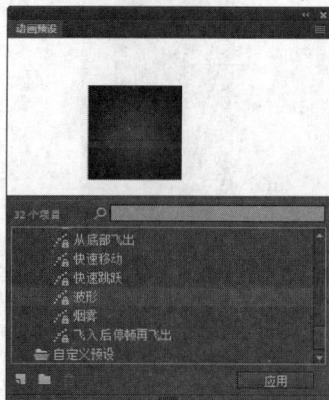

图6-70　【动画预设】面板

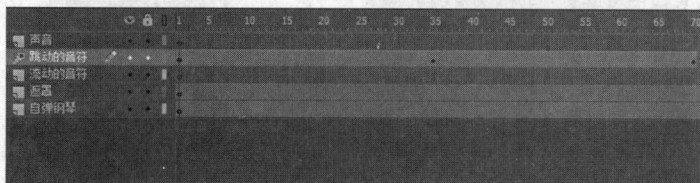

图6-71　时间轴设置

(4) 预览效果。

① 单击"跳动的音符"图层，观察场景中图形元件"跳动的音符"的"轨迹虚线"和"位置变化直线"，效果如图 6-72 所示。

② 拖动播放头，发现有弹跳的动画效果，效果如图 6-73 所示。

图6-72　使用预设创建动画

第 4 帧处场景中效果　　第 18 帧处场景中效果　　第 32 帧处场景中效果

图6-73　"跳动的音符"效果

2. 制作模糊上升的音符效果。

153

(1) 复制帧。

① 按住 Ctrl 键选中图层 "跳动的音符" 上的第 70 帧。

② 复制该帧，并将其粘贴在第 71 帧处。

③ 删除复制所得帧上的补间动画（在该帧上单击鼠标右键，在弹出的快捷菜单中选择【删除动作】命令）。

(2) 使用动画预设。

① 选中第 71 帧。

② 打开【动画预设】面板，选择 "从底部模糊飞入" 效果，然后单击 应用 按钮。组合效果如图 6-74 所示。

<table>
<tr><td>【动画预设】面板</td><td>第 71 帧处效果</td><td>第 85 帧处效果</td></tr>
</table>

图6-74　模糊上升的音符效果

(3) 在所有图层的第 100 帧处插入帧，完成模糊上升的音符效果，此时的时间轴状态如图 6-75 所示。

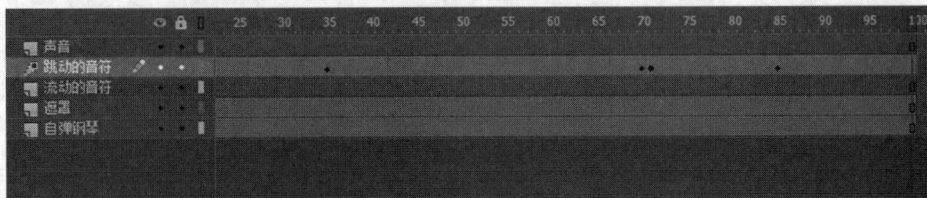

图6-75　时间轴状态

3. 添加声音和流动的音符效果。

(1) 设置声音。

① 在 "声音" 图层上的第 4 帧、第 11 帧、第 18 帧、第 25 帧、第 32 帧处分别插入空白关键帧。

② 在【属性】面板的【声音】卷展栏中，分别设置声音【名称】为 "01.wav" "02.wav" "03.wav" "04.wav" 和 "05.wav"。

(2) 帧操作。

① 选中第 4 帧~第 32 帧，将其复制到第 39 帧处。

② 完成声音添加后的时间轴状态如图 6-76 所示。

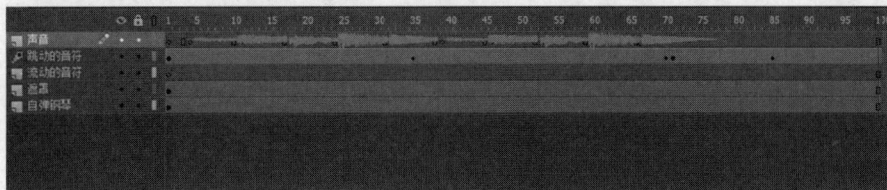

图6-76 时间轴状态

(3) 将【库】中的图形元件"流动的音符"拖入至相应图层上，并设置其位置及大小如图 6-77 所示，此时的时间轴状态如图 6-78 所示。

图6-77 图形元件"流动的音符"

图6-78 时间轴状态

(4) 保存测试影片，一个生动活泼的"音符琴手"动画制作完成。

6.5 综合应用——制作"旋转棱锥"

本例将使用形状提示点动画来制作一个旋转的三棱锥效果，如图 6-79 所示。

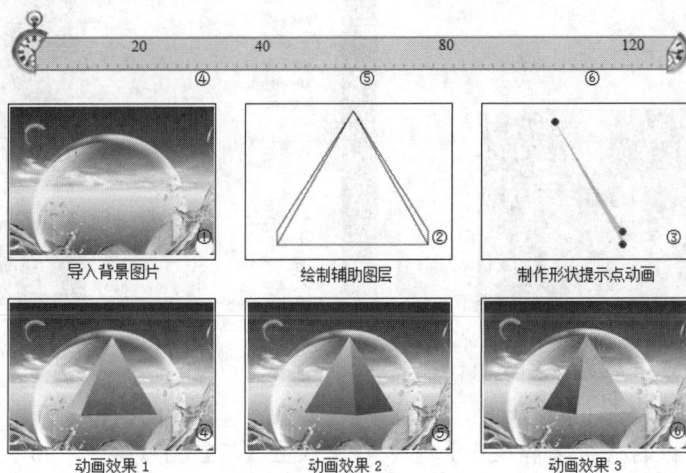

图6-79 "旋转棱锥"操作思路及效果

【操作要点】

1. 导入背景图片。

(1) 新建一个 Animate（ActionScript 3.0）文档。

(2) 设置文档属性，如图 6-80 所示。

(3) 新建图层，效果如图 6-81 所示。

① 连续单击 🔲 按钮新建图层。

② 重命名各图层。

图6-80　新建文档并设置属性

图6-81　新建图层

(4) 锁定图层，如图 6-82 所示。

① 锁定除"背景"以外的图层。

② 单击"背景"图层的第 1 帧。

(5) 导入背景图片。

① 选择菜单命令【文件】/【导入】/【导入到舞台】，如图 6-83 所示。打开【导入】对话框。

② 将素材文件"素材\第 6 章\旋转棱锥\背景.jpg"导入到舞台。

图6-82　锁定图层

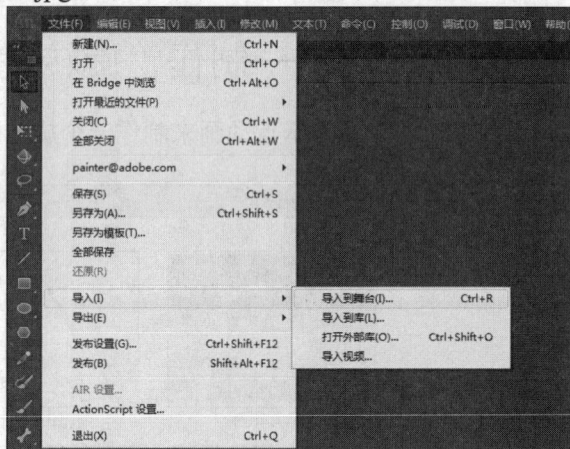

图6-83　导入素材

(6) 设置图片的位置，效果如图 6-84 所示。

① 选中舞台上的"背景.jpg"图片。

② 在【属性】面板的【位置和大小】卷展栏中设置【X】【Y】均为"0"。

2. 绘制辅助图层。

(1) 隐藏图层，效果如图 6-85 所示。

① 隐藏"背景"图层。

② 锁定除"辅助"以外的图层。

图6-84　设置图片的位置

图6-85　隐藏图层

(2) 设置工具属性，如图 6-86 所示。

① 单击 ⬡（多角星形工具）按钮，打开【属性】面板。

② 在【填充和笔触】卷展栏中，设置笔触颜色为黑色、填充颜色为无、笔触高度为"1"。

③ 在【工具设置】卷展栏中单击 选项... 按钮，打开【工具设置】对话框。

④ 在【工具设置】对话框中设置【边数】为"3"，最后单击 确定 按钮。

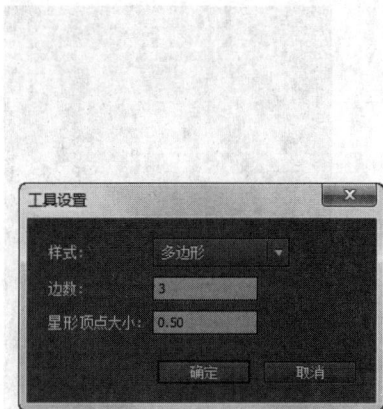

图6-86　设置工具属性

(3) 绘制三角形，效果如图 6-87 所示。

① 按住 Shift 键在"辅助"图层上绘制一个三角形。

② 在【属性】面板的【位置和大小】卷展栏中，设置【宽】为"242.9"、【高】为"213"、【X】为"153.6"、【Y】为"93.5"。

(4) 绘制其他线条，效果如图 6-88 所示。

① 按 N 键启用线条工具。

② 在三角形右边绘制两条边作为三棱锥的侧边。

图6-87 绘制三角形

图6-88 绘制其他线条

(5) 复制线条，效果如图 6-89 所示。

① 选中绘制的两条边。

② 按 Ctrl+T 组合键打开【变形】面板。

③ 在【变形】面板中单击 按钮复制两条边。

④ 设置【倾斜】栏中的参数。

⑤ 在舞台上单击复制后的两条边，水平移动到三角形的左侧。

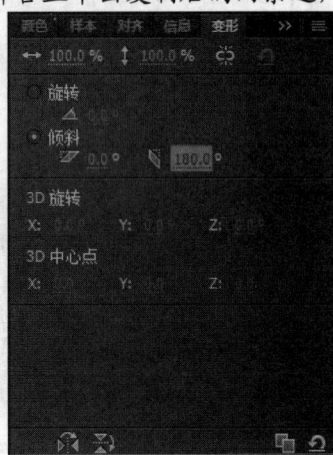

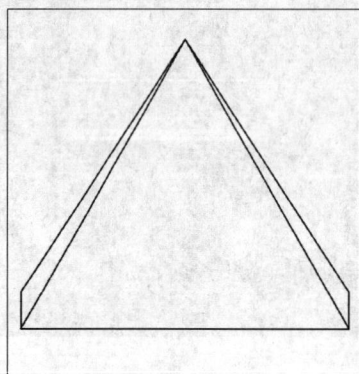

图6-89 复制线条

(6) 复制粘贴帧，效果如图 6-90 所示。

① 选中所有图层的第 120 帧。

② 按 F5 键插入帧。

③ 选中 "辅助" 图层的第 1 帧。

④ 按 Ctrl+Alt+C 组合键复制第 1 帧。

⑤ 选择 "第一面" 图层的第 1 帧。

⑥ 按 Ctrl+Alt+V 组合键粘贴帧。

⑦ 锁定并隐藏 "辅助" 图层。

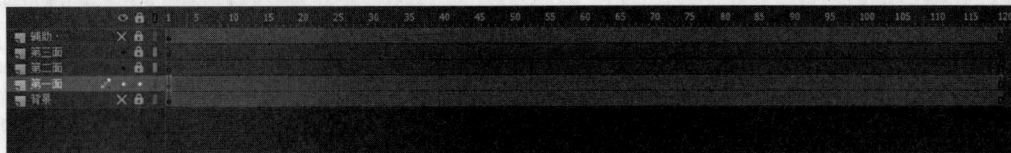

图6-90　复制粘贴帧

3.　制作"第一面"图层上的动画。

(1)　填充颜色，效果如图 6-91 所示。

①　选择"第一面"图层上的图形，将多余的线条删除，只保留正面三角形的轮廓。

②　按 K 键启用填充工具。

③　在【颜色】面板中设置填充类型为【线性渐变】。

④　设置色块颜色并填充三角形。

⑤　按 F 键启用渐变变形工具。

⑥　调整渐变形状。

⑦　删除三角形的轮廓，只保留填充区域。

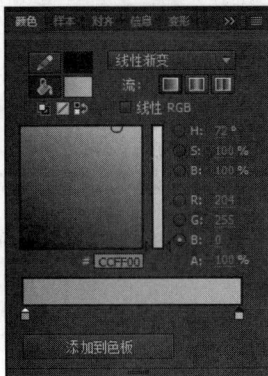

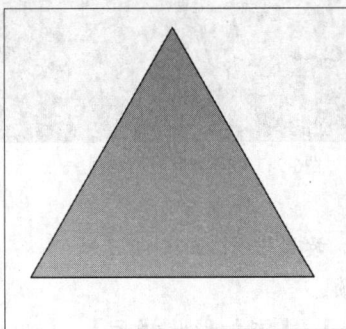

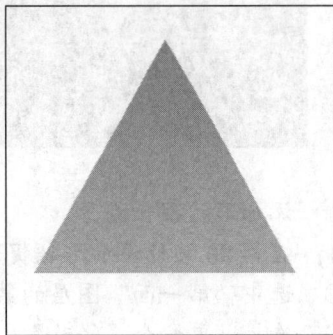

图6-91　填充颜色

(2)　插入关键帧，效果如图 6-92 所示。

①　在"第一面"图层的第 40 帧、第 80 帧、第 120 帧处分别按 F6 键插入关键帧。

②　在第 41 帧处按 F7 键插入一个空白关键帧。

③　取消隐藏"辅助"图层。

图6-92　插入关键帧

(3)　调整各帧处图形的形状，效果如图 6-93 所示。

①　在"第一面"图层中选中第 40 帧处的图形。

②　在舞台上调整图形的形状。

③　在"第一面"图层中选中第 80 帧处的图形。

④　在舞台上调整图形的形状。

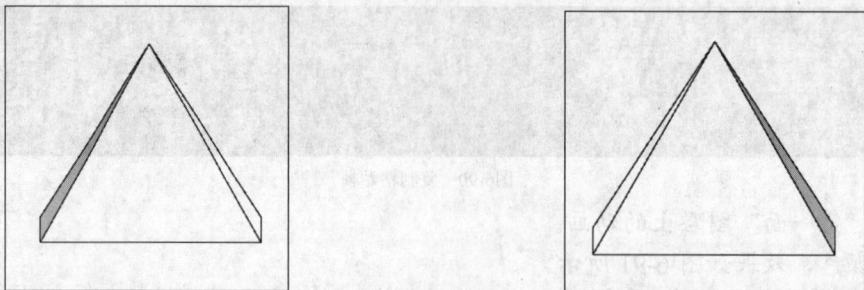

图6-93　调整各帧处图形的形状

要点提示 调整第 40 帧、第 80 帧处图形时，先在"第一面"图层上绘制图形，填充颜色后删除多余的线条。

(4) 创建形状补间动画，效果如图 6-94 所示。

① 隐藏"辅助"图层。

② 分别在"第一面"图层中的第 1 帧~第 40 帧、第 80 帧~第 120 帧创建形状补间动画。

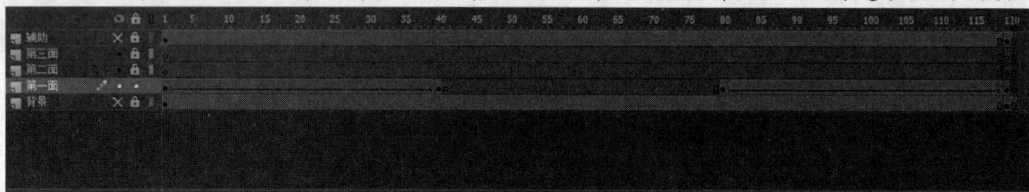

图6-94　创建形状补间动画

4. 添加形状提示点。

(1) 在第 80 帧处添加形状提示点，效果如图 6-95 所示。

① 选中"第一面"图层的第 80 帧。

② 选择菜单命令【修改】/【形状】/【添加形状提示】。

③ 为图形添加 3 个形状提示点。

④ 调整 3 个形状提示点的位置。

(2) 在第 120 帧处添加形状提示点，效果如图 6-96 所示。

① 选中第 120 帧。

② 调整 3 个形状提示点的位置。

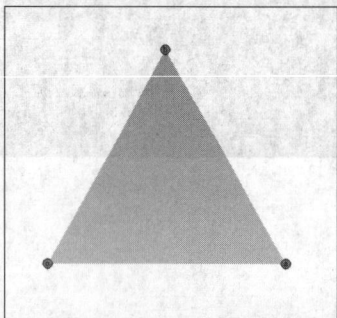

图6-95　添加形状提示点（1）

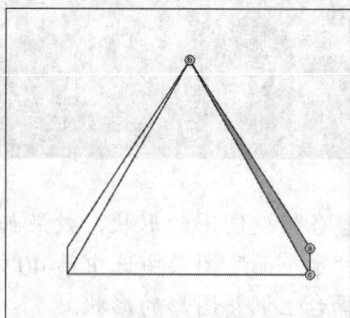

图6-96　添加形状提示点（2）

(3) 至此，"第一面"图层上的动画制作完成。

(4) 制作"第二面"图层上的动画，方法与制作"第一面"图层上的动画相似，这里给出相关信息，如图 6-97 所示，其渐变色配置如图 6-98 所示。

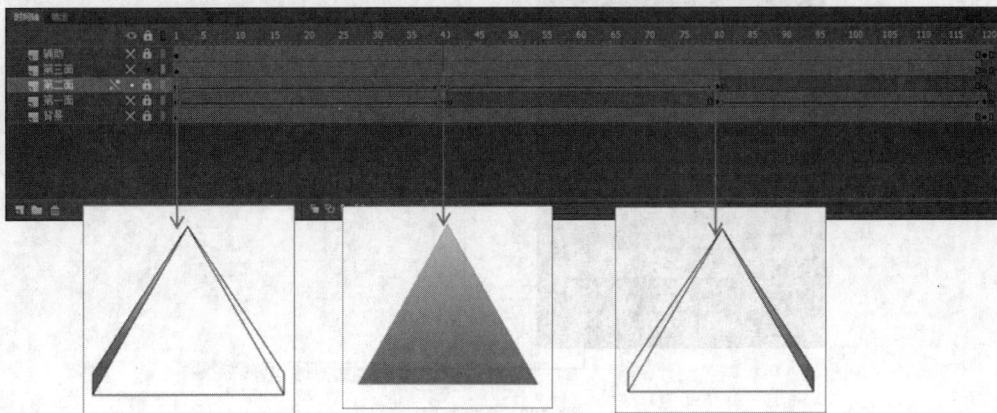

图6-97 "第二面"图层动画设置

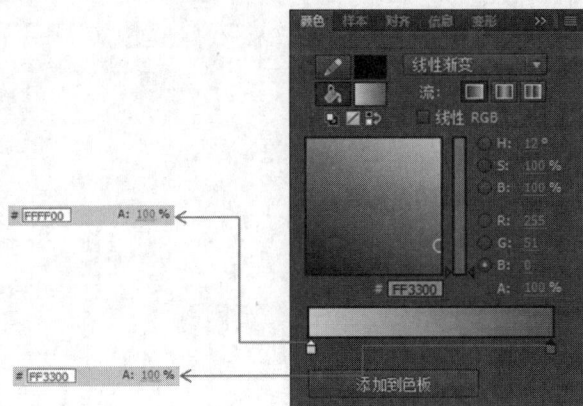

图6-98 色彩配置

(5) 制作"第三面"图层上的动画，方法也与制作"第一面"图层上的动画相似，这里给出相关信息，如图 6-99 所示，其渐变色配置如图 6-100 所示。

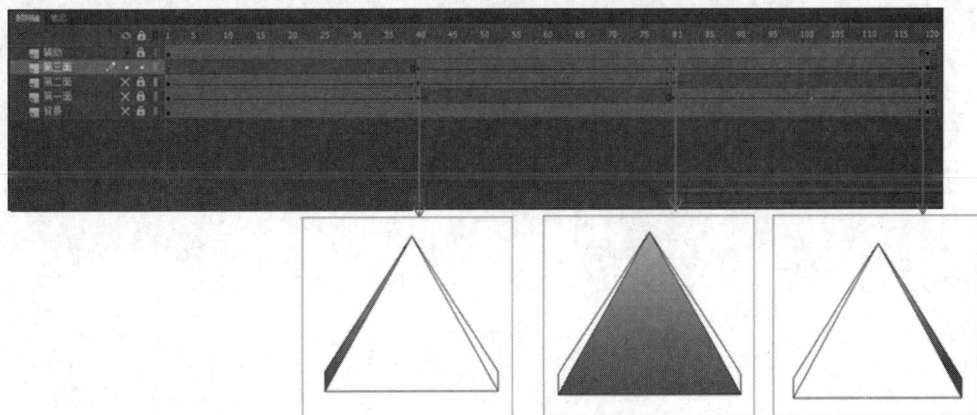

图6-99 "第三面"图层动画设置

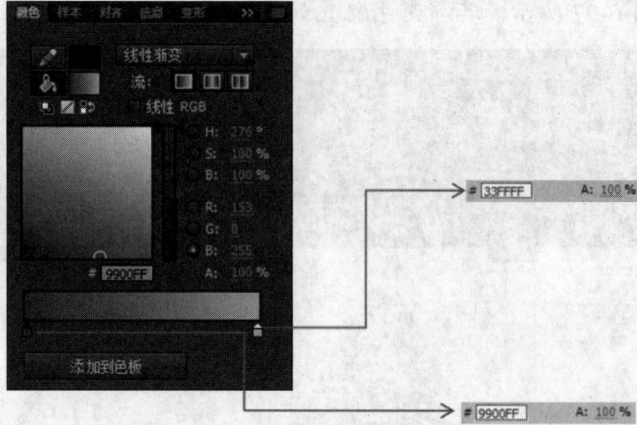

图6-100　色彩配置

(6) 保存测试影片，动画制作完成。

6.6　习题

1. 简要说明补间动画的制作原理和用途。
2. 补间动画有哪三种主要类型？
3. 说明补间动画和传统补间动画的区别。
4. 什么是形状提示，有何用途？
5. 使用动画预设制作动画有何优势？

第7章 制作图层动画

【学习目标】

- 掌握引导层动画的制作原理和创建方法。
- 掌握使用引导层制作动画的技巧。
- 掌握遮罩层动画的创建方法和原理。
- 掌握使用遮罩层制作动画的技巧。

在实际应用中，常需要制作大量的曲线运动动画，有时还需要让物体按照预先设定的复杂路径（轨迹）运动，这时可使用引导层动画来实现。遮罩层动画至少需要两个图层相互配合，透过上一图层的图形显示下面图层的内容。

7.1 制作引导层动画

引导层动画是 Animate 中一种重要的动画类型，可以引导对象沿着特定路径运动。

7.1.1 知识解析

制作一个引导层动画至少需要两个图层配合作用，上面的图层是引导层，下面的图层是被引导层。

一、创建引导层和被引导层

在选定图层（例如"图层 1"）上单击鼠标右键，在弹出的快捷菜单中选择【引导层】或【添加传统运动引导层】命令，可以以两种不同的方式创建引导层动画，如图 7-1 所示。

(1) 使用【引导层】命令。

将"图层 1"转换为"引导层"，如果要将其他图层（如"图层 2"）转换为"被引导层"，需将"图层 2"拖到"图层 1"的下面，当引导层的图标从 ![图标] 变为 ![图标] 时释放鼠标左键，即可将其转换为被引导层。如图 7-2 所示，"图层 1"是引导层，"图层 2"是被引导层。

> **要点提示** 如果"图层 2"本来就在"图层 1"下方，只需将其拖动到"图层 1"名称下，待出现一条黑线时释放鼠标左键即可，如图 7-3 所示。

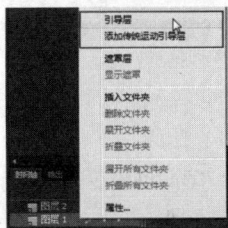

图7-1 创建引导层（1）

图7-2 创建引导层（2）

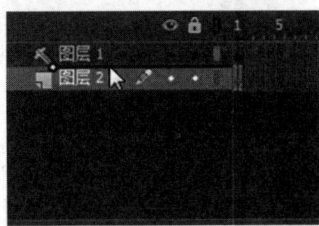

图7-3 创建引导层（3）

(2)　使用【添加传统运动引导层】命令。

此时，"图层 1"将转换为"被引导层"，并在"图层 1"上新建一个"引导层"，如图 7-4 所示。

(3)　取消引导和被引导属性。

如要取消"引导层"或"被引导层"，可在"引导层"或"被引导层"上单击鼠标右键，在弹出的快捷菜单中选择【属性】命令，打开【图层属性】对话框，然后设置【类型】为【一般】，最后单击 确定 按钮即可，如图 7-5 所示。

图7-4　添加传统运动引导层

图7-5　【图层属性】对话框

要点提示　也可以在"引导层"上单击鼠标右键，在弹出的快捷菜单中选择【引导层】命令，去掉该选项前面的"√"符号。一旦将"引导层"转换为普通图层，"被引导层"自动变为普通图层。

二、　引导层动画的制作原理

引导层上的路径必须是使用钢笔工具 、铅笔工具 、线条工具 、椭圆工具 、矩形工具 或画笔工具 所绘制的曲线。

引导层动画与逐帧和传统补间动画不同，其是通过在引导层上加线条作为被引导层上元件的运动轨迹，从而实现对被引导层上元素的路径约束。

图 7-6 所示为被引导层上小球在第 1 帧和第 50 帧处的位置。图 7-7 所示为小球的全部运动轨迹，通过观察可以很清晰地发现引导层的引导功能。

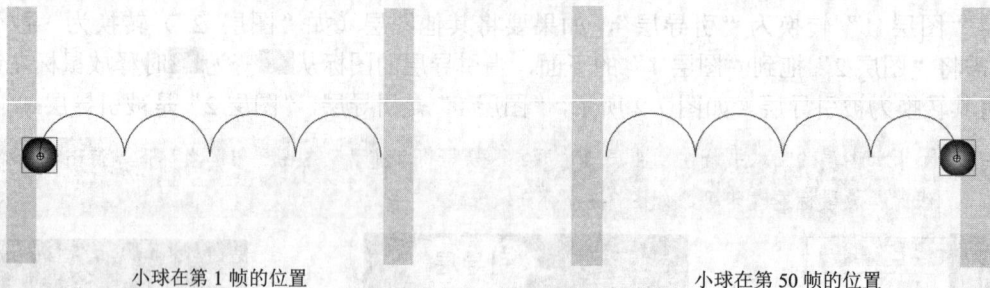

小球在第 1 帧的位置　　　　　　　　　　　　　小球在第 50 帧的位置

图7-6　设置小球起始位置

制作引导层动画时，要注意以下几点。

(1)　引导层上的路径在发布后，并不会显示出来，只是作为被引导元素的运动轨迹。

(2)　被引导层上被引导的图形必须是元件，而且必须创建传统补间动画。

(3)　同时还需要将元件在关键帧处的"变形中心"设置到引导层的路径上，才能成功创建引导层动画。

三、 多层引导动画

将普通图层拖动到引导层或被引导层的下面，即可将普通图层转化为被引导层。在一个引导层动画中，引导层只能有一个，而被引导层可以有多个。如图 7-8 所示，"图层 1"为引导层，其余的所有图层都是被引导层。

图7-7 小球的运动轨迹

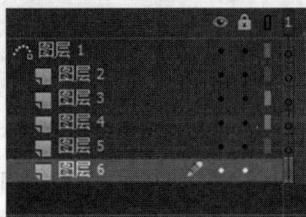

图7-8 多层引导

7.1.2 基础训练——制作"街头篮球"

篮球是目前世界上最受欢迎的体育项目之一。本案例将使用引导层动画来制作一个投篮效果，其设计思路及效果如图 7-9 所示。

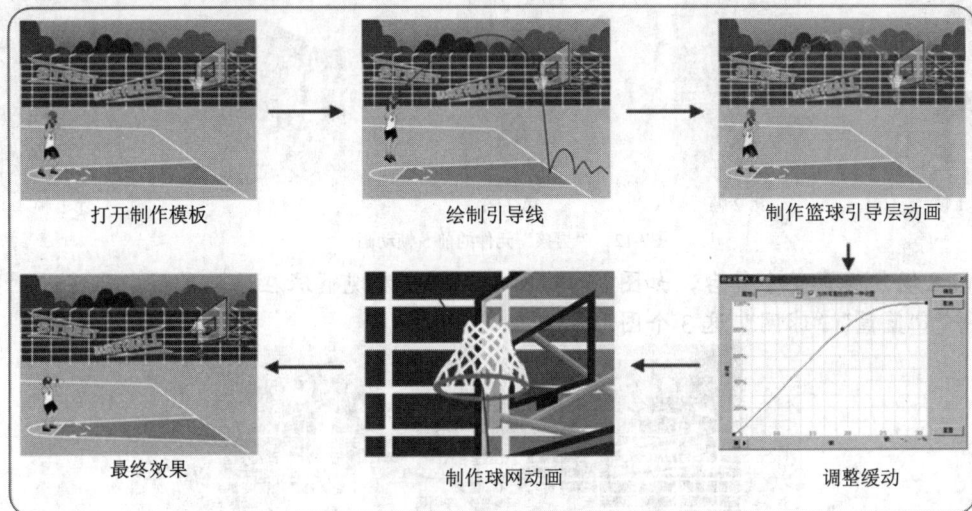

打开制作模板   绘制引导线   制作篮球引导层动画

最终效果   制作球网动画   调整缓动

图7-9 "街头篮球"设计思路及效果

【操作要点】

1. 使用模板。

(1) 创建图层。

① 打开素材文件"素材\第 7 章\街头篮球\街头篮球.fla"，效果如图 7-10 所示。

② 创建的图层如图 7-11 所示。

图7-10　打开模板

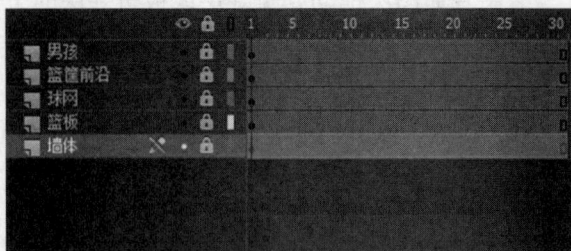

图7-11　图层设置

(2) 了解素材。

① 双击"男孩"元件进入其元件内部，观察前 5 帧的动画，如图 7-12 所示。

要点提示　分析可知，在第 4 帧时，男孩手中的篮球消失了，在第 5 帧处，男孩做出了一个投篮的动作，从而可以推断出，引导层动画应该从第 4 帧开始，并且篮球的位置要根据第 4 帧男孩的手的位置来确定。

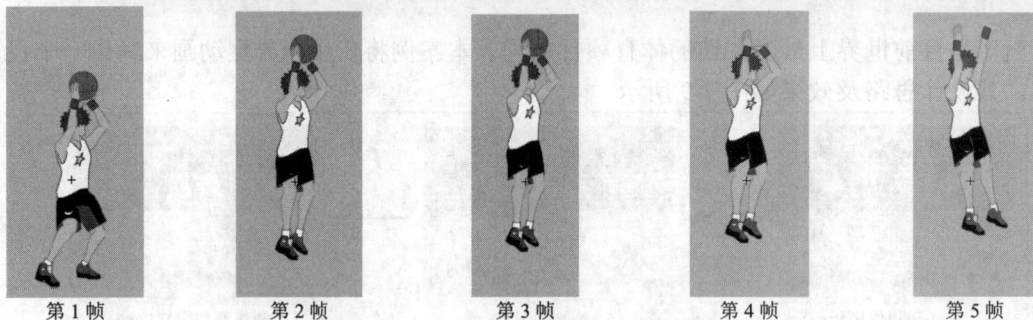

第 1 帧　　　　　第 2 帧　　　　　第 3 帧　　　　　第 4 帧　　　　　第 5 帧

图7-12　"男孩"元件的前 5 帧动画

② 返回主场景观察整个舞台，如图 7-13 所示，可以发现篮球在运动过程中要经过"男孩的手""篮筐""球网"这 3 个图形。

图7-13　图层分析

要点提示　根据视角分析，可以判定引导层应该创建在"男孩""篮筐前沿"和"球网"这 3 个元件所在图层的下面，而在"篮板""地板"和"篮筐后沿"这 3 个元件所在图层的上面。

2. 制作引导层动画。

(1) 创建引导层。

① 锁定所有图层。

② 在"篮板"图层上新建图层并重命名为"引导层"，如图 7-14 所示。

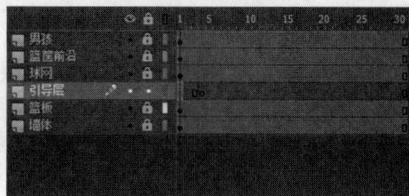

图7-14 新建引导层

③ 根据前面的分析，在时间轴的第 4 帧处插入关键帧。

(2) 绘制路径。

① 选择线条工具 。

② 在其【属性】面板中设置笔触颜色为红色、笔触高度为"1"。

③ 结合选择工具 在"引导层"第 4 帧处绘制篮球运动轨迹，如图 7-15 所示。

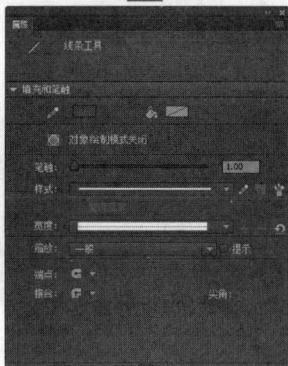

图7-15 绘制引导线

(3) 帧操作。

① 在"引导层"图层下面新建图层并重命名为"篮球"。

② 在第 4 帧处插入关键帧。

③ 将"篮球"元件（在"男孩的元件"中）从【库】面板中拖动到"篮球"图层上，如图 7-16 所示。

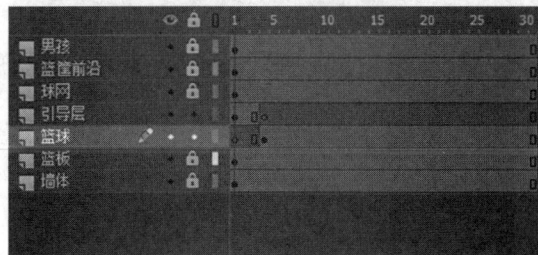

图层信息

拖入篮球

图7-16 创建"篮球"图层

(4) 创建动画。

① 在"篮球"图层的第 30 帧处插入关键帧。

② 在第 4 帧～第 30 帧创建传统补间动画。

③ 按下 （紧贴至对象）按钮，使用选择工具 设置篮球在第 4 帧的位置到引导线的最

左端。

④ 设置第 30 帧的位置到引导线的最右端，并确保 "篮球" 元件的变形中心一定要在引导线上，效果如图 7-17 所示。

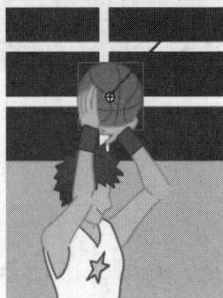

第 4 帧处篮球的位置

第 30 帧处篮球的位置

图7-17 设置篮球的位置

(5) 创建引导层和被引导层。

① 用鼠标右键单击 "引导层" 图层，在弹出的快捷菜单中选择【引导层】命令，将其转化为引导层。

② 将 "篮球" 图层拖动到 "引导层" 图层的下面，将其转化为被引导层，效果如图 7-18 所示。

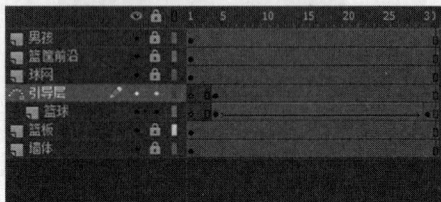

图7-18 创建引导层动画

3. 完善引导层动画。

要点提示 按 Ctrl+Enter 组合键测试观看影片，发现篮球在运动过程中显得十分僵硬，没有速率变化，和真实的篮球的运动差别很大，需要对其进行缓动设置。

(1) 调整篮球运动速率。

① 选中 "篮球" 图层上的第 4 帧。

② 在【属性】面板中单击 按钮，打开【自定义缓动】对话框。

③ 将曲线调整至图 7-19 所示的效果。

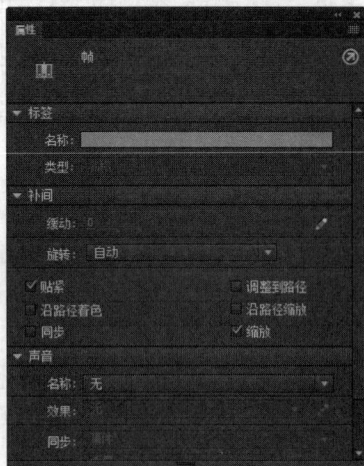

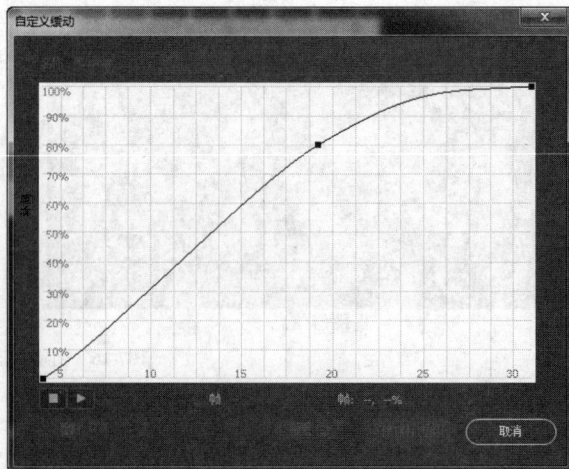

图7-19 调整篮球运动速率

要点提示 通常情况下，篮球在被投射出去之后，还会具有相对于投球人手的反转运动。

④ 在【属性】面板中设置【旋转】属性为【逆时针】、次数为"5"，如图 7-20 所示。

图7-20 设置旋转动画

要点提示 再次测试观看影片，篮球的运动真实了，但是发现篮球在穿越"球网"的时候，球网没有任何动作，这是不符合实际情况的，如图 7-21 所示。通常情况下，球在穿越球网的时候，球网都会由于惯性和自身弹性反弹起来。

第 13 帧处篮球的位置　　　　　　　　　第 14 帧处篮球的位置

图7-21 篮球穿越效果

(2) 优化运动效果。

① 在"球网"图层的第 13 帧、第 14 帧和第 15 帧处插入关键帧。

② 调整第 14 帧处的球网形状，最后得到图 7-22 所示的效果。

第 13 帧处球网的形状　　　第 14 帧处球网的形状　　　第 15 帧处球网的形状

图7-22 球网动态效果

(3) 保存测试影片，可以看到一个十分真实、完美的"街头篮球"效果已经制作完成。

7.1.3 提高训练——制作"蝴蝶戏花"

翩翩起舞的蝴蝶是春天的精灵，艳丽的花朵则是蝴蝶的最爱。本案例将使用引导层动画模拟"蝴蝶戏花"的艺术特效，其制作思路及效果如图 7-23 所示。

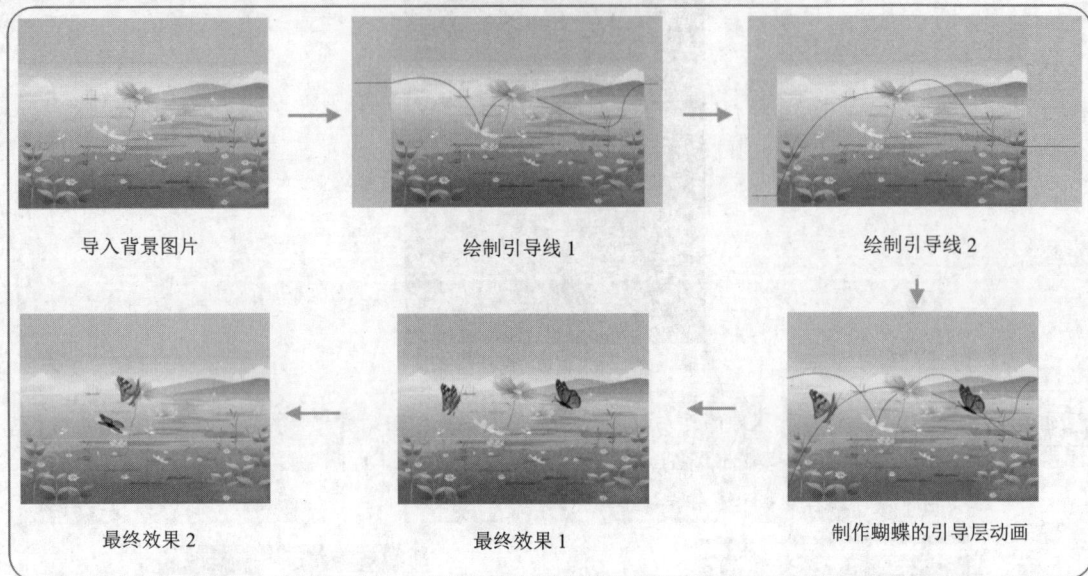

图7-23 "蝴蝶戏花"制作思路及效果

【操作要点】

1. 导入素材布置场景。

(1) 新建一个 Animate（ActionScript 3.0）文档。

① 设置文档尺寸为"600 像素 × 450 像素"。

② 设置帧频为"12"fps。

③ 其他文档属性使用默认参数，如图 7-24 所示。

④ 新建并重命名图层，得到图 7-25 所示的效果。

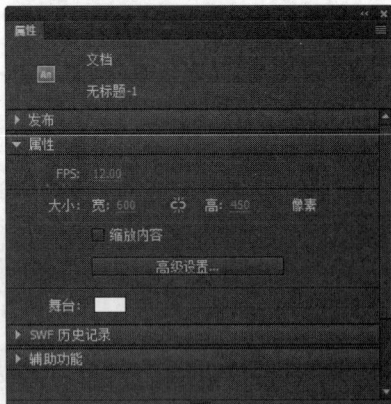

图7-24 设置文档

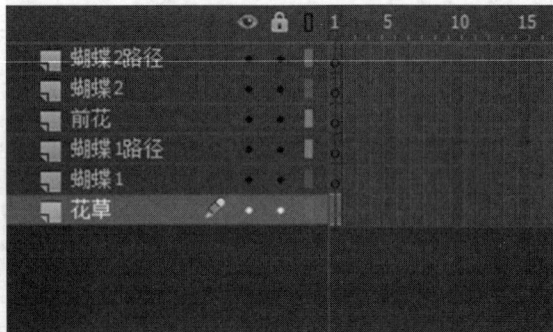

图7-25 图层信息

(2) 导入文件。

① 选择菜单命令【文件】/【导入】/【打开外部库】，打开素材文件"素材\第 7 章\蝴蝶戏

花\蝴蝶戏花.fla"。

② 将"蝴蝶 1""蝴蝶 2""前面花"和"花草"元件复制到当前【库】面板中，如图 7-26 所示。

(3) 创建实例。

① 关闭外部库。

② 将"花草"元件拖入到"花草"图层上释放，并相对舞台居中对齐，使其刚好覆盖整个舞台，得到图 7-27 所示的效果。

③ 锁定"花草"图层。

2. 搭建场景。

① 将"前面花"元件拖入到"前花"图层上释放，其位置如图 7-28 所示。

② 锁定"前花"图层，场景搭建完成。

图7-26 打开外部库

图7-27 放入花草

图7-28 放入前面花

3. 制作蝴蝶飞舞效果。

(1) 在"蝴蝶 1 路径"图层上绘制图 7-29 所示的路径。

要点提示 这里设计"蝴蝶 1"从舞台右边飞入，然后从"前面花"的后面飞过，停在一朵花儿上，最后飞出舞台。

(2) 创建实例。

① 将"蝴蝶 1"元件拖入到"蝴蝶 1"图层上释放。

② 使用任意变形工具 ▦ 设置其变形中心到蝴蝶头部位置，如图 7-30 所示。

图7-29 绘制"蝴蝶 1"路径

图7-30 设置"蝴蝶 1"元件的变形中心

要点提示 该路径的重要特点是曲线的开始部分和结尾部分都是直线，而中间在场景中的部分为曲线，这样绘制的好处在于能更好地控制被引导元件的旋转方向。

③　使用选择工具 ![箭头] 将"蝴蝶1"元件移动到"蝴蝶1路径"的最右端，如图 7-31 所示。

(3)　插入关键帧。

①　在所有图层的第 170 帧处插入帧。

②　在"蝴蝶1"图层的第 100 帧处插入关键帧。

③　在第 100 帧处放置"蝴蝶1"元件到图 7-32 所示的位置。

④　在第 120 帧处插入关键帧。

⑤　在第 170 帧处插入关键帧。

⑥　设置"蝴蝶1"元件在第 170 帧的位置和大小，如图 7-33 所示。

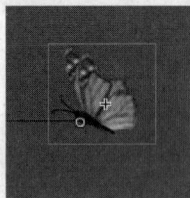

图7-31　调整蝴蝶位置到最右端　　　图7-32　蝴蝶在第 100 帧处的位置　　　图7-33　蝴蝶在第 170 帧处的位置

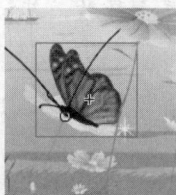

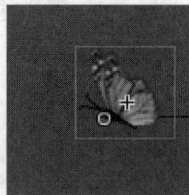

要点提示 此时缩小"蝴蝶1"是为了表现蝴蝶飞远的效果。至此，"蝴蝶1"元件飞舞的几个重要位置就设置完成了。

(4)　创建传统补间动画。

①　在"蝴蝶1"图层的第 1 帧~第 100 帧创建传统补间动画。

②　在"蝴蝶1"图层的第 120 帧~第 170 帧创建传统补间动画，如图 7-34 所示。

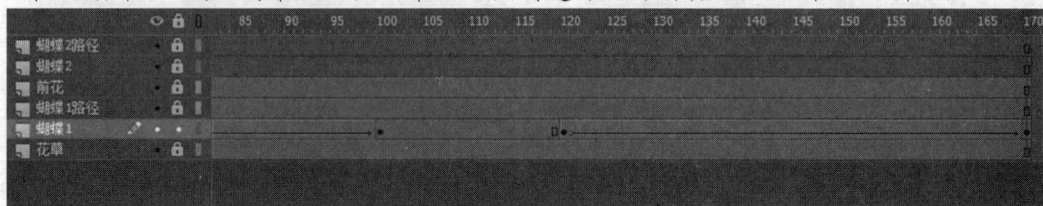

图7-34　图层效果

(5)　制作引导层动画。

①　将"蝴蝶1路径"图层转换为引导层。

②　将"蝴蝶1"图层转换为其被引导层。

③　测试影片，可以看到"蝴蝶1"的飞舞动画制作完成了，如图 7-35 所示。

图7-35　"蝴蝶1"飞舞效果

(6) 制作"蝴蝶2"元件动画。

① "蝴蝶2"元件的制作和"蝴蝶1"元件的制作方法完全相同。

② 下面给出"蝴蝶2"元件的飞舞路径和"蝴蝶2"元件在关键帧处的位置，由读者独立完成其制作，结果如图7-36和图7-37所示。

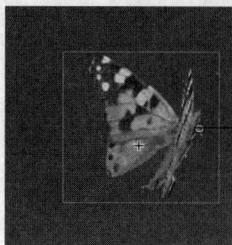

图7-36 "蝴蝶2"元件的信息（1）

图7-37 "蝴蝶2"元件的信息（2）

(7) 保存测试影片，美丽的"蝴蝶戏花"动画制作完成，效果如图7-38所示。

图7-38 "蝴蝶戏花"效果

7.2 制作遮罩层动画

遮罩层动画是 Animate 中另一种重要的图层动画，可以在图层之间建立局部遮挡效果。

7.2.1 知识解析

与普通层不同，在具有遮罩层的图层中，只能透过遮罩层上的形状，才可以看到被遮罩层上的内容。

一、遮罩原理

在"图层2"上放置一幅图像（背景图形），在"图层1"上绘制一个花朵。在没有创建遮罩层之前，花朵遮挡了与背景图重叠的区域，如图7-39所示。

173

将"图层 1"转换为遮罩层之后，可以透过遮罩层（"图层 1"）上的花瓣看到被遮罩层（"图层 2"）中与花朵重叠的区域，如图 7-40 所示。

图7-39　遮罩前的效果

图7-40　遮罩后的效果

二、创建遮罩层

一个遮罩效果的实现至少需要两个图层，上面的图层（"图层 1"）是遮罩层，下面的图层（"图层 2"）是被遮罩层，如图 7-41 所示。

要创建遮罩层，可以在选定的图层上单击鼠标右键，在弹出的快捷菜单中选择【遮罩层】命令，如图 7-42 所示。

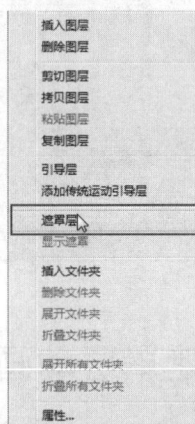

图7-41　两个图层的遮罩

图7-42　用鼠标右键创建遮罩层

要点提示 遮罩层中的对象必须是色块、文字、符号、影片剪辑元件（MovieClip）、按钮或群组对象，而被遮罩层中的对象不受限制。

三、多层遮罩动画原理

将普通图层拖动到遮罩层或被遮罩层的下面，即可将普通图层转化为被遮罩层。在一组遮罩中，遮罩层只能有一个，而被遮罩层可以有多个，这就是多层遮罩。如图 7-43 所示，"图层 1"为遮罩层，其余的所有图层都是被遮罩层。

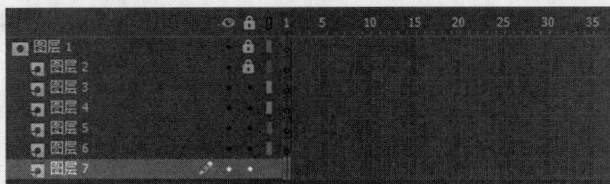

图7-43 多层遮罩

7.2.2 基础训练——制作"仙境小溪"

本案例通过有一定间隙的阵列矩形遮罩来显示小溪的部分图形，通过动静结合的方式模拟流水效果，再通过导入配合场景的素材，制作一个梦幻的"仙境小溪"效果，制作思路及效果如图7-44所示。

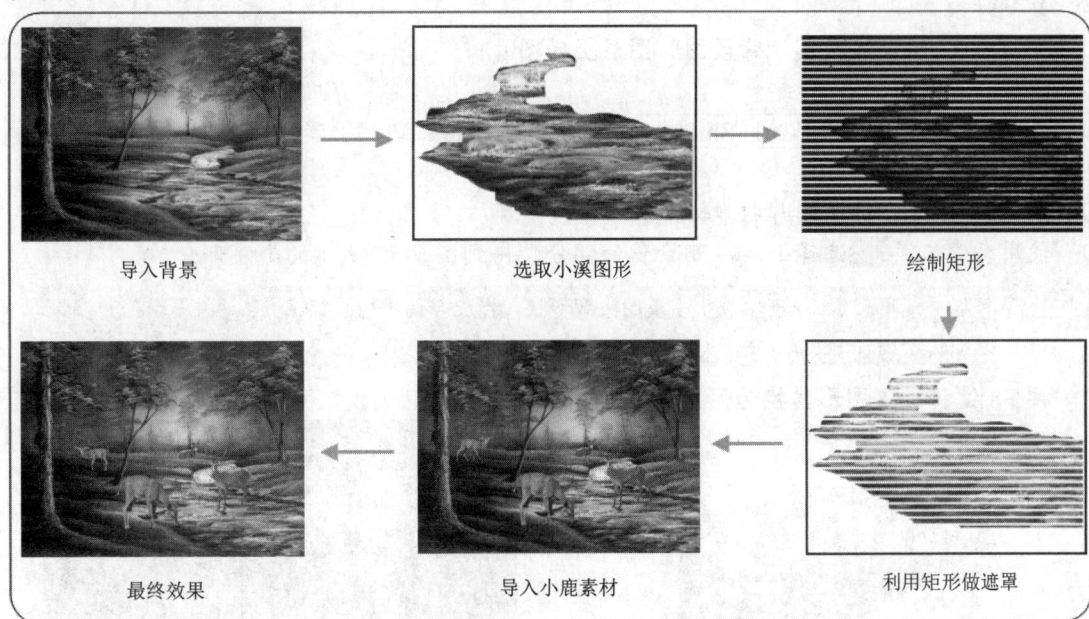

图7-44 "仙境小溪"制作思路及效果

【操作要点】

1. 导入背景图。

(1) 新建一个 Animate（ActionScript 3.0）文档。

① 设置文档大小为"800 像素 × 600 像素"。

② 设置帧频为"12"fps。

③ 其他属性保持默认设置。

④ 新建图层并重命名，得到图 7-45 所示的图层效果。

(2) 导入背景。

① 选中"背景图"图层。

② 选择菜单命令【文件】/【导入】/【导入到舞台】，将素材文件"素材\第 7 章\仙境小溪\小溪.bmp"导入到舞台中。

③ 确认图片的位置坐标【X】【Y】都为"0"，使其刚好覆盖整个舞台，如图 7-46 所示。

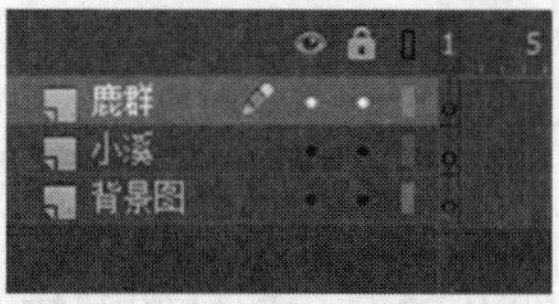

图7-45　图层信息

图7-46　导入背景图片

2.　制作动态小溪。

(1)　复制对象。

①　按 Ctrl+C 组合键复制"背景图"图层上的图片。

②　隐藏"背景图"层。

③　选中"小溪"层，按 Ctrl+Shift+V 组合键将图片粘贴到"小溪"图层上。

(2)　选取图形。

①　按 Ctrl+B 组合键将图片打散。

②　使用套索工具 ⊘ 选择小溪，删除多余部分，得到图 7-47 所示的小溪部分。

> **要点提示**　可以先使用套索工具 ⊘ 选出小溪的大致形状，再配合使用橡皮擦工具 ◆ 将多余部分擦除，从而达到比较精细的效果。

③　按 F8 键将小溪图形转换为影片剪辑元件，并命名为"小溪"，如图 7-48 所示。

图7-47　得到的小溪部分

图7-48　新建元件

④　单击 确定 按钮创建元件，在【库】面板右击"小溪"元件，在弹出快捷菜单中选择【编辑】命令，进入元件内部进行编辑。

⑤　选中"小溪"图形，在【属性】面板的【位置和大小】卷展栏中，设置"小溪"图形的位置坐标【X】【Y】分别为"0""2"。

> **要点提示**　思考一下这里为什么要将"小溪"图形向舞台下方移动 2 像素。

(3)　创建图层。

①　将默认"图层1"重命名为"图片"，并锁定"图片"图层。

②　新建一个图层并重命名为"遮罩"，如图 7-49 所示。

(4)　绘制矩形。

①　使用矩形工具 ■ 在"遮罩"图层上绘制长、宽分别为 500、7 的矩形。

②　复制出若干矩形得到图 7-50 所示的效果。

③ 选中绘制的所有矩形，将其转换为影片剪辑元件，并命名为"遮罩"。

图7-49　新建图层

图7-50　制作遮罩元素

(5) 帧操作。

① 在"图片"图层第 30 帧处插入帧。

② 在"遮罩"图层的第 30 帧处插入关键帧。

③ 设置"遮罩"元件在第 1 帧处的位置坐标【X】【Y】分别为"－50.0"和"－55.0"。

④ 设置第 30 帧处的位置坐标【X】【Y】分别为"－50.0"和"－25.0"，效果如图 7-51 所示。

第 1 帧处效果

第 30 帧处效果

图7-51　设置"遮罩"图层

(6) 创建动画。

① 在"遮罩"图层的第 1 帧～第 30 帧创建传统补间动画。

② 将"遮罩"图层转化为遮罩层，效果如图 7-52 所示。

③ 保存测试影片，得到图 7-53 所示的效果。

④ 观看影片后发现，整个场景没有动物活动，显得比较单调，需要读者继续添加其他动画元素。

图7-52　制作遮罩动画

图7-53　水流效果

3. 导入鹿群。

(1) 激活图层。

① 返回主场景。

② 锁定 "背景图" 和 "小溪" 图层。

③ 单击 "鹿群" 图层使其处于编辑状态，此时图层效果如图 7-54 所示。

图7-54　主场景图层

(2) 导入文件。

① 选择菜单命令【文件】/【导入】/【打开外部库】，打开素材文件 "素材\第 7 章\仙境小溪\小鹿.fla"，如图 7-55 所示。

② 将 "鹿群" 元件拖入到 "鹿群" 图层上释放鼠标左键，并调整其位置，如图 7-56 所示。

图7-55　小鹿素材

图7-56　导入鹿群元件

(3) 导入音频。

① 选择菜单命令【文件】/【导入】/【导入到库】，将素材文件 "素材\第 7 章\仙境小溪\水声.wav" 导入到【库】面板中。

② 选中 "小溪" 图层的第 1 帧，在【属性】面板的【声音】卷展栏中进行图 7-57 所示的设置，将水声加入到动画中。

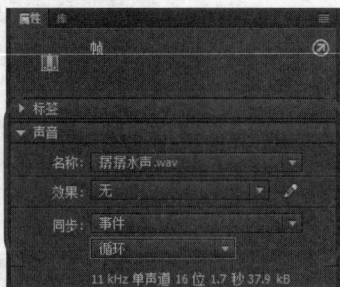

图7-57　设置音效参数

(4) 保存测试影片，一个梦幻般的场景，一条潺潺的小溪，一群悠闲的小鹿就呈现在读者眼前了。

7.2.3 提高训练——制作"动态影集"

切换效果的应用十分广泛，在影视作品、商业网站甚至公司宣传广告中都经常使用。本案例将介绍如何使用遮罩动画来制作一个动态影集，创建出图 7-58 所示的效果。

图7-58 "动态影集"最终效果

【操作要点】

> **要点提示** 由于本案例的练习重点是利用遮罩层动画制作切换特效，所以本书提供制作模板，用户只需完成切换特效的制作部分。

1. 打开文件。
(1) 打开素材文件"素材\第 7 章\动态影集\动态影集.fla"。
(2) 按 Ctrl + Enter 组合键测试播放影片，如图 7-59 所示。
(3) 发现每隔 100 帧文字和编号就变化一次，但图片内容没有变化，图片的切换效果由用户制作。

图7-59 制作模板

2. 元件转换。

(1) 单击"切换效果"图层的第 1 帧。

(2) 按 F8 键将其转换为影片剪辑元件，并命名为"切换效果"。

3. 编辑元件。

(1) 在【库】面板中的"切换效果"元件上单击鼠标右键，在弹出快捷菜单中选择【编辑】命令，进入元件编辑状态。

(2) 将默认"图层 1"重命名为"女孩 1"，并在第 400 帧处插入帧。

(3) 新建并重命名图层直至得到图 7-60 所示的效果。

4. 绘制图形。

(1) 在"切换 1"图层上绘制一个花瓣图形，如图 7-61 所示。

图7-60　图层信息

图7-61　绘制花瓣

(2) 选中绘制的花瓣，将其转换为影片剪辑元件并命名为"花瓣"。

(3) 使用任意变形工具 ![icon] 将其变形中心设置到图 7-62 所示的位置。

5. 复制图形。

(1) 在【变形】面板中设置【旋转】为"45"，如图 7-63 所示。

(2) 连续 7 次单击 ![icon]（重制选区和变形）按钮，复制出 7 个花瓣，如图 7-64 所示。

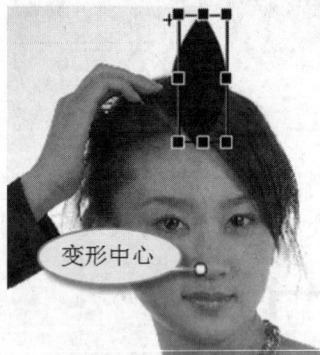

图7-62　设置变形中心

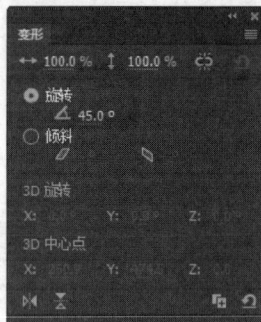

图7-63　【变形】面板

图7-64　复制花瓣

6. 转换元件。

(1) 选中舞台上的 8 个花瓣，将其转换为一个影片剪辑元件，并命名为"切换 1"。

(2) 依次双击元件，直至进入"花瓣"元件的编辑模式，如图 7-65 所示。

(3) 在图层的第 20 帧处插入关键帧，并设置第 20 帧处的花瓣大小，如图 7-66 所示。

7. 创建动画。

(1) 在图层的第 1 帧~第 20 帧创建补间形状动画，如图 7-67 所示。

(2) 返回到"切换效果"元件进行编辑。

(3) 将"切换 1"图层转换为遮罩层，如图 7-68 所示。

图7-65　进入花瓣元件编辑模式

图7-66　调整花瓣大小

图7-67　创建补间形状动画

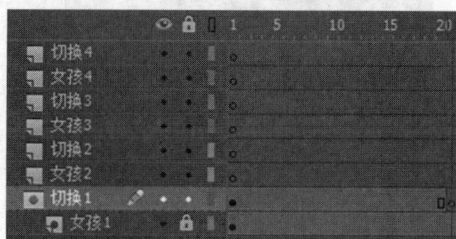

图7-68　转换为遮罩层

(4) 在第 21 帧处插入空白关键帧。

(5) 按 Ctrl+Enter 组合键测试播放影片，效果如图 7-69 所示。

图7-69　观看效果

要点提示　至此，第一张图片的切换效果制作完成，制作切换特效的方法也就演示完了。接下来请用户使用【库】面板中的"女孩"元件对应"切换效果"元件内部的图层进行切换效果制作，最终"切换效果"元件内的图层信息如图 7-70 所示。下面为用户提供剩余的 3 种切换效果的方式，如图 7-71 所示。希望读者能根据自己的创意制作出更多、更好的切换效果。

图7-70　最终图层效果

圆切换

方块切换

波浪切换

图7-71 切换效果

7.3 综合应用——制作"梦幻卷轴"

本例将使用遮罩动画制作一个卷轴展开的效果，其制作方法及效果如图 7-72 所示。

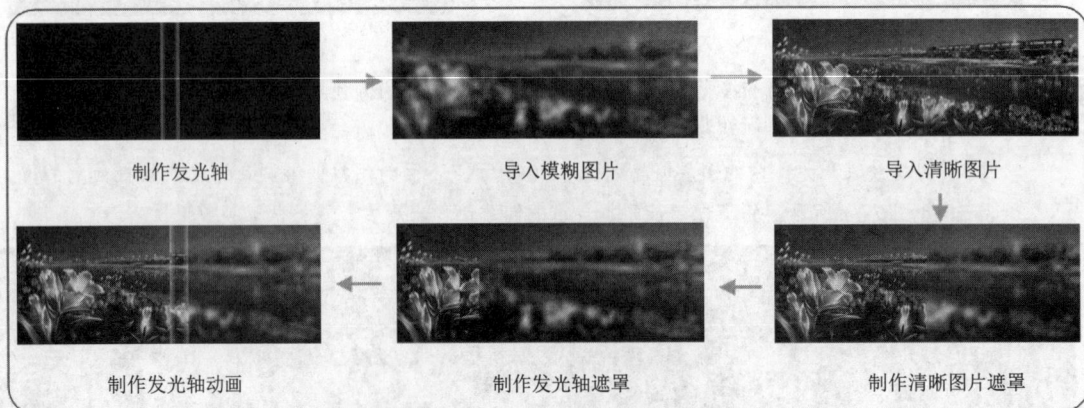

图7-72 "梦幻卷轴"制作方法及效果

【操作步骤】

1. 制作发光轴。

(1) 新建一个 Animate（ActionScript 3.0）文档。

① 设置文档尺寸为"650 像素×250 像素"。

② 设置帧频为"30"fps、颜色为黑色。

③ 其他属性保持默认，如图 7-73 所示。

(2) 创建影片剪辑。

① 新建一个影片剪辑元件，并命名为"发光轴"。

② 单击 确定 按钮，进入"发光轴"元件内部进行编辑，如图 7-74 所示。

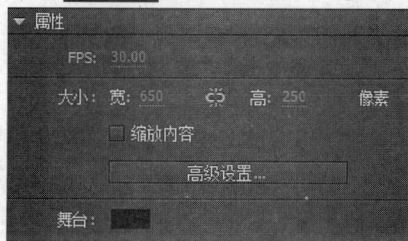

图7-73 设置舞台

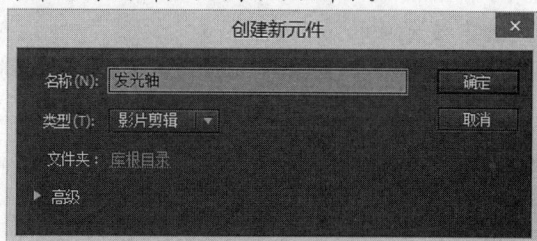

图7-74 创建新元件

(3) 绘制矩形。

① 使用矩形工具 ▢ 绘制一个矩形。

② 设置其【宽】【高】分别为"40""250"。

③ 设置位置坐标【X】【Y】均为"0"，效果如图 7-75 所示。

④ 在【颜色】面板中设置其笔触颜色为"无"、填充颜色为【线性渐变】。

⑤ 设置从左至右第 1 个色块为"白色"，且【Alpha】为"50%"。

⑥ 设置第 2 个色块为"白色"，且【Alpha】为"0%"。

⑦ 设置第 3 个色块为"白色"，且【Alpha】为"0%"。

⑧ 设置第 4 个色块为"白色"，且【Alpha】为"50%"，如图 7-76 所示。

至此，发光轴效果制作完成，返回主场景。

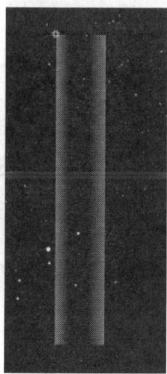

图7-75 绘制发光轴

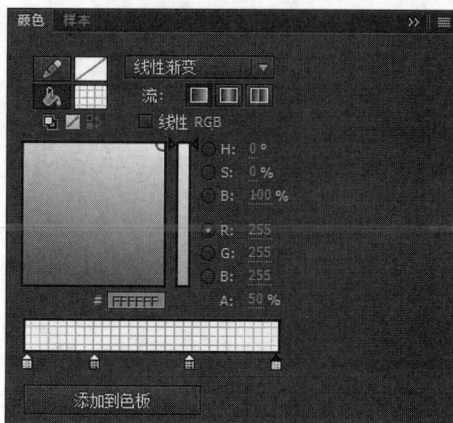

图7-76 设置渐变色

2. 导入图片素材。

(1) 导入素材 1。

① 将主场景中的默认"图层1"重命名为"模糊图片"。

② 选中"模糊图片"图层的第1帧。

③ 选择菜单命令【文件】/【导入】/【导入到舞台】，导入素材文件"素材\第 7 章\梦幻卷轴展\模糊图片.jpg"，如图 7-77 所示。

此时图片刚好覆盖整个舞台。

(2) 帧和图层操作。

① 在"模糊图片"图层的第190帧处插入帧。

② 在"模糊图片"图层上新建一个图层，并重命名为"清晰图片"。

(3) 导入素材 2。

① 选中该图层的第1帧。

② 选择菜单命令【文件】/【导入】/【导入到舞台】，导入素材文件"素材\第 7 章\梦幻卷轴\清晰图片.jpg"，如图 7-78 所示。

图7-77　导入模糊图片

图7-78　导入清晰图片

此时图片刚好覆盖整个舞台。

3. 制作遮罩效果 1。

(1) 新建图层。

① 在"清晰图片"图层上新建一个图层并重命名为"清晰图片遮罩"。

② 将"模糊图片"和"清晰图片"两个图层锁定并隐藏，如图 7-79 所示。

(2) 绘制矩形。

① 选择矩形工具▢。

② 设置笔触颜色为"无"、填充颜色为蓝色，【宽】【高】为"1""250"，位置坐标【X】【Y】均为"0"。

③ 在"清晰图片遮罩"图层上绘制一个矩形，如图 7-80 所示。

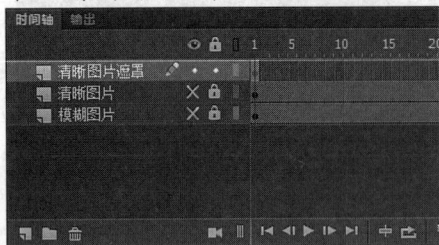

图7-79　锁定并隐藏图层

图7-80　绘制矩形

(3) 帧操作。

① 在"清晰图片遮罩"图层的第150帧处插入关键帧。

② 将矩形的【宽】【高】设置为"650""250"，图片刚好覆盖整个舞台，如图 7-81 所示。

图7-81　修改第 150 帧处矩形形状

(4)　创建动画。

① 在"清晰图片遮罩"图层的第 1 帧~第 150 帧创建补间形状动画。

② 将"清晰图片遮罩"图层转化为遮罩层，如图 7-82 所示。

③ 单击"清晰图片遮罩"图层上第 1 帧~第 150 帧的任意一帧。

④ 在【属性】面板中设置【缓动】参数为"50"，如图 7-83 所示。

图7-82　遮罩效果

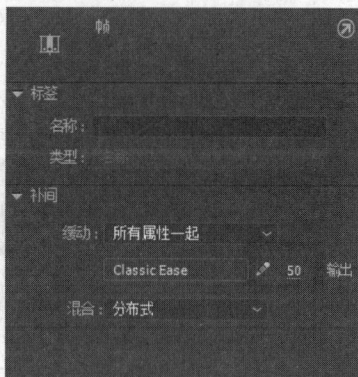

图7-83　设置缓动参数

4.　制作遮罩效果 2。

(1)　图层操作。

① 在"清晰图片遮罩"图层上新建一个图层并重命名为"清晰图片 2"。

② 将"清晰图片.jpg"导入到该图层上。

③ 设置其位置坐标【X】【Y】均为"0"。

④ 选择菜单命令【修改】/【变形】/【水平翻转】，将图片翻转，如图 7-84 所示。

图7-84　导入清晰图片并翻转

(2)　创建影片剪辑元件。

① 选中"清晰图片 2"图层上的"清晰图片.jpg"，按 F8 键，将图片转换为影片剪辑元件，并命名为"清晰图片"。

② 显示并解锁其他图层。

(3)　创建补间动画。

① 设置"清晰图片"元件在第 1 帧的位置坐标【X】【Y】分别为"-610""0"。

② 在"清晰图片 2"图层的第 150 帧处插入关键帧。

③ 设置该帧处"清晰图片"元件的位置坐标【X】【Y】分别为"650""0"。

④ 在第 1 帧~第 150 帧创建传统补间动画，并设置【缓动】为"50"。

⑤ 在"清晰图片 2"图层上新建图层并重命名为"轴遮罩"。

⑥ 将"发光轴"元件拖入该图层上。

⑦ 设置其位置坐标【X】【Y】均为"0"，如图 7-85 所示。

图7-85　轴在第 1 帧处的位置

(4) 帧操作。

① 在"轴遮罩"层的第 150 帧处插入关键帧。

② 设置该帧处"发光轴"元件的位置坐标【X】【Y】分别为"610""0"，如图 7-86 所示。

图7-86　轴在第 150 帧处的位置

③ 在第 1 帧~第 150 帧创建传统补间动画，并设置【缓动】为"50"。

(5) 转化图层。

① 在"轴遮罩"图层上新建图层并重命名为"发光轴"。

② 将"轴遮罩"图层上的所有帧复制到"发光轴"图层上。

③ 将"轴遮罩"图层转化为遮罩层，此时的图层效果如图 7-87 所示。

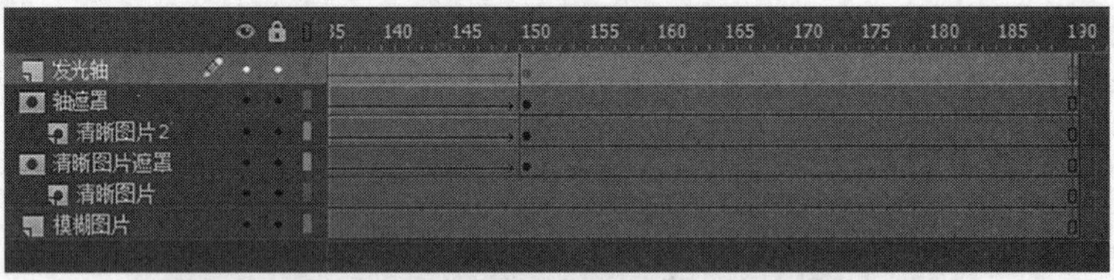

图7-87　最终图层效果

④ 保存测试影片，美丽的卷轴展开效果就制作完成了，最终效果如图 7-88 所示。

图7-88　测试效果

7.4 习题

1. 简要说明图层动画的主要类型和用途。
2. 什么是引导层？什么是被引导层？
3. 引导层动画的路径通常使用什么工具绘制？
4. 什么是遮罩层？什么是被遮罩层？
5. 遮罩层动画主要适合于表现哪些动画效果？

第8章 制作骨骼动画

【学习目标】
- 掌握骨骼动画的制作原理。
- 掌握骨骼动画的创建方法。
- 掌握骨骼动画的制作技巧。

骨骼动画是 Animate 中较为特别的一类动画形式,它填补了其他动画形式的空缺,用户熟练地运用骨骼工具可解决许多动画的制作难题。本章将主要讲解骨骼动画的制作原理,并配以丰富的案例剖析,从而使读者牢固掌握骨骼动画的制作方法。

8.1 骨骼动画制作原理

骨骼动画是一种反向运动(Inverse Kinematics,IK)动画,反向运动相对于正向运动(Forward Kinematics,FK),以关节连接的物体由一组通过关节连接的刚性片段组成,运动以自由端为起始点,然后逐级传递到固定端。

8.1.1 知识解析

骨骼既可搭建在元件上,也可搭建在形状内,可非常方便地创建出联动效果。就好像大臂的运动会带动小臂运动,小臂的运动又会使手掌跟着运动。

一、认识骨骼动画原理

图 8-1 中"肩膀"(圆形图案)和"大臂"(半椭圆形图案)分别为两个元件,中间由一根骨骼相连,移动骨骼右端使其绕左端旋转,便会带动"大臂"绕"肩膀"旋转。

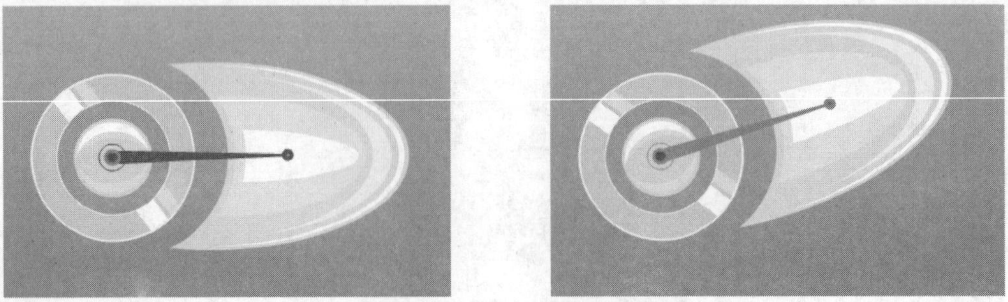

图8-1 应用骨骼

骨骼的某段运动完成时所处的状态称为一个骨骼姿势,当在两个不同帧处建立不同的骨骼姿势后,便形成了骨骼动画,如图 8-2 所示。

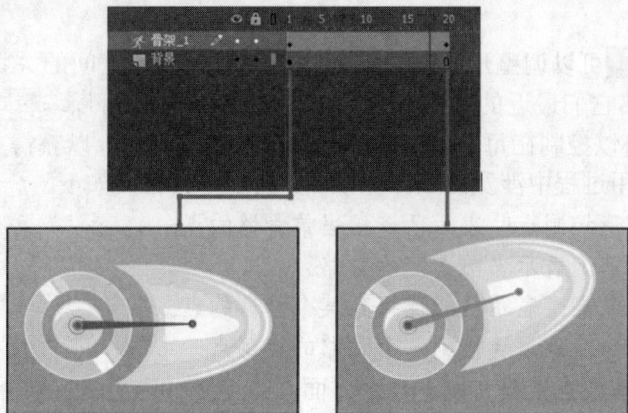

图8-2 骨骼动画

> **要点提示** 一组 IK 骨骼链称为骨架。骨骼之间的连接点称为关节。在父子层次结构中，骨架中的骨骼彼此相连。骨架可以是线性的或分支的。源于同一骨骼的骨架分支称为同级。

二、骨骼工具

通过骨骼工具可以轻松创建人物动画，如胳膊的自然运动等。使用骨骼工具 可以向元件实例或形状添加骨骼。当骨骼移动时，与骨骼相关的其他骨骼也会移动。

(1) 创建元件实例骨架。

分别创建多个骨骼元件的实例，将其用关节连接起来。骨骼允许元件实例链一起移动。例如，可以创建一组影片剪辑，每个影片剪辑都表示人体的不同部分。通过将躯干、上臂、下臂和手链接在一起，可以创建逼真移动的胳膊，如图 8-3 所示。

(2) 创建形状对象骨架。

首先在合并绘制模式或对象绘制模式下创建形状对象，然后向形状对象的内部添加骨架。通过骨骼可以移动形状的各个部分并对其进行动画处理，而无须绘制形状的不同版本或创建补间形状，如图 8-4 所示。

图8-3 元件实例骨架

图8-4 形状对象骨架

> **要点提示** 在向元件实例或形状添加骨骼时，Animate 将实例或形状及关联的骨架移动到时间轴中的新图层。此新图层称为姿势图层，默认图层名称为"骨架_1"。每个姿势图层只能包含一个骨架及其关联的实例或形状。

三、绑定工具

使用绑定工具 🐾 可以调整形状对象的各个骨骼和控制点之间的关系。默认情况下，形状的控制点连接到离它们最近的骨骼。使用绑定工具 🐾 不仅可以编辑单个骨骼和形状控制点之间的连接，还可以控制在每个骨骼移动时图形扭曲的方式，以获得更满意的结果。

绑定工具 🐾 使用过程中涉及的图标如图 8-5 所示，其含义如下。

- 黄色加亮方形控制点：表示已连接当前骨骼的点。
- 红色加亮骨骼：表示当前选定的骨骼。
- 蓝色方形控制点：表示已经连接到某个骨骼的点。
- 三角形控制点：表示连接到多个骨骼的控制点。

绑定工具 🐾 操作要点主要有以下几个方面。

- 若要向选定的骨骼添加控制点，可按住 Shift 键单击未加亮显示的控制点。也可以通过按住 Shift 键，长按鼠标左键并拖动鼠标指针来选择要添加到选定骨骼的多个控制点。
- 若要从骨骼中删除控制点，可按住 Ctrl 键单击以黄色加亮显示的控制点。也可以通过按住 Ctrl 键，长按鼠标左键并拖动鼠标指针来删除选定骨骼中的多个控制点。
- 同理，若要向选定的控制点添加其他骨骼，可按住 Shift 键单击骨骼。若要从选定的控制点中删除骨骼，可按住 Ctrl 键单击以黄色加亮显示的骨骼。

四、运动约束

试着将手指向手背弯曲，你会发现这根手指弯到一定程度后再无法继续，这是手指的骨骼受到约束。若要创建更逼真运动的骨骼动画，就要控制骨骼的运动自由度。

选定骨骼后，在【属性】面板中设置【联接：旋转】【联接：X 平移】和【联接：Y 平移】选项，如图 8-6 所示。

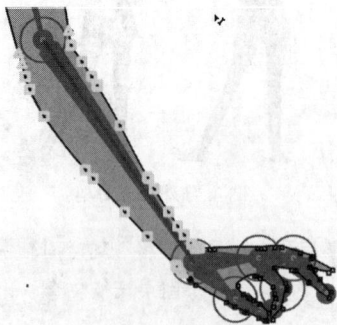

图8-5　工具图标　　　　　　　　　　　　　　图8-6　【属性】面板

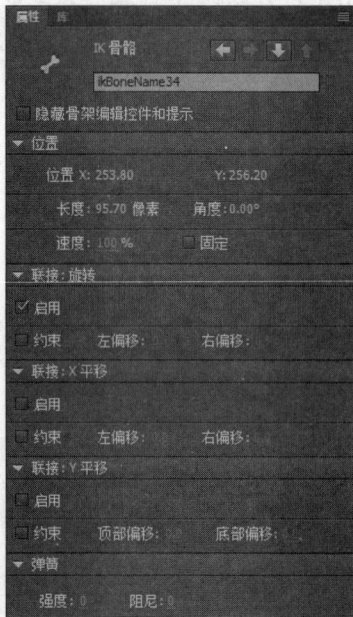

可以启用、禁用和约束骨骼的旋转及其沿 x 轴或 y 轴的运动。默认情况下，启用骨骼旋转，而禁用 x 轴和 y 轴平移。启用 x 轴或 y 轴平移时，骨骼可以不限度数地沿 x 轴或 y 轴移动，而且父级骨骼的长度将随之改变以适应运动。

(1) 旋转约束。

正如手指的运动，旋转约束定义骨骼旋转角度的范围，可以在【属性】面板的【联接：旋转】卷展栏中输入旋转的最小度数和最大度数。

选中需要约束的骨骼，在【属性】面板的【联接：旋转】卷展栏中选择【启用】和【约束】复选项，设置【左偏移】和【右偏移】角度值，如图8-7所示。

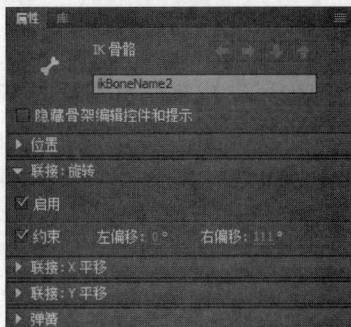

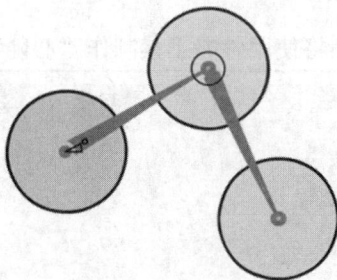

图8-7　旋转约束

对骨骼启用旋转约束后，会在跟关节处产生用于旋转的操控手柄，读者可尝试使用。

(2) X 平移约束。

针管的活塞不能无限制地下按，也不能无限制地抽出（除非你打算将其破坏），这就是一种平移的约束。选中需要约束的骨骼，在【属性】面板的【联接：X 平移】卷展栏中选择【启用】和【约束】复选项，设置【左偏移】和【右偏移】值，如图 8-8 所示。

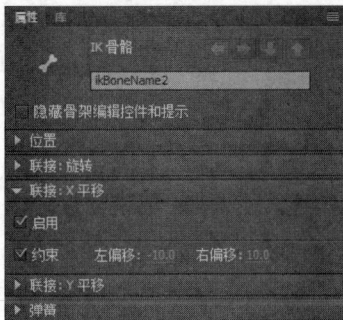

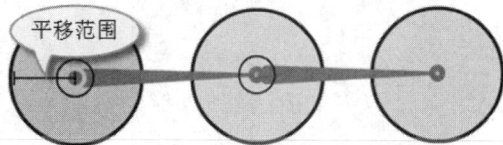

图8-8　X 平移约束

对骨骼启用 x 平移约束后，会在跟关节处产生一条线段，用于标注在 x 轴上平移的范围。

(3) Y 平移约束。

Y 平移约束与 X 平移约束的启用方法相同，所不同的是，X 平移约束控制骨骼的 x 轴向平移，Y 平移约束控制骨骼的 y 轴向平移，如图 8-9 所示。

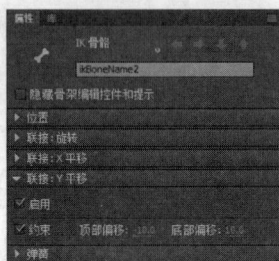

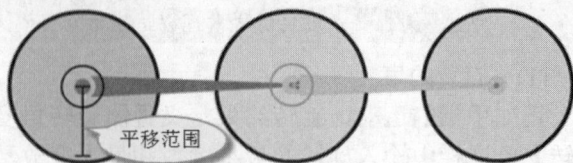

图8-9　Y 平移约束

8.1.2　基础训练——制作"心随我动"

本例将使用骨骼工具制作"心随我动"的动画效果，设计思路及效果如图 8-10 所示。

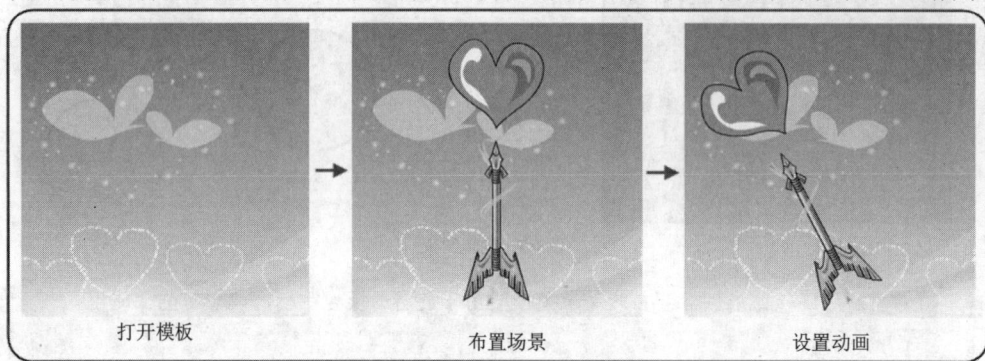

打开模板　　　　　　　　　布置场景　　　　　　　　　设置动画

图8-10　"心随我动"设计思路及效果

【操作要点】

1. 搭建骨骼。

(1) 打开素材。

① 打开素材文件"素材\第 8 章\心随我动\心随我动.fla"，场景如图 8-11 所示。

② 【库】面板如图 8-12 所示。

图8-11　模板场景

图8-12　【库】面板

③ 在"背景"图层之上新建一个图层并重命名为"主体"图层，图层信息如图 8-13 所示。

图8-13　图层信息

(2) 创建骨骼。

① 将【库】面板中的"箭"元件和"心"元件拖入到"主体"图层上，放置到合适的位置，效果如图 8-14 所示。

② 选择骨骼工具。

③ 在"箭"元件尾部靠近翅膀的位置按下鼠标左键，拖放到"心"元件的中心位置上释放鼠标左键。

④ 这样便在两个元件之间搭建了一根骨骼，效果如图 8-15 所示。

图8-14 场景效果

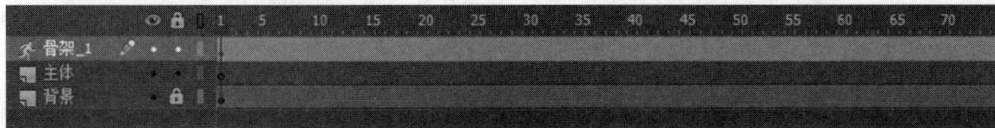

图8-15 建立骨骼

为使读者阅读方便，图 8-15 中的骨骼特意调整为以灰白显示，后续图中的骨骼为默认状态，未做调整。

骨骼建立完成后，连接在骨架中的所有元件将被转移到系统自动建立的"姿势图层"中，即如图 8-16 所示的"骨架_1"图层。此时，"主体"图层已失去作用，可将其删除。

图8-16 姿势图层

2. 建立骨骼动画。

(1) 属性设置。

① 使用选择工具选中骨骼。

② 在【属性】面板的【联接：旋转】卷展栏中选择【约束】复选项。

③ 设置【左偏移】参数为"－30"、【右偏移】参数为"30"，如图 8-17 所示。

④ 选择【约束】复选项后，骨骼的根部将以弧度的形式显示旋转范围，并显示旋转操纵点，如图 8-18 所示。

① 读者可直接用鼠标按住旋转操纵点对骨骼进行旋转操作。
② 读者可尝试使用"X 平移"和"Y 平移"，操作方法与"旋转"类似。

(2) 旋转骨骼。

① 在第 1 帧处按 F6 键插入关键帧，然后使用选择工具将骨骼旋转至最左边，建立第 1 帧的骨骼姿势，如图 8-19 所示。

② 使用同样的方法将第 25 帧处的骨骼旋转至最右边，建立第 25 帧的骨骼姿势，如图 8-20 所示。

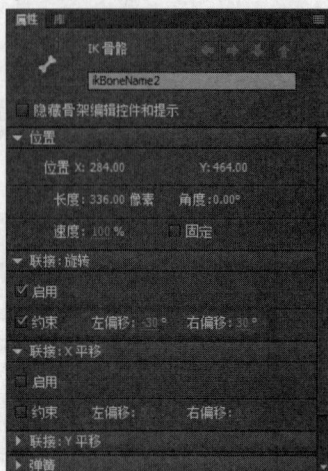

图8-17　骨骼【属性】面板

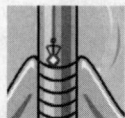

图8-18　旋转约束

图8-19　第 1 帧骨骼姿势

图8-20　第 25 帧骨骼姿势

要点提示　读者在对骨骼进行旋转时，可对"心"元件做适当的旋转，使得"心"的运动更富动感。

③ 使用同样的方法建立第 50 帧、第 75 帧、第 100 帧的骨骼姿势，如图 8-21 所示。

第 50 帧骨骼姿势

第 75 帧骨骼姿势

第 100 帧骨骼姿势

图8-21　骨骼姿势

(3) 保存测试影片，一个"心随我动"的动画效果即制作完成。

8.1.3 提高训练——制作"磁力手臂"

骨骼动画在实际中的应用非常广泛，接下来，继续介绍一种骨骼动画的应用形式。本案例将使用骨骼动画制作一个具有磁力的机械手臂，如图 8-22 所示。

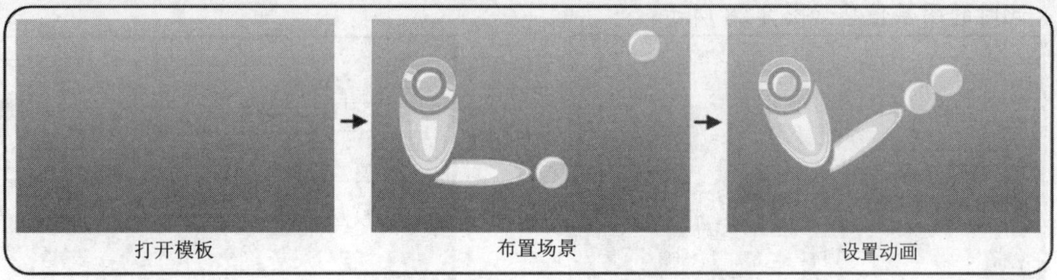

图8-22 "磁力手臂"效果

【操作要点】

1. 创建手臂。

(1) 打开素材。

① 打开素材文件"素材\第 8 章\磁力手臂\磁力手臂.fla"，场景如图 8-23 所示。

② 【库】面板如图 8-24 所示。

图8-23 模板场景

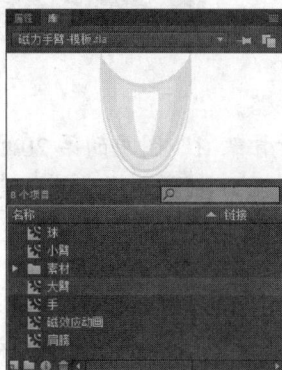

图8-24 【库】面板

(2) 新建图层。

① 在"背景"层上新建并重命名图层。

② 图层信息如图 8-25 所示。

图8-25 图层信息

(3) 创建骨骼。

① 选择"手臂"图层。

② 将【库】面板中的"肩膀""大臂"和"小臂"元件拖入到舞台上，调整好机械手臂。

③ 单击"球"图层，在【库】面板中拖入两个"球"元件到舞台上，调整位置如图 8-26 所示。

2.　创建骨骼动画。

(1)　搭建骨骼。

①　选择骨骼工具 。

②　在"肩膀""大臂""小臂"和"球"4 个元件之间搭建骨骼，如图 8-27 所示。

③　此时的图层信息如图 8-28 所示。

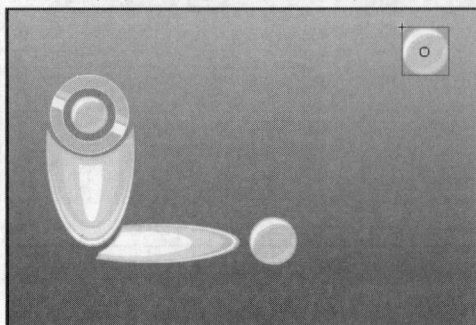

图8-26　摆放机械臂

图8-27　搭建骨骼

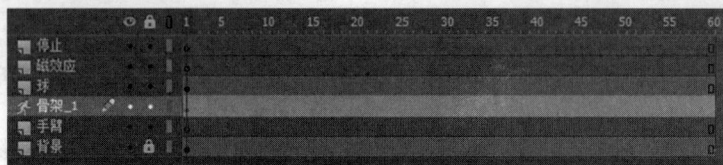

图8-28　搭建骨骼图层信息

(2)　调整骨骼。

①　单击"骨架_1"图层的第 20 帧。

②　使用选择工具 ，拖动骨骼建立骨骼姿势如图 8-29 所示。

(3)　创建动画。

①　在"球"图层第 50 帧、第 60 帧处插入关键帧。

②　在第 60 帧处使用选择工具 将舞台右上方的小球拖动到图 8-30 所示的位置。

③　在第 50 帧~第 60 帧添加传统补间动画。

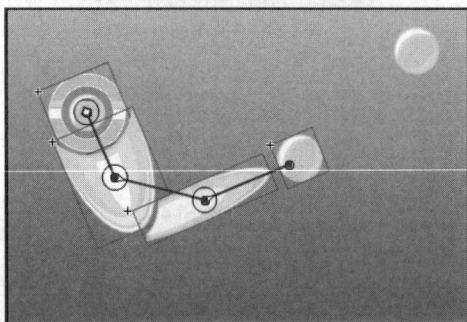

图8-29　模板场景

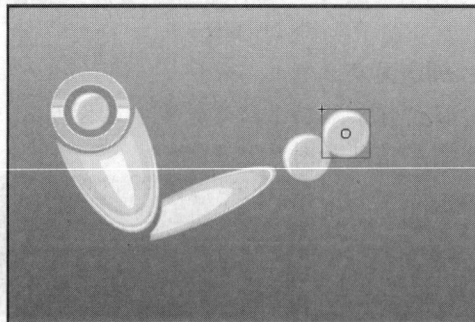

图8-30　第 60 帧处小球位置

(4)　应用"磁效应动画"元件。

①　选中第 20 帧，按 F6 键插入关键帧，然后将【库】面板中的"磁效应动画"元件放置在"磁效应"图层的第 20 帧处。

②　将其放置在"手"的前方，在第 50 帧处插入一个空白关键帧，最终图层效果如图 8-31 所示。

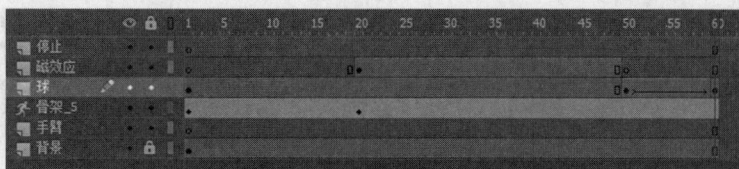

图8-31 图层效果

(5) 保存动画,按 Ctrl+Enter 组合键进行动画测试。

8.2 综合应用——制作"大力水手"

两元件间的骨骼会影响两元件的运动,在形状内搭建骨骼将会影响形状的变形。下面通过制作一个生动的案例,带领读者学习形状骨骼动画的制作原理,并理解形状骨骼动画和元件骨骼动画的区别,制作思路及效果如图 8-32 所示。

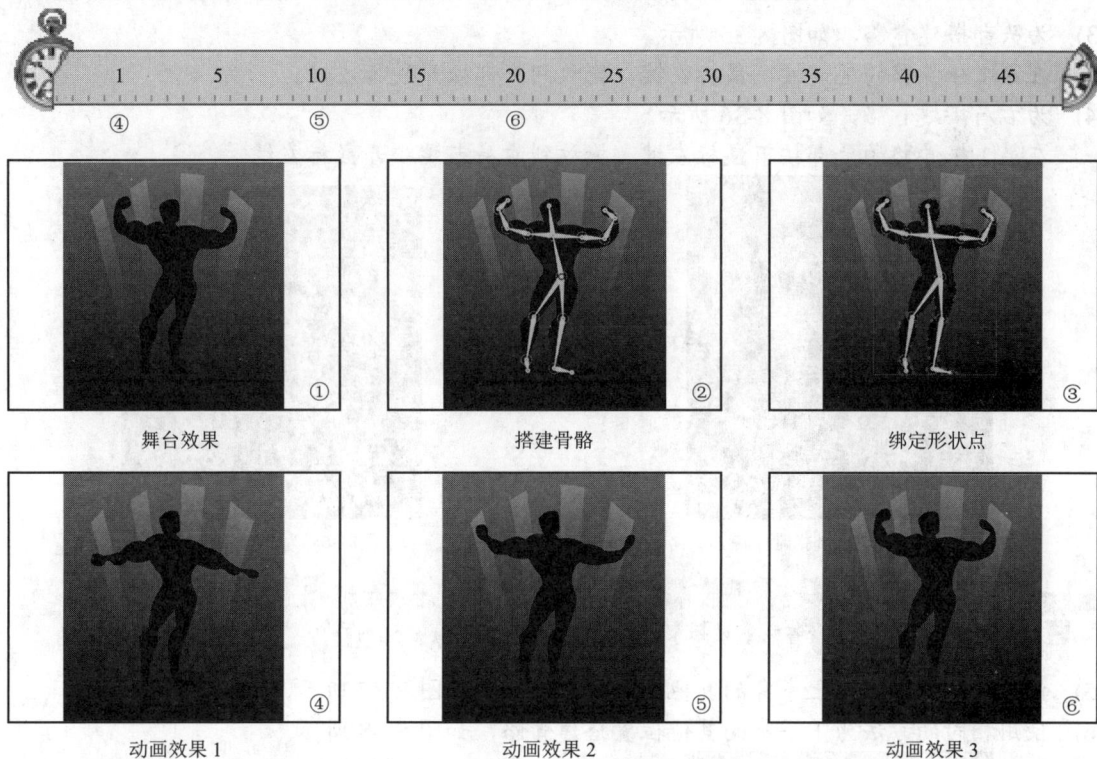

① 舞台效果	② 搭建骨骼	③ 绑定形状点
④ 动画效果 1	⑤ 动画效果 2	⑥ 动画效果 3

图8-32 "大力水手"制作思路及效果

【操作要点】

1. 搭建骨骼。

(1) 打开制作模板,如图 8-33 所示。

① 按 Ctrl+O 组合键打开素材文件"素材\第 8 章\大力水手\大力水手.fla"。

② 在舞台上已放置背景元件和人物形状。

(2) 为躯干搭建骨骼,如图 8-34 所示。

① 按 M 键启用骨骼工具。

② 在腰部中心按下鼠标左键,拖放到胸部中心位置松开鼠标左键。

图8-33　打开制作模板

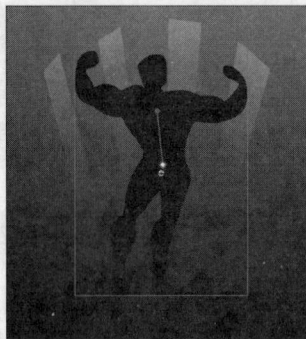

图8-34　为躯干搭建骨骼

要点提示　为形状搭建骨骼是在形状的内部搭建，且相连的一套骨骼只能搭建在一个形状内，无法在两个形状之间搭建骨骼。

(3)　为头部搭建骨骼，如图 8-35 所示。
　　在第 1 根骨骼的尾部按下鼠标左键，拖放到头部松开鼠标左键。

(4)　为右肩搭建骨骼，如图 8-36 所示。
　　在第 1 根骨骼的尾部按下鼠标左键，拖放到右肩末端松开鼠标左键。

图8-35　为头部搭建骨骼

图8-36　为右肩搭建骨骼

要点提示　第 1 根被创建的骨骼称为根骨骼，用户可在根骨骼上继续添加其他骨骼。若要创建分支，可在分支开始的现有骨骼头部按下鼠标左键，拖动到形状的其他位置。

(5)　使用相同的方法为上半身的其他位置搭建骨骼，如图 8-37 所示。

(6)　使用相同的方法为下半身的其他位置搭建骨骼，如图 8-38 所示。

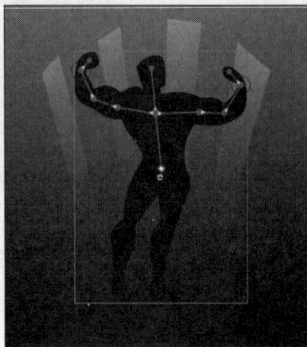

图8-37　为上半身其他位置搭建骨骼

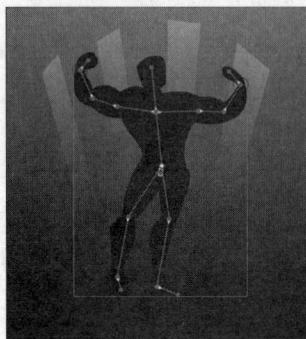

图8-38　为下半身其他位置搭建骨骼

2. 绑定形状点。

(1) 为头部绑定形状点，如图 8-39 所示。

① 按 M 键启用绑定工具。

② 单击头部骨骼。

③ 按住 Shift 键单击需要绑定的点。

④ 按住 Ctrl 键单击需要取消绑定的点。

(2) 使用相同的方法为右肩绑定形状点，如图 8-40 所示。

图8-39 为头部绑定形状点

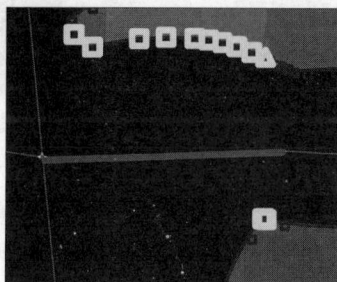

图8-40 为右肩绑定形状点

(3) 使用相同的方法为其他部位绑定形状点，如图 8-41 所示。

图8-41 为其他部位绑定形状点

> **要点提示**
> 在形状骨骼动画中，骨骼会带动与之绑定的形状控制点进行运动，使其形状产生变形。因此，形状骨骼动画的运动是否理想关键在于形状控制点的分布及绑定是否合理。绑定形状点时，要根据各部位的运动规律来绑定，明确各部位的骨骼所要带动的形状区域。

3. 制作动画。

(1) 制作骨骼动画，如图 8-42 所示。

① 移动时间滑块至第 20 帧。

② 按 V 键启用选择工具。

③ 拖动需要调整的骨骼建立骨骼姿势。

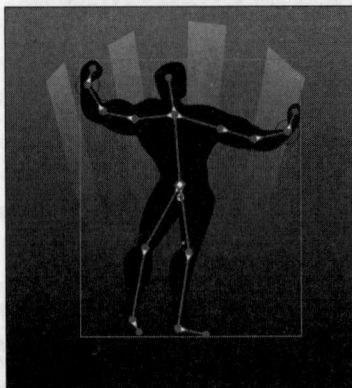

图8-42　制作骨骼动画

(2) 设置动画。

① 单击骨架图层的补间区域。

② 单击鼠标右键，在弹出的快捷菜单中选择【翻转帧】命令。

(3) 按 Ctrl + S 组合键保存影片文件，案例制作完成。

> **要点提示**　与元件骨骼动画一样，在为形状搭建骨骼时，原有的形状会被自动转移到新建的姿势图层中，在骨骼搭建完成后，原本放置形状的图层为空，可以删除。

8.3　习题

1. 简要说明骨骼动画的制作原理和用途。
2. 什么是反向运动，有什么显著特点？
3. 骨骼动画主要在哪些动画类型的表现上优势显著？
4. 哪些方面的因素会影响形状控制点的绑定效果？
5. 创建两个简单的元件，练习制作骨骼动画。

第9章 ActionScript 3.0 编程基础

【学习目标】

- 了解 ActionScript 3.0 的基本语法。
- 掌握一些常见特效的制作方法。
- 掌握代码的书写位置及方法。
- 掌握类的使用及扩展方法。

ActionScript 一直以来都是 Animate 软件中的一个重要模块，Animate CC 2019 对这一模块的功能进行了加强，其中重新定义了 ActionScript 的编程思想，增加了大量的内置类，使程序的运行效率更高。

9.1 ActionScript 编程基础知识

ActionScript 3.0 是一种面向对象编程（OOP）的脚本语言，用于向动画中添加交互性动作。

9.1.1 知识解析

学习 ActionScript 3.0 之前，读者可以从简单的命令入手，再逐步掌握更复杂的功能。

一、 基本术语

在学习 ActionScript 3.0 之前，需要首先了解一些基本术语。

（1）语法。

语法是帮助用户构成正确的 ActionScript 规则和准则的集合，编译器无法识别不正确的语法，因此，当在测试环境中测试包含错误的文档时，会在【输出】面板中看到错误或警告信息。

（2）语句。

语句是执行特定动作的语言单元。例如，"return"语句返回一个结果，作为执行它的函数值；"if"语句对一个条件求值，以确定应采取的下一个动作；"switch"语句创建 ActionScript 语句的分支结构。

- 关键字：有特殊含义的保留字。例如，"var"是用于声明本地变量的关键字。不能使用关键字作为标识符，如变量名等。
- 标识符：用于表示变量、属性、对象、函数或方法的名称。它的第 1 个字符必须是字母、下画线（_）或美元记号（$），其后的字符必须是字母、数字、下画线或美元记号。例如，"firstName"就是一个变量的名称。
- 标点符号：帮助构成 ActionScript 代码的特殊字符。在 Animate 中有几种语言标点符号。最常用的标点符号有分号 ";"、冒号 ":"、小括号 "()" 和大括号

　　　　"{}"等。这些标点符号中的每一种在 Animate 语言中都有特殊含义，并可帮
　　　　助定义数据类型、终止语句或构造 ActionScript 等。
- 布尔值：一种逻辑值，只能取 "true"（真）或 "false"（假）值。

(3) 事件。

　　事件是在动画文件播放时发生的动作。例如，加载影片剪辑、进入帧（播放帧）、单击
按钮或影片剪辑、按下键盘键等都是一种事件。事件发生时能够触发执行 ActionScript 代
码。事件可以由用户或系统触发，一般可以划分为以下几类。

- 鼠标和键盘事件：发生在用户通过鼠标和键盘与 Animate 应用程序交互时。
- 剪辑事件：发生在影片剪辑内。
- 帧事件：发生在时间轴上的帧中。

(4) 类。

　　类可以创建用于定义新对象类型的数据类型。定义类是在外部脚本文件中（而不是在
【动作】面板上编写的脚本中）使用 "class" 关键字。

- 实例：属于某个类的对象。类的每个实例均包含该类的所有属性和方法。例
  如，一个元件可以在舞台上创建多个实例。但是，一旦元件的属性发生变化，
  其所有实例的属性也会随之改变。
- 实例名称：脚本中用来表示影片剪辑实例和按钮实例的唯一名称。可以使用【属
  性】面板为舞台上的实例指定实例名称。例如，库中的主元件可以使用 "ball"
  来命名，而舞台中该元件的两个实例可以使用实例名称 "ball-1" 和 "ball-2" 来
  命名。在 ActionScript 中可以通过实例名称对不同的实例进行操作。
- 对象：ActionScript 要进行处理操作的每个目标对象都有其各自的名称，并且
  都是特定类的实例。对象包括外置和内置两种，前者可以是舞台上的实例，后
  者是在 ActionScript 中预先定义的。例如，内置的 Date 对象可以提供系统时钟
  信息。
- 属性：定义对象的特性。例如，"_visible" 是定义影片剪辑是否可见的属性，
  所有影片剪辑都有此属性。
- 方法：与对象关联的函数。例如，"getBytesLoaded()" 是与 "MovieClip" 类
  关联的内置方法。也可以为基于内置类或创建类的对象创建作为方法的函数。

二、数据类型

　　Animate 中内置了字符串、数字、布尔值（都有一个常数值）、影片剪辑和对象（其值
可能发生更改，包含对该元素实际值的引用）等数据类型。

(1) 常用数据类型。

　　每种数据类型都有其各自的规则，下面分别对其进行介绍。

- 字符串（String）：字符串是字母、数字和标点符号等字符的序列。将字符串放
  在单引号或双引号之间。字符串被当作字符而不是变量来处理，例如：

```
name = "张明"
```

- 数字型（Number）：数字数据可以使用算术运算符加 "+"、减 "－"、乘
  "*"、除 "/"、求模 "%"、递增 "++" 和递减 "－－" 来处理数字，也可使
  用内置的 Math 对象方式来处理数字，例如：

```
sum = 100
```

- 布尔型（Boolean）：布尔值是"true"或"false"。布尔值在进行比较以控制脚本流的 ActionScript 语句中，经常与逻辑运算符一起使用，例如：
  ```
  result = true
  ```

- 对象型（Object）：对象是属性的集合，每个属性都有名称和值，属性的值可以是任何数据类型，也可以是对象数据类型，因而可以将对象相互包含，或将其"嵌套"。要指定对象和它们的属性，可以使用点运算符"."，例如：
  ```
  myDate = new Date();
  nowyear = myDate.getFullYear();
  ```

- 影片剪辑型（Movieclip）：影片剪辑是 Animate 影片中可以播放动画的元件，是唯一引用图形元素的数据类型。影片剪辑数据类型允许使用 MovieClip 对象方式控制影片剪辑元件。可以使用点运算符"."调用该方法，例如：
  ```
  myClip = FishMovieclip;
  myClip._x=200;
  ```

- 空值（Null）：空值数据类型只有一个值，即"null"，意味着"没有值"。null 值表明变量还没有接收到值或变量不再包含值；作为函数的返回值，null 表明函数没有可以返回的值；作为函数的一个参数，则表明省略了该参数。

- 未定义型（Undefined）：未定义的数据类型有一个值，即"undefined"，用于尚未分配值的变量。

(2) 自动数据类型指定。

在 Animate 中，不必将变量明确地定义为包含数字、字符串的数据类型或其他数据类型，Animate 将在指定变量时确定其数据类型，例如：

```
var x = 3;
```

在表达式"var x=3"中，Animate 会评估运算符右侧的元素，然后确定它的数据类型为数字。后面的赋值运算可以更改 x 的类型。例如，语句"x="hello""会将 x 的类型更改为字符串。尚未赋值的变量其类型为 undefined。

ActionScript 会在表达式需要时自动转换数据类型。例如，当向"trace()"动作传递值时，"trace()"会自动将该值转换为字符串，并将其发送到【输出】面板中。在带有运算符的表达式中，ActionScript 会根据需要转换数据类型。例如，当用于字符串时，"+"运算符需要另一个操作数也是字符串：

```
"Next in line, number " + 7
```

ActionScript 会将数字 7 转换为字符串"7"，并将它添加到第 1 个字符串的结尾，从而产生下面的字符串：

```
"Next in line, number 7"
```

(3) 严格数据类型指定。

ActionScript 允许在创建变量时先声明其对象类型，这称作严格数据类型指定。因为数据类型不匹配会触发编译器错误，所以严格数据类型指定有助于避免为现有变量指定错误的数据类型。若要为某个变量指定特定的数据类型，请使用 var 关键字和后冒号语法指定其类型。

```
//严格指定变量或对象的类型
var x:Number = 7;
```

```
var birthday:Date = new Date();
// 参数的严格类型指定
function welcome(firstName:String, age:Number){
}
// 参数和返回值的严格类型指定
function square(x:Number):Number {
  var squared = x*x;
  return squared;
}
```

由于在严格指定变量的数据类型时必须使用 var 关键字，因此不能严格指定全局变量的类型。

可以根据内置类（Button、Date、MovieClip 等）以及创建的类和接口来声明对象的数据类型。例如，如果在一个名为"Student.as"的文件中定义了 Student 类，则可以指定创建的对象属于类型 Student：

```
var student:Student = new Student();
```

也可以指定对象属于类型 Function 或 Void。

使用严格类型指定有助于确保设计人员不会因为疏忽而为对象指定错误的数据类型。Animate 将在编译时检查类型指定不匹配的错误。例如，假设输入以下代码：

```
// 在 Student.as 类文件中
class Student {
  var status:Boolean; // Student 对象的属性
}
// 在脚本中
var studentMaryLago:Student = new Student();
studentMaryLago.status = "enrolled";
```

当 Animate 编译此脚本时，将生成"类型不匹配"的错误。

严格数据类型指定的另一个优点是，对于严格指定类型的内置对象，Animate 会自动显示代码提示。

三、 变量和常量

变量是包含信息的容器。容器本身始终不变，但内容可以更改。当首次定义变量时，要为该变量指定一个值，这就是所谓的初始化变量，而且通常在 SWF 文件的第 1 帧中完成。初始化变量有助于在播放 SWF 文件时跟踪和比较变量的值。

（1） 变量命名规则。

在 Animate CC 中，为变量命名时必须遵守以下规则。

- 变量名必须以字母或下画线开头，由字母、数字和下画线组成，中间不能包含空格。变量名要区分大小写，例如 fileName 和 filename 是两个不同的变量。
- 变量名不能是一个关键字或逻辑常量（true 或 false）。需要注意的是，Animate 的关键字都是小写形式，如果写成大写，则将会把它视为普通字符，而不作为关键字处理。例如，for 是一个关键字，而 FOR 则不属于关键字。

- 变量名在其作用范围内必须是唯一的。例如，BOOK、a2、firstName 和 _YPOSITION 都是合法的变量名，if、for、var、3W 和 gb%c 都是非法变量名。
- 在脚本中使用变量应遵循"先定义后使用"的原则，也就是说，在脚本中应当先定义一个变量，然后才能在表达式中使用这个变量。

(2) 变量的范围。

变量的范围是指已知变量可以引用的区域。在 ActionScript 中，有以下 3 种类型的变量范围。

- 本地变量：在声明它们的函数体（由大括号界定）内可用。本地变量的使用范围只限于它的代码块，它会在该代码块结束时到期。没有在代码块中声明的本地变量会在它的脚本结束时到期。若要声明本地变量，需要在函数体内部使用 var 语句，例如：

```
Var K;
var book = "Animate CC 基础培训教程"
```

- 时间轴变量：可用于该时间轴上的任何脚本。要声明时间轴变量，应在该时间轴中的所有帧上都初始化这些变量。应确保首先初始化变量，然后尝试在脚本中访问它。例如，将代码"var x=10;"放置在第 20 帧上，则附加到第 20 帧之前的任何帧上的脚本都无法访问该变量。
- 全局变量：对于文档中的每个时间轴和范围均可见。若要创建具有全局范围的变量，可以在变量名称前使用 _global 标识符，并且不使用"var="语法，例如用以下代码创建全局变量 myName：

```
var _global.myName = "George"; // 语法错误
_global.myName = "George";
```

如果使用与全局变量相同的名称初始化一个本地变量，则在该本地变量的范围内不能访问该全局变量。

(3) 常量。

常量是一种特殊类型的变量，它具有固定值，换句话说，它们是在整个应用程序中都不发生改变的值。ActionScript 包含多个预定义的常量。

例如，常量"BACKSPACE""ENTER""SPACE"和"TAB"都是"Key"类的属性，指代键盘的按键。常量"Key.TAB"的含义始终不变，它代表键盘上的 Tab 键。常量多用于应用程序中，适用于不发生变化的值。

要测试用户是否按下了 Enter 键，可以使用下面的语句：

```
if(Key.getCode() == Key.ENTER) {
alert = "Are you ready to play?";
controlMC.gotoAndStop(5);
}
```

四、函数

为了减少必需的工作量并缩小 SWF 文件，应尽可能重复使用代码块。一种重复使用代码的方法是多次调用一个函数，而不是每次都创建不同的代码。函数就是一般代码片段，可以在一个动画中使用相同的代码块来达到稍有差别的多个目的。

函数是用来对常量、变量等进行某种运算的方法，如产生随机数、进行数值运算、获取对象属性等。如果将参数传递给函数，则函数会对这些值执行运算。函数也可以返回值。

Animate 具有一些内置函数，可用于访问特定的信息，执行特定的任务，例如，获取承载 SWF 文件的 Flash Player 版本号（getVersion()）等。属于对象的函数称作方法，不属于对象的函数称作顶级函数。用户也可以自定义函数，对传递的值执行一系列语句。自定义函数也可以返回值。一旦定义了函数，就可以从任意一个时间轴中调用它，包括加载的 SWF 文件的时间轴。例如，下面一段代码就是通过函数来绘制圆形。

```
function myCircle(radius:Number):Number {
    return (Math.PI * radius * radius);
}
myCircle(5);
```

要点提示　函数名称必须以小写字母开头。函数名称应描述该函数返回的值（如果有）。例如，如果函数要返回歌曲的标题，可将其命名为 "getCurrentSong()"。

可以将编写完善的函数看作一个"黑匣子"。如果它的输入、输出和目的都有详细的注释，用户就不需要确切地了解该函数的内部工作原理了。

五、 ActionScript 3.0 的基本语法

语法定义了一组在编写可执行代码时必须遵循的规则，在 ActionScript 3.0 代码编写过程中，需要遵循的基本语法规则主要有以下几点。

（1） 区分大小写。

ActionScript 3.0 中大小写不同的标识符被视为不同。例如，下面的代码创建的是两个不同的变量。

```
var num1:int;
var Num1:int;
```

（2） 点运算符。

可以通过点运算符（.）来访问对象的属性和方法。例如，有以下类的定义。

```
class ASExample
{
    public var name:String;
    public function method1():void { }
}
```

该类中有一个 name 属性和一个 method1()方法，借助点语法，并通过创建一个实例来访问相应的属性和方法。

```
var example1:ASExample = new ASExample();
example1.name = "Hello";
example1.method1();
```

（3） 字面值。

"字面值"是指直接出现在代码中的值。下面的示例都是字面值。

```
17
-9.8
```

```
"Hello"
null
undefined
true
```

(4) 分号。

可以使用分号字符（;）来终止语句。若省略分号字符，则编译器将假设每一行代码代表一条语句。使用分号来终止语句，代码会更易于阅读，还可以在一行中放置多个语句，但是这样会使代码变得难以阅读。

(5) 注释。

ActionScript 3.0 代码支持两种类型的注释：单行注释和多行注释，编译器将忽略注释中的文本。

单行注释以两个正斜杠字符（//）开头并持续到该行的末尾。例如，下面的代码包含两个单行注释。

```
//单行注释1
var num1:Number = 3; //单行注释2
```

多行注释以一个正斜杠和一个星号（/*）开头，以一个星号和一个正斜杠（*/）结尾。例如：

```
/*这是一个可以跨
多行代码的多行注释。*/
```

9.1.2 基础训练——制作"鼠标跟随"

本案例将制作一个心形图案跟随鼠标指针移动的特效，通过简单的控制代码就可以制作出漂亮的特效，制作思路及最终效果如图 9-1 所示。

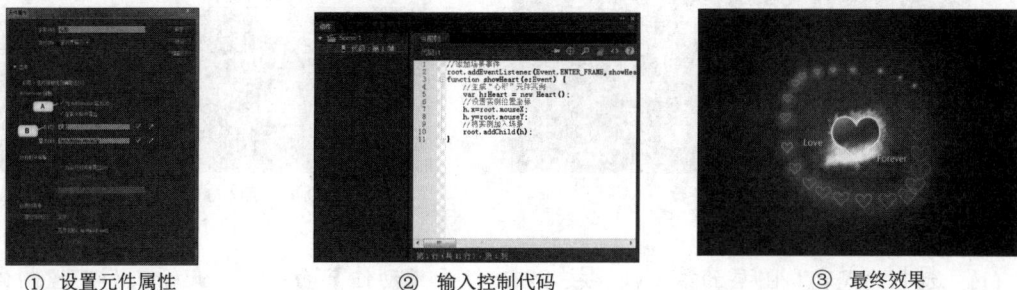

① 设置元件属性 ② 输入控制代码 ③ 最终效果

图9-1 "鼠标跟随"制作思路及效果

【操作要点】

1. 设置元件属性。
(1) 按 Ctrl+O 组合键打开素材文件"素材\第 9 章\鼠标跟随\鼠标跟随.fla"。
(2) 舞台场景中放置了一张漂亮的背景图片，如图 9-2 所示。
(3) 设置"心形"元件属性。
① 在【库】面板中用鼠标右键单击"心形"元件，在弹出的快捷菜单中选择【属性】命令，弹出【元件属性】对话框。

图9-2　打开制作模板

② 展开【高级】卷展栏，在【ActionScrip 链接】选项组中选择【为 ActionScript 导出 (X)】复选项。

③ 设置【类(C)】为"心形"，然后单击 确定 按钮完成属性设置，如图 9-3 所示。

④ 在弹出的【ActionScript 类警告】对话框中单击 确定 按钮，如图 9-4 所示。

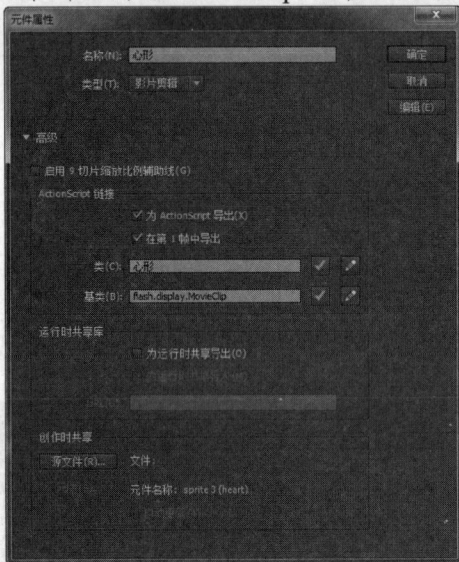

图9-3　设置参数

图9-4　【ActionScript 类警告】对话框

2. 输入控制代码。

(1) 选中"代码"图层的第 1 帧，按 F9 键打开【动作】面板，在此输入如下控制代码。

```
//添加场景事件
root.addEventListener(Event.ENTER_FRAME,showHeart);
function showHeart(e:Event) {
//生成"心形"元件实例
var h:Heart = new Heart();
//设置实例位置坐标
h.x=root.mouseX;
h.y=root.mouseY;
//将实例加入场景
```

```
        root.addChild(h);
    }
```

(2) 输入"心形"元件内部代码。

① 在【库】面板中双击"心形"元件进入元件编辑状态。

② 选中"Action Layer"图层的第 25 帧。

③ 按 F9 键打开【动作】面板，在此输入如下控制代码。

```
stop();

root.removeChild(this);
```

要点提示 在素材文件"素材\第 9 章\鼠标跟随\控制代码.txt"中提供了本案例所需的全部代码。

(3) 按 Ctrl+S 组合键保存影片文件，案例制作完成。

9.1.3 提高训练——制作"演示文稿"

本案例将使用时间轴控制函数和影片剪辑事件来制作一个精美的演示文稿，其设计思路及效果如图 9-5 所示。

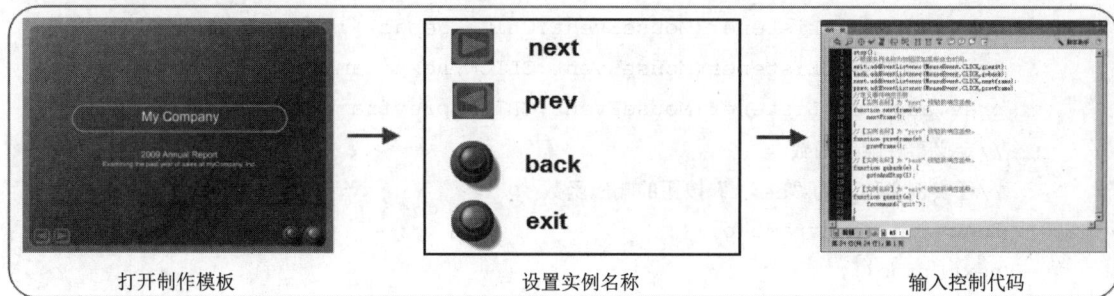

打开制作模板　　　　　　　　设置实例名称　　　　　　　　输入控制代码

图9-5　"演示文稿"设计思路及效果

【操作要点】

1. 设置实例名称。

(1) 打开素材文件"素材\第 9 章\演示文稿\演示文稿.fla"。

(2) 单击舞台上的 ◀ 按钮，在【属性】面板中设置实例名称为"prev"，如图 9-6 所示。

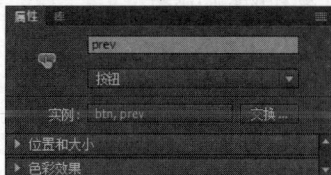

图9-6　【属性】面板

(3) 利用相同的方法为其他几个按钮设置实例名称，如图 9-7 所示。

prev　　　　next　　　　　　　　　　back　　　　exit

图9-7　设置实例名称

2.　输入控制代码。

(1)　选中 "AS" 图层的第 1 帧，按 F9 键打开【动作】面板，输入以下代码，如图 9-8 所示。

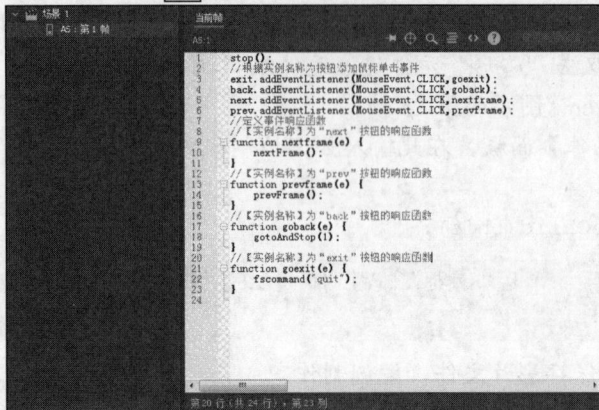

图9-8　输入代码

```
stop();
//根据实例名称为按钮添加鼠标单击事件
exit.addEventListener(MouseEvent.CLICK,goexit);
back.addEventListener(MouseEvent.CLICK,goback);
next.addEventListener(MouseEvent.CLICK,nextframe);
prev.addEventListener(MouseEvent.CLICK,prevframe);
//定义事件响应函数
//【实例名称】为 "next" 按钮的响应函数
function nextframe(e) {
nextFrame();
}
//【实例名称】为 "prev" 按钮的响应函数
function prevframe(e) {
prevFrame();
}
//【实例名称】为 "back" 按钮的响应函数
function goback(e) {
gotoAndStop(1);
}
//【实例名称】为 "exit" 按钮的响应函数
function goexit(e) {
fscommand("quit");
}
```

要点提示　在素材文件的 "素材\第 9 章\演示文稿\代码.txt" 中提供了本案例的全部代码。

(2)　保存测试影片，一个交互式的公司 PPT 效果制作完成。

要点提示 fscommand 命令函数使得 SWF 文件能与 Flash Player 进行通信，其使用方法为 fscommand(command,parameters)，command 预定义命令和 parameters 参数可能的取值和实现 的功能如表 9-1 所示。可用性范围：表中描述的命令在 Web 播放器中都不可用，所有命令在 独立的应用程序中都可用，exec 命令在测试影片播放器中可用。

表 9-1　　　　　　command 预定义命令、parameters 参数可能的取值和功能

command 命令	parameters 参数	实现功能
quite	无	关闭放映文件
fullscreen	true 或 false	指定 true 可将 Flash Player 设置为全屏模式。指定 false 可将播放器返回到标准菜单视图
showmenu	true 或 false	指定 true 可启用整个快捷菜单项集合。指定 false 将隐藏除【关于 Adobe Flash Player】和【设置】外的所有上下文菜单项
allowscale	true 或 false	指定 true 可启用整个快捷菜单项集合。指定 false 将隐藏除【关于 Adobe Flash Player】和【设置】外的所有菜单项
exec	应用程序的路径	在放映文件内执行应用程序
trapallkeys	true 或 false	指定 true 可将所有按键事件发送到 Flash Player 中的 onClipEvent(keyDown/keyUp)处理函数

9.2　ActionScript 3.0 常用代码

ActionScript 3.0 是一种强大的编程语言，它为用户提供了大量的内部函数，能完成各种控制功能。

9.2.1　知识解析

ActionScript 3.0 的学习和使用需要逐步积累经验，对于初级用户只需掌握一些简单的函数，即可实现对影片进行简单的控制。

一、使用时间轴控制函数

新建一个 Animate（ActionScript 3.0）文档，选中"图层 1"的第 1 帧，按 F9 键打开【动作】面板，如图 9-9 所示。

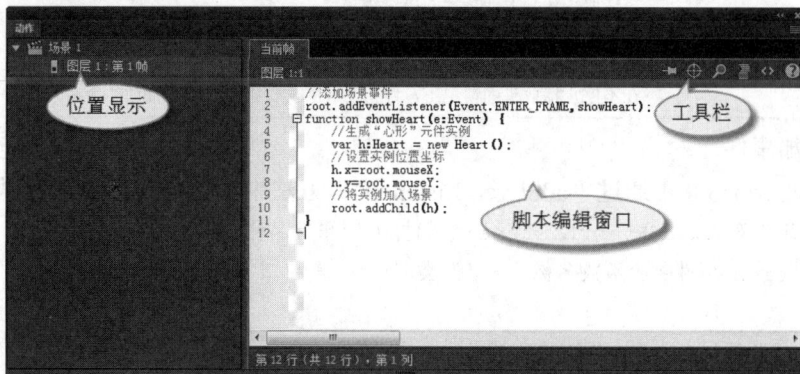

图9-9　【动作】面板

在工具栏中包含以下工具。

- ⊕（插入实例路径和名称）：单击此按钮，打开【插入目标路径】对话框，如图 9-10 所示，利用该对话框选择需要添加的脚本对象。
- 🔍（查找）：对脚本编辑窗口中的脚本内容进行查找和替换。
- <>（代码片段）：单击此按钮，打开【代码片段】面板，如图 9-11 所示，利用此面板可以直接将 ActionScript 3.0 代码添加到 FLA 文档中实现交互功能。

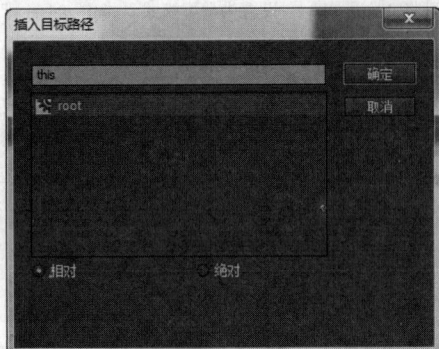

图9-10　【插入目标路径】对话框

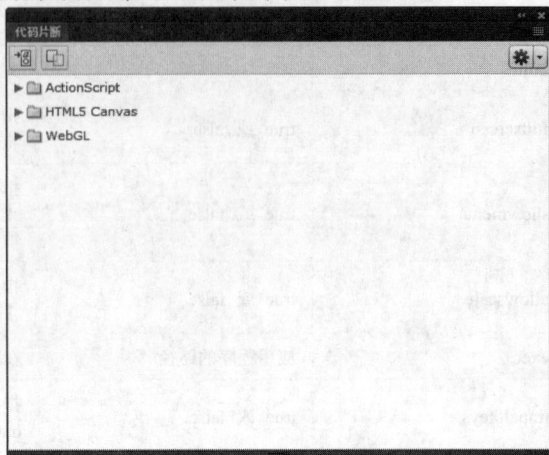

图9-11　【代码片段】面板

时间轴控制函数的说明如表 9-2 所示。

表 9-2　时间轴控制函数的说明

函数	作用
gotoAndPlay(n)	将播放头转到场景中第 n 帧并从该帧开始播放（n 为要调整的帧数）
gotoAndStop(n)	将播放头转到场景中第 n 帧并停止播放
nextFrame()	将播放头转到下一帧
nextScene()	将播放头转到下一场景的第 1 帧
play()	在时间轴中向前移动播放头
prevFrame()	将播放头转到上一帧
prevScene()	将播放头转到上一场景的第 1 帧
stop()	停止当前正在播放的 SWF 文件
stopAllSounds()	在不停止播放头的情况下，停止 SWF 文件中当前正在播放的所有声音

二、　添加事件

在 ActionScript 3.0 中通过 "addEventListener()" 方法来添加事件，一般格式如下。

```
接收事件对象.addEventListener(事件类型.事件名称,事件响应函数名称);
function 事件响应函数名称(e:事件类型)
{
    //此处是为响应事件而执行的动作
}
```

若是对时间轴添加事件，则使用"this"代替接收事件对象或省略不写。

三、 嵌入资源类的使用

ActionScript 3.0 使用称为嵌入资源类的特殊类来表示嵌入的资源。嵌入资源是指编译时包括在 SWF 文件中的资源，如声音、图像或字体。

要使用嵌入资源，首先将该资源放入 FLA 文件的库中，接着设置其链接属性，提供资源的嵌入资源类的名称，然后可以创建嵌入资源类的实例，并使用任何由该类定义或继承的属性和方法。

例如，以下代码可用于播放链接到名为"PianoMusic"的嵌入资源类的嵌入声音。

```
var piano:PianoMusic = new PianoMusic();
var sndChannel:SoundChannel = piano.play();
```

四、 获取时间

ActionScript 3.0 对时间的处理主要是通过"Date"类来实现，通过以下代码初始化一个无参数的 Date 类的实例，便可得到当前系统时间。

```
var now:Date = new Date();
```

通过点运算符调用对象"now"中包含的"getHours()""getMinutes()"和"getSeconds()"，便可得到当前时间的小时、分钟和秒的数值。

```
var hour:Number=now.getHours();
var minute:Number=now.getMinutes();
var second:Number=now.getSeconds();
```

五、 指针旋转角度的换算

(1) 对于时钟中的秒针，旋转一周是 60s，即 360°，每转过一个刻度是 6°。用当前秒数乘上 6，便得到秒针旋转角度。

```
var rad_s = second * 6;
```

(2) 对于分针，其转过一个刻度也是 6°，但为了避免每隔 1min 才跳动一下，所以设计成每隔 10s 转过 1°。

```
var rad_m = minute * 6 + int(second / 10);
```

其中，"int(second / 10)"表示用秒数除以 10 后取其整数，结果便是每 10s 增加 1°。

(3) 对于时针，旋转一周是 12h，即 360°，但通过 getHours()得到的小时数值为 0~23，所以先使用"hour%12"将其变化范围调整为"0~11"（其中"%"表示前数除以后数取余数）。

时针每小时要旋转30°，同样为了避免每隔 1h 才跳动一下，设计成每 2min 旋转 1°。

```
var rad_h = hour % 12 * 30 + int(minute / 2);
```

六、 元件动画设置

根据计算所得数值，通过点运算符访问并设置实例的"rotation"属性，便可以形成旋转动画。

```
实例名.rotation = 计算所得数值;
```

七、 算法分析

设一个变量"index"，要让 index 在 0~n - 1 从小到大循环变化，可使用如下算法。

```
index++;          // "++"表示 index = index+1，即变量自加 1
```

```
index = index % n;  //"%"表示取余数
```

若要让 index 在 0~n - 1 从大到小循环变化，则使用如下算法：

```
index += n-1;    //"+="是 index = index + (n-1)的缩写形式
index = index % n;
```

9.2.2　基础训练——制作"音乐播放器"

本案例使用 ActionScript 3.0 制作一个时尚的 MP3，如图 9-12 所示。

图9-12　"音乐播放器"效果

【操作要点】

1.　打开模板。

(1)　打开素材文件"素材\第 9 章\音乐播放器\音乐播放器.fla"。

> **要点提示**　MP3 的界面绘制和按钮制作也是一件十分有趣的事情，有兴趣的读者可以按给出的模板模拟制作 MP3 的外观。

(2)　舞台上各元素的设置如图 9-13 所示。

(3)　依次选择每一个元素，然后在【属性】面板中按照图 9-13 所示为其设置实例名称，如图 9-14 所示。

> **要点提示**　设置实例名称时，由于"播放进度（jindutiao_mc）"元件和"加载进度（loaded_mc）"元件重合在一起不便选择，所以应使用图层的锁定和隐藏功能选择正确的元件进行实例名称的设置，也可以将两个重合的元件移开后再选中设置实例名称，然后恢复到重叠位置。

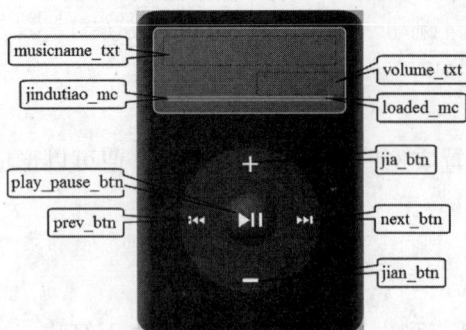

图9-13　舞台上的元素　　　　　　　　　　　　　图9-14　设置实例名称

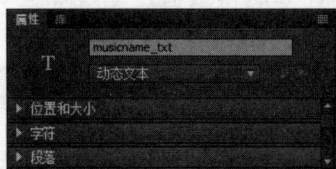

2.　选中"AS3.0"图层的第 1 帧，按 F9 键打开【动作】面板，在此输入以下几个板块的

控制代码，如图 9-15 所示。

图9-15　输入代码

(1)　首先定义将要用到的变量和类的实例。

```
//定义用于存储所有音乐地址的数组，可根据需要更换或增加音乐地址，可以导入本地音乐
var musics:Array = new Array("music.mp3",
 "E:/音乐/1.MP3",
 "E:/音乐/2.MP3");
//定义用于存储当前音乐流的 Sound 对象
var music_now:Sound = new Sound();
//定义用于存储当前音乐地址的 URLRequest 对象
var musicname_now:URLRequest = new URLRequest();
//定义用于标识当前音乐地址在音乐数组中的位置
var index:int = 0;
//定义用于控制音乐停止的 SoundChannel 对象
var channel:SoundChannel;
//定义用于控制音乐音量大小的 SoundTransform 对象
var trans:SoundTransform = new SoundTransform();
//定义用于存储当前播放位置的变量
var pausePosition:int =0;
//定义用于表示当前播放状态的变量
var playingState:Boolean;
//定义用于存储音乐数组中音乐个数的变量
var totalmusics:uint = musics.length;
```

(2)　初始化操作，对各实例进行初始化，并开始播放音乐数组中的第 1 首音乐。

```
//初始设置小文本框中的内容，即当前音量大小
volume_txt.text = "音量:100%";
//初始设置大文本框中的内容，即当前音乐地址
musicname_txt.text = musics[index];
//初始设置当前音乐地址
```

```
musicname_now.url=musics[index];
```
//加载当前音乐地址所指的音乐
```
music_now.load(musicname_now);
```
//开始播放音乐并把控制权交给 SoundChannel 对象，同时传入 SoundTransform 对象用于控制音乐音量的大小
```
channel = music_now.play(0,1,trans);
```
//设置播放状态为真，表示正在播放
```
playingState = true;
```

(3) 播放过程中设置 "加载进度" 元件和 "播放进度" 元件的宽度，用于表示当前音乐的加载进度和播放进度。

//添加 EnterFrame 事件，控制每隔 "1/帧频" 时间检测一次相关进度
```
addEventListener(Event.ENTER_FRAME, onEnterFrame);
```
//定义 EnterFrame 事件的响应函数
```
function onEnterFrame(e)
{
```
//得到当前音乐已加载部分的比例
```
var loadedLength:Number= music_now.bytesLoaded / music_now.bytesTotal;
```
//根据已加载比例设置 "加载进度" 元件的宽度
```
loaded_mc.width = 130 * loadedLength;
```
//计算当前音乐的总时间长度
```
var estimatedLength:int = Math.ceil(music_now.length / loadedLength);
```
//根据当前播放位置在总时间长度中的比例设置 "播放进度" 元件的宽度
```
jindutiao_mc.width = 130* (channel.position / estimatedLength);
}
```

(4) 添加 "播放暂停" 按钮上的控制代码。

//为 "播放暂停" 按钮添加鼠标单击事件
```
play_pause_btn.addEventListener(MouseEvent.CLICK,onPlaypause);
```
//定义 "播放暂停" 按钮上的单击响应函数
```
function onPlaypause(e)
{
```
//判断是否处于播放状态
```
if (playingState)
{
```
//为真，表示正在播放
//存储当前播放位置
```
pausePosition = channel.position;
```
//停止播放
```
channel.stop();
```
//设置播放状态为假
```
playingState= false;
```

```
} else
{
//不为真，表示已暂停播放
//从存储的播放位置开始播放音乐
channel = music_now.play(pausePosition,1,trans);
//重新设置播放状态为真
playingState=true;
}
}
```

(5) 添加选择播放上一首音乐的代码。

```
//为按钮添加事件
prev_btn.addEventListener(MouseEvent.CLICK,onPrev);
//定义事件响应函数
function onPrev(e)
{
//停止当前音乐的播放
channel.stop();
//计算当前音乐的上一首音乐的序号
index += totalmusics -1;
index = index % totalmusics;
//重新初始化 Sound 对象
music_now = new Sound();
//重新设置当前音乐地址
musicname_now.url=musics[index];
//重新设置大文本框中的内容
musicname_txt.text = musics[index];
//加载音乐
music_now.load(musicname_now);
//播放音乐
channel = music_now.play(0,1,trans);
//设置播放状态为真
playingState = true;
}
```

(6) 添加选择播放下一首音乐的代码。

```
next_btn.addEventListener(MouseEvent.CLICK,onNext);
function onNext(e)
{
channel.stop();
index++;
index = index % totalmusics;
```

```
music_now = new Sound();

musicname_now.url=musics[index];

musicname_txt.text = musics[index];

music_now.load(musicname_now);

channel = music_now.play(0,1,trans);

playingState = true;

}
```

(7)　添加增加音量的控制代码。

```
jia_btn.addEventListener(MouseEvent.CLICK,onJia);

function onJia(e)

{

//将音量增加 0.05，即 5%

trans.volume +=0.05;

//控制音量最大为 3，即 300%

if (trans.volume>3)

{

    trans.volume = 3;

}

//传入参数使设置生效

channel.soundTransform = trans;

//重新设置小文本框中的内容，即当前音量大小

volume_txt.text = "音量:"+Math.round(trans.volume*100)+"%";

}
```

(8)　添加降低音量的控制代码。

```
jian_btn.addEventListener(MouseEvent.CLICK,onJian);

function onJian(e)

{

trans.volume -= 0.05;

if (trans.volume<0)

{

    trans.volume = 0;

}

channel.soundTransform = trans;

volume_txt.text = "音量:"+Math.round(trans.volume*100)+"%";

}
```

要点提示　在素材文件的"素材\第 9 章\音乐播放器\代码.txt"中提供了本案例的全部代码。

3.　保存文件，复制一个 MP3 文件到 SWF 文件的保存位置，并重命名为"music.mp3"，然后测试影片，一个具有时尚外观的 MP3 播放器即制作完成，用它便可以播放喜爱的本

地音乐或网络歌曲了。

9.2.3 提高训练——制作"旋转星球"

本案例将制作一个位于梦幻太空中的旋转三维星球效果，制作过程中使用到自定义类以及代码加载位图，最终效果如图 9-16 所示。

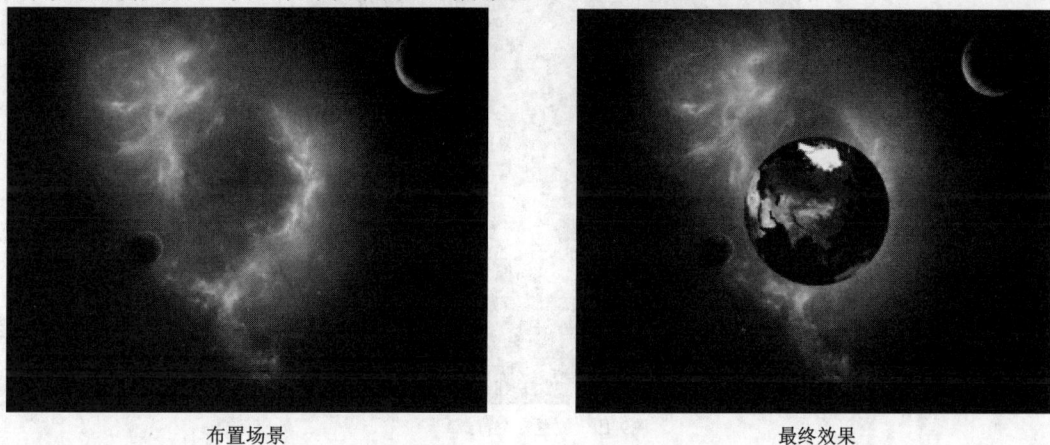

布置场景　　　　　　　　　　　　　　　　　　最终效果

图9-16　"旋转星球"设计效果

【操作要点】

1. 导入素材。
(1) 新建一个 Animate（ActionScript 3.0）文档，设置文档属性如图 9-17 所示。
(2) 导入素材。
① 选择菜单命令【文件】/【导入】/【导入到库】。
② 导入素材文件"素材\第 9 章\旋转星球"中的两张图片"地球.png"和"太空.png"，如图 9-18 所示。

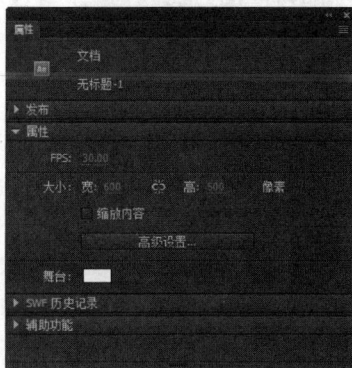

图9-17　设置文档属性

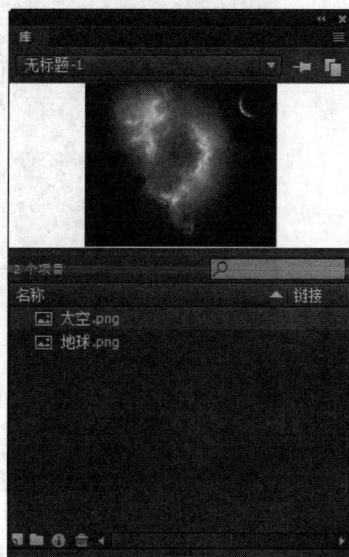

图9-18　导入素材

2. 布置场景。

(1) 放置太空背景，如图 9-19 所示。

① 将"图层 1"重命名为"背景"。

② 在【库】面板中将位图"太空.png"拖入到舞台，设置与舞台对齐。

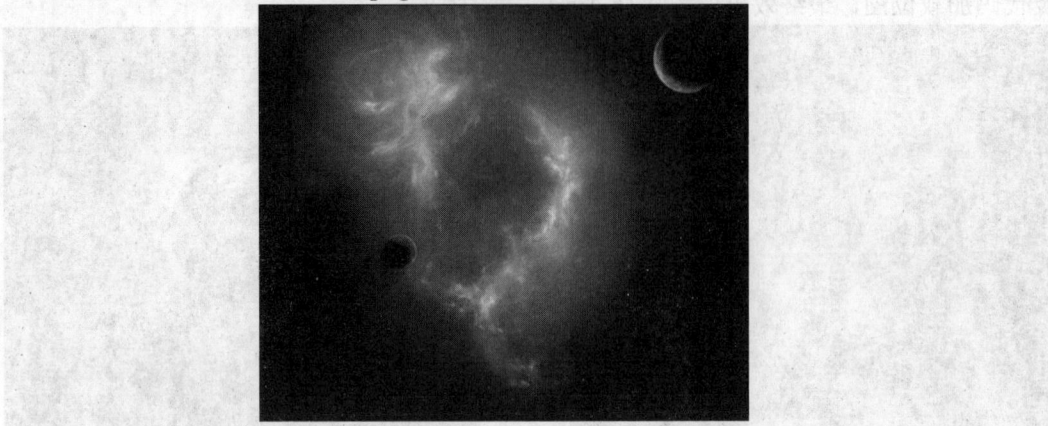

图9-19 放置太空背景

(2) 按 Ctrl+S 组合键保存文件。

3. 自定义类。

(1) 新建代码文件，如图 9-20 所示。

① 选择菜单命令【文件】/【新建】，打开【新建文档】对话框。

② 切换到【高级】选项卡，在【脚本（4）】组中选择"ActionScript 文件"。

③ 单击 创建 按钮新建一个代码文件。

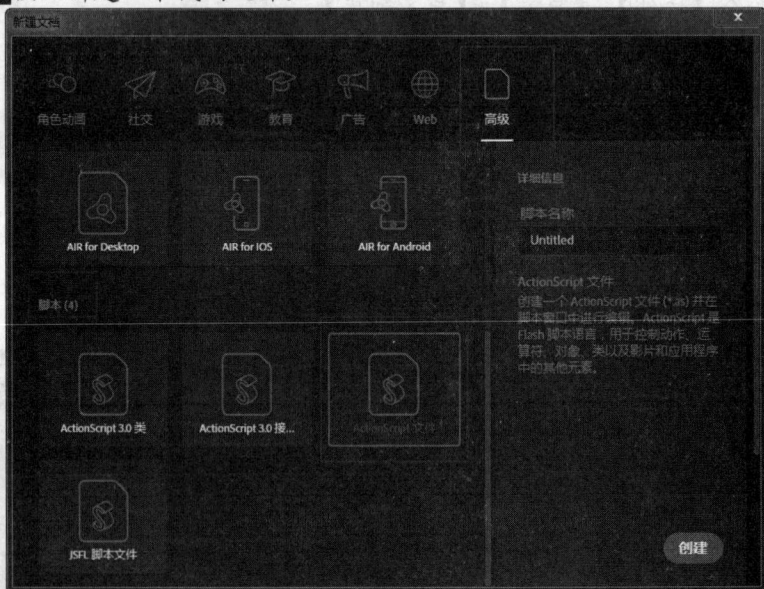

图9-20 新建 ActionScript 文件

(2) 将素材文件"素材\第 9 章\旋转星球\自定义类.txt"中的代码复制到新建的代码文件中，如图 9-21 所示。

图9-21　复制代码

(3) 以"BitmapSphereBasic.as"为文件名保存代码文件到文件存储目录中，如图 9-22 所示。

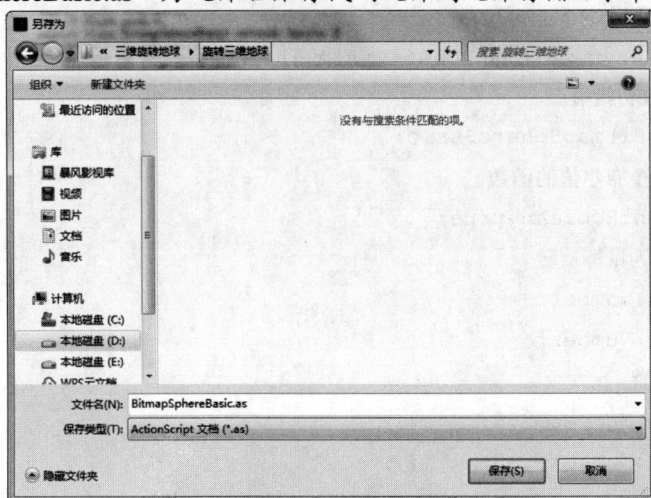

图9-22　保存文件

4.　输入控制代码。

(1) 设置"地球"位图属性，如图 9-23 所示。

①　关闭代码文件窗口。

②　在【库】面板中用鼠标右键单击位图"地球.png"，在弹出的快捷菜单中选择【属性】命令。

③　在【ActionScript】选项组中选择【为 ActionScript 导出(X)】复选项。

④　设置【类(C)】为"Earth"。

⑤　单击 确定 按钮完成属性设置。

⑥　在弹出的【ActionScript 类警告】对话框中单击 确定 按钮。

(2) 新建一个图层并重命名为"控制代码"，如图 9-24 所示。

图9-23　设置"地球"位图属性

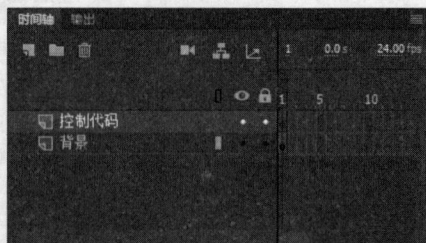

图9-24　新建图层

(3)　选中"控制代码"图层的第 1 帧，按 F9 键打开【动作】面板，在此输入控制代码。

(4)　初始化变量并得到当前时间。

```
//创建一个精灵
var board:Sprite = new Sprite();
//添加到显示列表
this.addChild(board);
//生成 datatype BitmapSphereBasic 的一个函数
// 设定函数初始值
var ball:BitmapSphereBasic;
//旋转的一个布尔值的函数
var autoOn:Boolean=true;
//两个函数为鼠标旋转
var prevX:Number;
var prevY:Number;
//星球的位置
var ballX:Number=300;
var ballY:Number=250;
//贴图
var imageData:BitmapData=new Earth(800,548);
ball=new BitmapSphereBasic(imageData);
board.addChild(ball);
ball.x=ballX;
ball.y=ballY;
//滤镜
ball.filters=[new GlowFilter(0xB4B5FE,0.6,32.0,32.0,1)];

this.addEventListener(Event.ENTER_FRAME,autoRotate);

function autoRotate(e:Event):void {
if (autoOn) {
```

```
        ball.autoSpin(-1);
    }
}


//4 个函数侦听鼠标并响应鼠标动作
board.addEventListener(MouseEvent.ROLL_OUT,boardOut);
board.addEventListener(MouseEvent.MOUSE_MOVE,boardMove);
board.addEventListener(MouseEvent.MOUSE_DOWN,boardDown);
board.addEventListener(MouseEvent.MOUSE_UP,boardUp);

function boardOut(e:MouseEvent):void {
autoOn=true;

}
function boardDown(e:MouseEvent):void {
prevX=board.mouseX;
prevY=board.mouseY;
autoOn=false;

}
function boardUp(e:MouseEvent):void {
autoOn=true;

}
function boardMove(e:MouseEvent):void {
var locX:Number=prevX;
var locY:Number=prevY;
//取反
if (! autoOn) {
    prevX=board.mouseX;
    prevY=board.mouseY;
    ball.rotateSphere(prevY - locY,-(prevX - locX),0);
    e.updateAfterEvent();
    }
}
```

要点提示 在素材文件"素材\第 9 章\旋转星球\控制代码.txt"中提供了本案例所需的全部代码。

(5) 按 Ctrl + S 组合键保存影片文件，案例制作完成。

9.3　综合应用——制作"电子时钟"

本案例将制作一个日常生活中常见的物品——时钟，它不但具有漂亮的外观，而且可以精确指示当前的系统时间。其控制代码较少，且简单易懂，是作为 ActionScript 3.0 入门学习的最佳选择，操作思路及最终效果如图 9-25 所示。

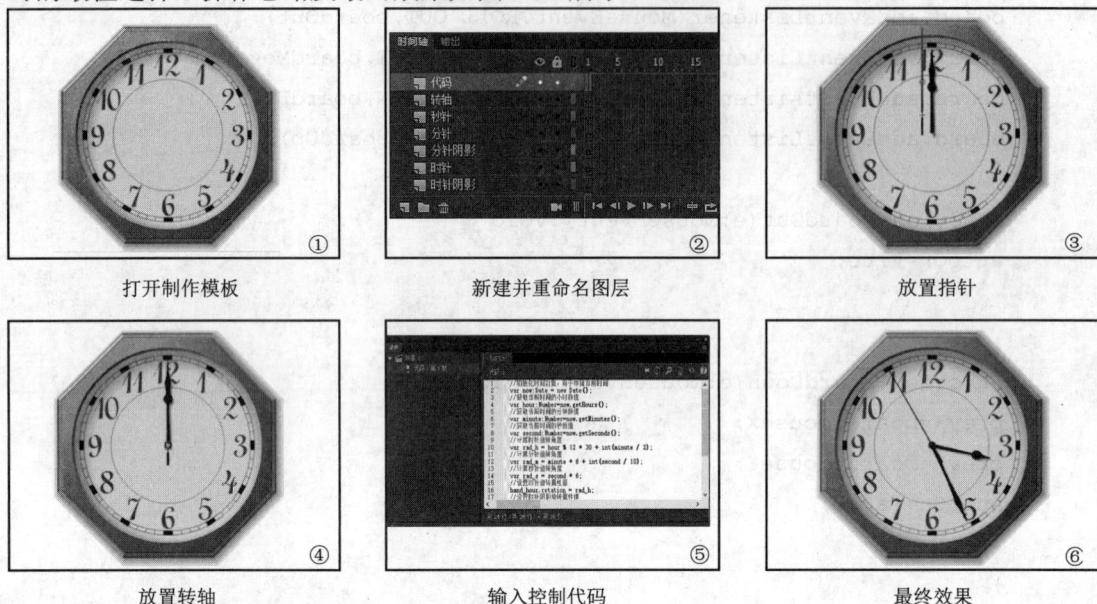

打开制作模板	新建并重命名图层	放置指针
放置转轴	输入控制代码	最终效果

图9-25　"电子时钟"操作思路及效果

【操作要点】

1. 导入素材，新建并重命名图层。
(1) 打开制作模板，如图 9-26 所示。

　　按 Ctrl+O 组合键打开素材文件"素材\第 9 章\电子时钟\电子时钟.fla"，场景中已经制作好时钟钟面了。

(2) 新建并重命名图层，如图 9-27 所示。

① 连续单击 按钮，新建 7 个图层。

② 从上到下依次重命名各图层。

图9-26　打开制作模板

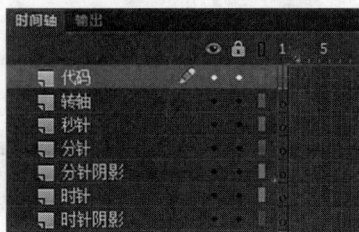

图9-27　新建并重命名图层

2. 放置"时针阴影"元件。

(1) 选中图层"时钟阴影",在【库】面板中将元件"时钟阴影"拖入舞台。

(2) 在【属性】面板中设置"时钟阴影"元件的实例名称为"hour_shadow",设置其位置坐标【X】【Y】均为"255",如图 9-28 所示。

图9-28 放置"时钟阴影"元件

3. 放置"时针"元件。

(1) 选中图层"时针",在【库】面板中将元件"时针"拖入舞台。

(2) 在【属性】面板中设置"时针"元件的实例名称为"hand_hour",设置其位置坐标【X】【Y】均为"250",如图 9-29 所示。

图9-29 放置"时针"元件

4. 放置"分针阴影"元件。

(1) 选中图层"分针阴影",在【库】面板中将元件"分针阴影"拖入舞台。

(2) 在【属性】面板中设置"分针阴影"元件的实例名称为"minute_shadow",设置其位置坐标【X】【Y】均为"255",如图 9-30 所示。

图9-30 放置"分针阴影"元件

5. 放置"分针"元件。

(1) 选中图层"分针",在【库】面板中将元件"分针"拖入舞台。

(2) 在【属性】面板中设置"分针"元件的实例名称为"hand_minute",设置其位置坐标【X】【Y】均为"250",如图 9-31 所示。

图9-31　放置"分针"元件

6. 放置"秒针"元件。

(1) 选中图层"秒针"，在【库】面板中将元件"秒针"拖入到舞台。

(2) 在【属性】面板中设置"秒针"元件的实例名称为"hand_second"，设置其位置坐标【X】【Y】均为"250"，如图 9-32 所示。

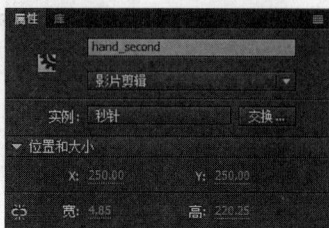

图9-32　放置"秒针"元件

7. 放置"转轴"元件。

(1) 选中图层"转轴"，在【库】面板中将元件"转轴"拖入到舞台。

(2) 在【属性】面板中设置"转轴"元件的位置坐标【X】【Y】均为"250"，如图 9-33 所示。

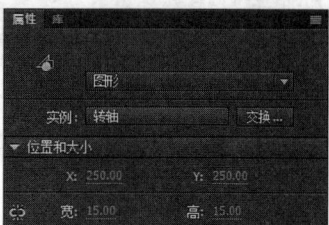

图9-33　放置"转轴"元件

8. 输入控制代码。

(1) 选择图层"代码"的第 1 帧，按 F9 键打开【动作】面板，在此输入控制代码，如图 9-34 所示。

(2) 初始化变量并得到当前时间。

```
//初始化时间对象，用于存储当前时间
var now:Date = new Date();
//获取当前时间的小时数值
var hour:Number=now.getHours();
//获取当前时间的分钟数值
```

226

```
var minute:Number=now.getMinutes();
//获取当前时间的秒数值
var second:Number=now.getSeconds();
```

(3) 计算各指针的旋转角度。

```
//计算时针旋转角度
var rad_h = hour % 12 * 30 + int(minute / 2);
//计算分针旋转角度
var rad_m = minute * 6 + int(second / 10);
//计算秒针旋转角度
var rad_s = second * 6;
```

(4) 设置各指针的旋转属性值。

```
//设置时针旋转属性值
hand_hour.rotation = rad_h;
//设置时针阴影旋转属性值
hour_shadow.rotation = rad_h;
//设置分针旋转属性值
hand_minute.rotation = rad_m;
//设置分针阴影旋转属性值
minute_shadow.rotation = rad_m;
//设置秒针旋转属性值
hand_second.rotation = rad_s;
```

要点提示 素材文件"素材\第9章\电子时钟\控制代码.txt"中提供了本案例所需的全部代码。

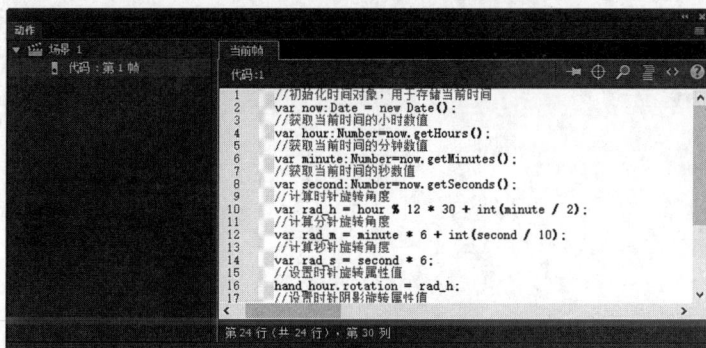

图9-34 输入控制代码

9. 在所有图层的第2帧处插入帧,如图9-35所示。

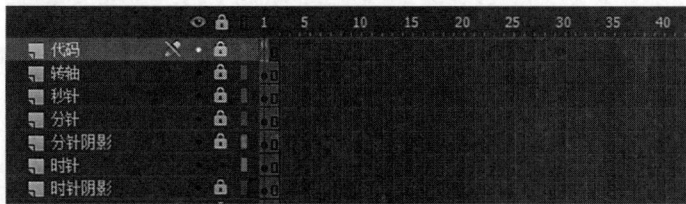

图9-35 插入帧

227

10. 按 Ctrl+S 组合键保存影片文件，案例制作完成，测试效果如图 9-36 所示。

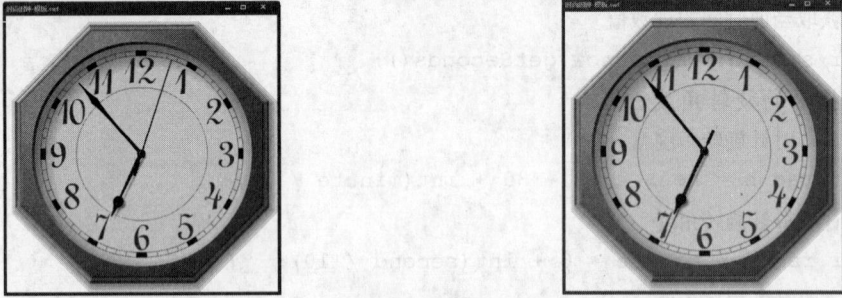

图9-36　测试效果

9.4　习题

1. ActionScript 是一种什么语言？有何用途？
2. 什么是面向对象的编程？其有何特点？
3. ActionScript 3.0 中主要有哪些数据类型？
4. 什么是函数？在 ActionScript 3.0 中如何定义函数？
5. 什么是类？类与对象有什么关系？

第10章 使用组件

【学习目标】
- 掌握用户接口组件的使用方法。
- 掌握视频播放器组件的使用方法。
- 掌握两种组件的配合使用方法。
- 了解使用组件开发的整体思路。

使用组件可以帮助开发者将应用程序的设计过程和编码过程分开。即使完全不了解ActionScript 3.0 的设计者，也可以根据组件提供的接口来改变组件的参数，从而改变组件的相关特性，达到设计的目的。本章将介绍常用组件的使用方法和技巧。

10.1 使用用户接口组件

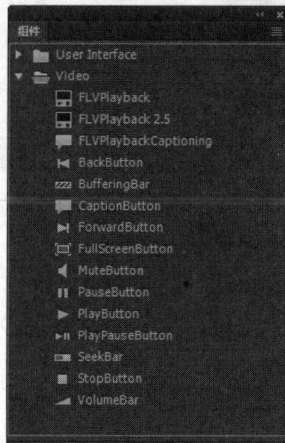

了解应用程序开发的用户对用户接口组件一定不会陌生，大多数的应用程序开发工具都会提供此组件。使用组件开发的程序，可以在网页上满足用户的各种要求，比如开发网页上的测试系统、视频播放器、购物系统等。

10.1.1 知识解析

选择菜单命令【窗口】/【组件】，打开【组件】面板，如图 10-1 所示。面板分为两部分：用户接口（User Interface）组件和视频（Video）组件。用户接口组件应用广泛，包括常用的按钮、复选框、单选框、列表等，利用用户接口组件可以快速地开发组件应用程序。

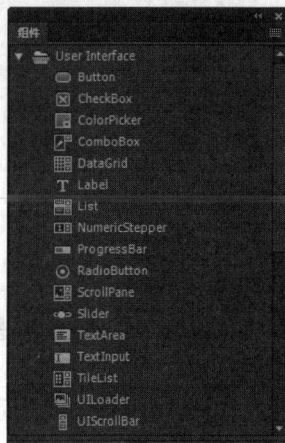

用户接口组件　　　　　　　　　　　　　　视频组件

图10-1 【组件】面板

一、使用【组件】面板创建组件

把【组件】面板中的组件拖动到场景中，即可完成组件的创建。

(1)　将用户接口组件中的"Button"组件拖动场景中，如图 10-2
所示。

Label

图10-2　创建按钮组件

(2)　在【属性】面板中可以设置"Button"的实例名称为"NewButton"，如图 10-3 所示。

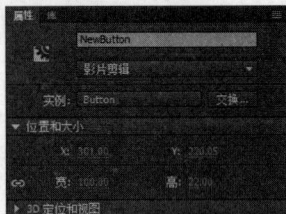

(3)　在【组件参数】面板中设置【label】为"单击我"，选中【enabled】复选项，使之处于可用状态，选中【visible】复选项，使之处于可见状态，如图 10-4 所示。设置完成后的按钮如图 10-5 所示。

图10-3　设置实例名称

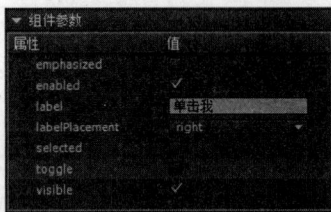

图10-4　设置按钮参数

图10-5　设置完成

> **要点提示**　"实例名称"是在代码控制该按钮时使用，"label"是实例上所显示的文字。

(4)　选中第 1 帧，按 F9 键打开【动作】面板，输入以下代码，如图 10-6 所示。

```
NewButton.addEventListener(MouseEvent.CLICK, clickHandler);
function clickHandler(event:MouseEvent):void {
    trace("我被单击了！");
}
```

(5)　按 Ctrl+Enter 组合键测试影片，当单击按钮时，在【输出】面板中显示"我被单击了"，如图 10-7 所示。这便是一个最简单的创建组件并为其添加事件相应的效果案例。

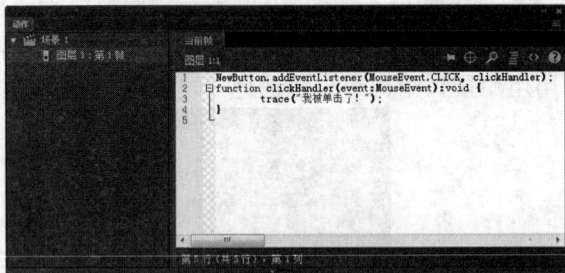

图10-6　输入代码

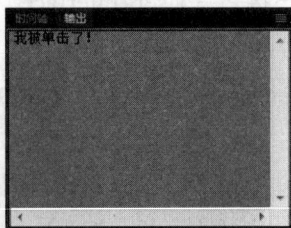

图10-7　输出事件

二、使用代码创建组件

可以使用代码实现和用户接口组件完全相同的功能。

(1)　首先将要使用的组件拖入【库】面板中，这里将"Button"组件拖入【库】面板中，如图 10-8 所示。

(2)　选中第 1 帧，按 F9 键打开【动作】面板，输入以下代码，如图 10-9 所示。

```
import fl.controls.Button;
//导入按钮组件
var NewButton:Button = new Button();
```

```
//创建按钮实例
addChild(NewButton);
//将按钮实例加载到主场景中
NewButton.label = "单击我";
//设置按钮上的文字
NewButton.move(200,200);
//设置按钮的位置
NewButton.addEventListener(MouseEvent.CLICK, clickHandler);
//为按钮添加事件监听器
function clickHandler(event:MouseEvent):void {
trace("我被单击了！");
}
//定义事件监听器的相应函数
```

图10-8　将组件拖入库

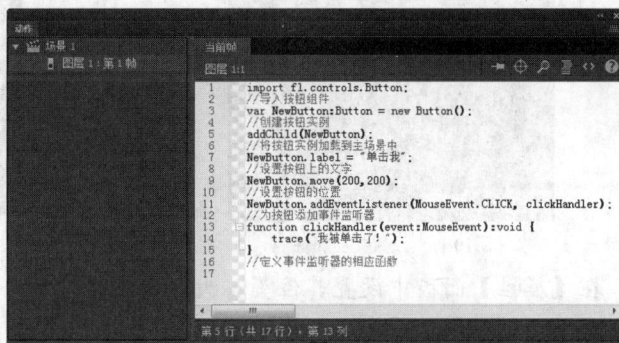

图10-9　输入代码

（3）测试影片，单击按钮也会得到图 10-7 所示的提示信息。这说明创建组件有两种方法。读者可以根据提供的代码和前面的操作进行对比，看看哪些操作和代码具有相同的功能。

10.1.2　基础训练——制作"图片显示器"

本案例将使用 Animate 组件制作一个"图片显示器"，通过输入有效的图片地址，然后单击【显示】按钮来加载并显示该图片，最终效果如图 10-10 所示。

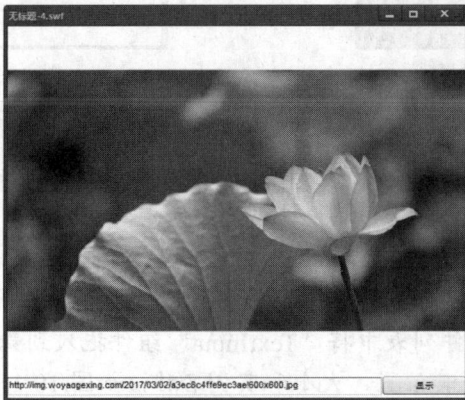

图10-10　"图片显示器"最终效果

231

【操作要点】

1. 新建文档。

(1) 新建一个 Animate（ActionScript 3.0）文档。

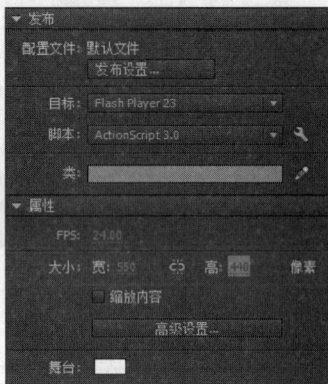

(2) 按照图 10-11 所示设置文档属性。

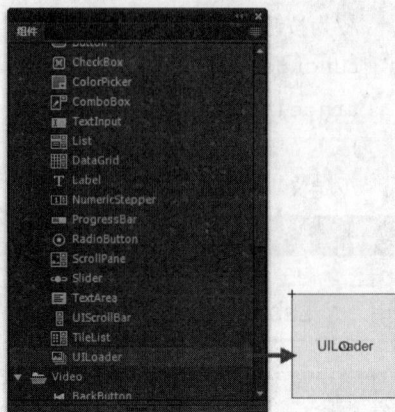

2. 放置组件。

(1) 放入 "UILoader" 组件。

① 按 Ctrl + F7 组合键，打开【组件】面板。

② 从 "User Interface" 组件列表中将 "UILoader" 组件拖入舞台，如图 10-12 所示。

图10-11　设置文档属性

图10-12　拖入组件

③ 在【属性】面板中设置其位置、大小和实例名称，如图 10-13 所示。
完成后的结果如图 10-14 所示。

图10-13　设置组件属性

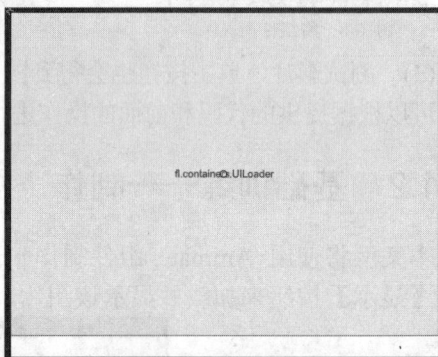

图10-14　最后创建的组件

> **要点提示**　"UILoader" 组件是一种可以显示 SWF、JPEG、PNG 和 GIF 文件的容器。需要从远程位置检索内容并将其拖到 Animate 应用程序中时，都可以使用 "UILoader"。例如，可以使用 "UILoader" 在表单中添加公司徽标（JPEG 文件），也可以在显示照片的应用程序中使用 "UILoader" 组件。

(2) 放入 "TextInput" 组件。

① 从 "User Interface" 组件列表中将 "TextInput" 组件拖入到舞台，如图 10-15 所示。

② 在【属性】面板中设置其位置、大小和实例名称，如图 10-16 所示。
完成后的结果如图 10-17 所示。

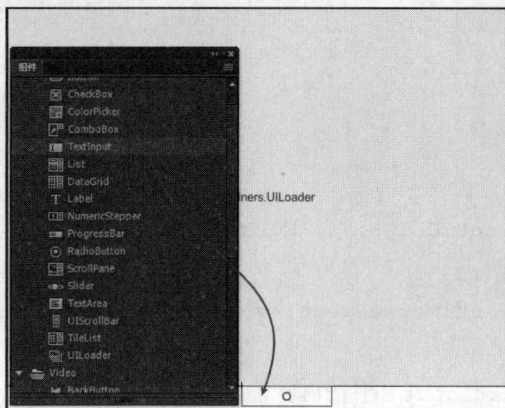

图10-15　将"TextInput"组件拖入舞台

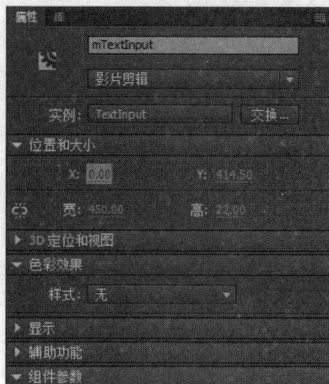

图10-16　设置组件属性

> "TextInput"是一种文本框，可以在其中输入文本信息。

(3)　放入"Button"组件。

①　从"User Interface"组件列表中将"Button"组件拖入到舞台。

②　在【属性】面板中设置其位置、大小和实例名称，如图10-18所示。

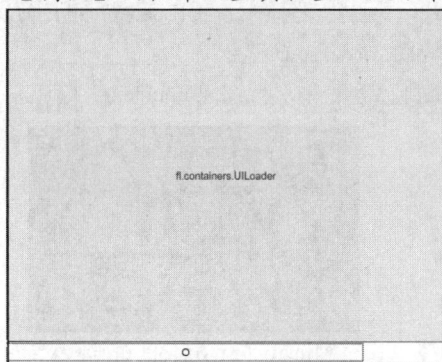

图10-17　创建"TextInput"组件

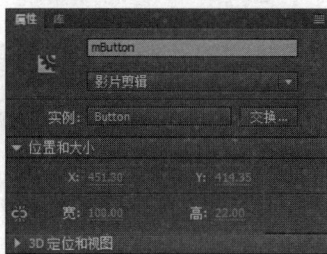

图10-18　设置组件属性

③　单击【属性】面板中的 显示参数 按钮，打开【组件参数】面板，设置【label】为"显示"，最终完成的界面如图10-19所示。

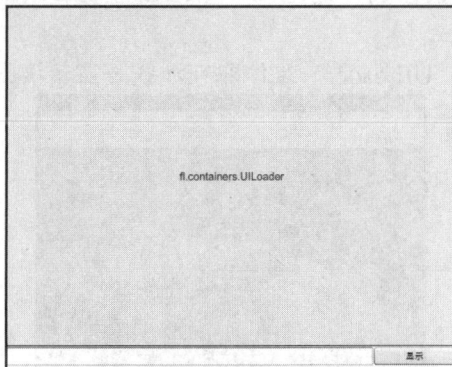

图10-19　最终完成的界面

3.　输入控制代码并测试影片。

(1) 输入控制代码。

① 选中"图层 1"的第 1 帧。

② 按 F9 键打开【动作】面板。

③ 输入以下代码。

```
//为按钮添加单击事件
mButton.addEventListener(MouseEvent.CLICK, fl_MouseClickHandler);
//创建单击事件响应函数
function fl_MouseClickHandler(event:MouseEvent):void
{
//舞台上 UILoader 组件的显示路径为 TextInput 组件的内容
mUILoader.source = mTextInput.text;
}
```

> **要点提示**　使用代码操作舞台上的组件，是通过代码访问组件的属性参数来实现的。以本案例涉及的
> "UILoader"和"TextInput"组件为例进行介绍。
>
> 选中舞台上的"UILoader"组件，在【组件参数】面板中即可查看"UILoader"的所有参数，
> 如图 10-20 所示。"TextInput"组件的参数如图 10-21 所示。
>
> 使用代码访问"UILoader"的"source"参数时，直接使用舞台上"UILoader"组件的实例名
> 称（mUILoader）和运算符（.）来访问，如"mUILoader.source"。
>
> 当访问舞台上"TextInput"组件的"Text"参数时，使用代码"mTextInput.text"即可。

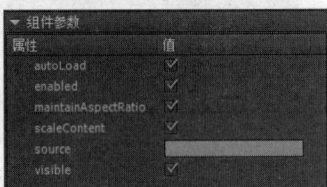

图10-20　"UILoader"组件参数

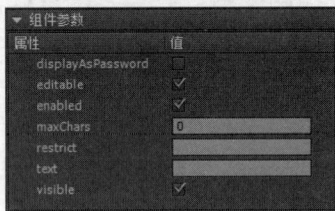

图10-21　"TextInput"组件参数

(2) 测试影片。

① 按 Ctrl+Enter 组合键测试影片。

② 在"TextInput"组件中输入图片的地址（网络图片地址或本地计算机上的图片地址都可以）。

③ 单击 显　示 按钮，"UILoader"组件即可加载并显示该图片，如图 10-22 所示。

图10-22　显示图片

查看网络图片地址的方法：在图片上单击鼠标右键，在弹出的快捷菜单中选择【属性】命令，在图10-23所示的【属性】面板中即可查看图片地址。

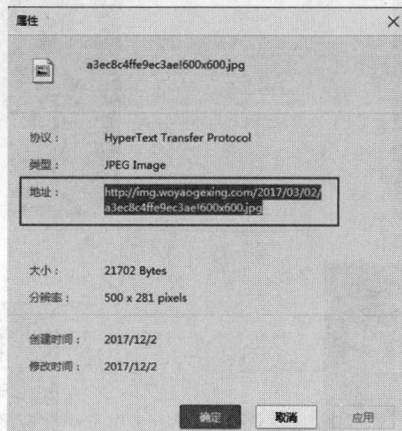

图10-23　查看图片地址

(3)　按 Ctrl + S 组合键保存影片文件，案例制作完成。

10.1.3　提高训练——制作"脑筋急转弯"

组件由于其特殊的功能性，还常用来开发网络测试小软件，如个人性格测试、心理测试及脑筋急转弯等。

本案例将通过用户接口组件来开发一个脑筋急转弯测试小软件，希望能对读者起到抛砖引玉的作用，其效果如图 10-24 所示。

图10-24　"脑筋急转弯"效果

【操作要点】

1.　打开素材文件"素材\第 10 章\脑筋急转弯\脑筋急转弯.fla"文件。

2.　单击"组件"图层的第 1 帧，选择菜单命令【窗口】/【组件】，打开【组件】面板，如图 10-25 所示。拖入 3 个"RadioButton"和 1 个"Button"组件，效果如图 10-26 所示。

3.　单击【属性】面板中的 显示参数 按钮，打开【组件参数】面板，分别设置舞台上 3 个"RadioButton"组件的【label】参数为"月季花""梅花""塑料花"，"Button"组件的【label】参数为"看答案"，如图 10-27 所示，结果如图 10-28 所示。

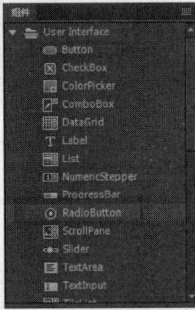

图10-25 【组件】面板

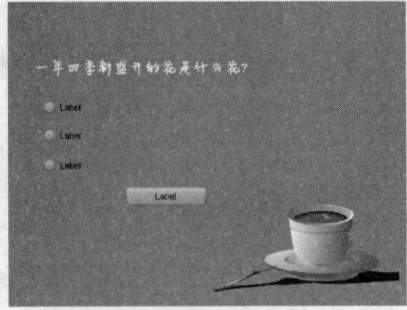

图10-26 放置组件

图10-27 修改组件的【label】参数

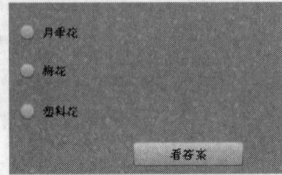

图10-28 修改组件参数后的效果

4. 设置"月季花"组件的【value】为"1"、实例名称为"yjh"，如图 10-29 所示；设置"梅花"组件的【value】为"2"、实例名称为"mh"，如图 10-30 所示。

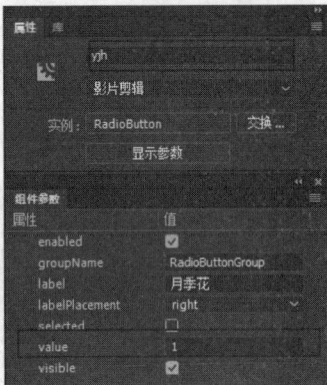

图10-29 "月季花"组件设置

图10-30 "梅花"组件设置

5. 设置"塑料花"组件的【value】为"3"、实例名称为"slh"，如图 10-31 所示；设置"看答案"组件的实例名称为"seeResult"，如图 10-32 所示。

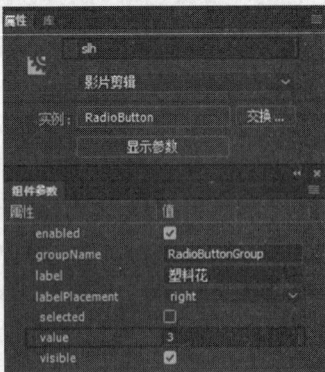

图10-31 "塑料花"组件设置

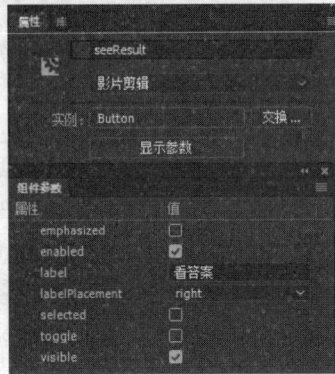

图10-32 "看答案"组件设置

6. 单击"组件"图层的第 2 帧，选择菜单命令【窗口】/【组件】，打开【组件】面板，将
    "Label"组件拖曳到舞台中并调整其相对于舞台的位置，如图 10-33 所示，设置其实
    例名称为"result"，如图 10-34 所示，结果如图 10-35 所示。

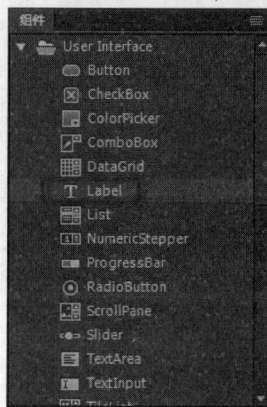

图10-33 选择"Label"组件

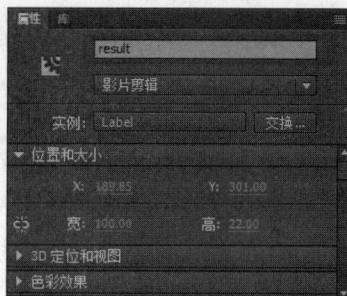

图10-34 组件设置

图10-35 添加"label"组件效果

7. 在"组件"图层的第 1 帧上输入以下代码。

```
stop();
//用来保存所选择答案的变量
var resultNum:Number=0;
//引入 RadioButtonGroup 类
import fl.controls.RadioButtonGroup;
//定义一个 RadioButtonGroup 实例
var myGroup:RadioButtonGroup=new RadioButtonGroup("myGroup");
//将舞台上三个 RadioButton 组件的组设置为 myGroup
yjh.group=myGroup;
mh.group=myGroup;
slh.group=myGroup;
//制作按钮
seeResult.addEventListener(MouseEvent.CLICK, Click);
//按钮相应函数
```

```
function Click(e) {
//判断如果单选按钮其中一个被选择，即播放到下一帧
if (e.target.parent.myGroup.selectedData!=undefined) {
    resultNum=e.target.parent.myGroup.selectedData;
    e.target.parent.nextFrame();
}
}seeResult.addEventListener(MouseEvent.CLICK, Click);
//按钮相应函数
function Click(e) {
//判断如果单选按钮其中一个被选择，即播放到下一帧
if (e.target.parent.myGroup.selectedData!=undefined) {
    resultNum=e.target.parent.myGroup.selectedData;
    e.target.parent.nextFrame();
}
}
```

要点提示 素材文件"素材\第 10 章\脑筋急转弯\第 1 帧代码.txt"提供了本案例的所有代码。

8. 在"组件"图层的第 2 帧上输入以下代码。

```
//判断选择结果
if (resultNum==3) {
result.text="恭喜，您答对了！";
} else {
result.text="遗憾，您答错了！";
}
```

9. 保存测试影片，一个脑筋急转弯的测试小软件即制作完成。

10.2 使用视频播放器组件

对播放器组件的操作也是通过对其参数的控制来实现的。其中"FLVPlayback 2.5"组件是最重要的视频播放器组件，其他媒体控制组件都是基于该组件，如图 10-36 所示。

图10-36 FLVPlayback 2.5 组件

10.2.1　知识解析

从【组件】面板中拖入"FLVPlayback 2.5"组件到舞台上，单击【属性】面板中的 ┃显示参数┃ 按钮，打开【组件参数】面板，即可查看它的所有参数，如图 10-37 所示。

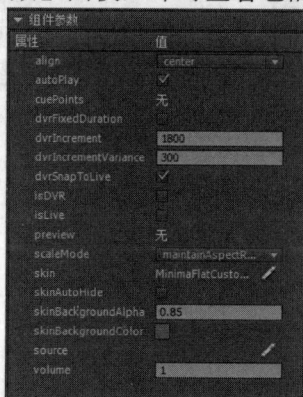

图10-37　"FLVPlayback 2.5"组件参数

一、"FLVPlayback 2.5"组件参数

"FLVPlayback 2.5"组件的主要参数如表 10-1 所示。

表 10-1　　　　　　　　　　"FLVPlayback 2.5"组件的主要参数

参数	作用
skin	控制"FLVPlayback 2.5"组件的界面和控件，单击其后的▤按钮可以打开【选择外观】对话框，从【外观】下拉列表中选取一种外观，如图 10-38 所示
source	指定"FLVPlayback 2.5"组件播放视频文件的地址，单击其后的▤按钮可以打开【内容路径】对话框，利用该对话框可以浏览打开需要播放的视频，如图 10-39 所示。若选择【匹配源尺寸】复选项，则可根据被播放视频的尺寸大小调节播放器尺寸
volume	控制"FLVPlayback 2.5"组件播放时的声音
skinAutoHide	播放视频时自动隐藏"FLVPlayback 2.5"组件的播放控件

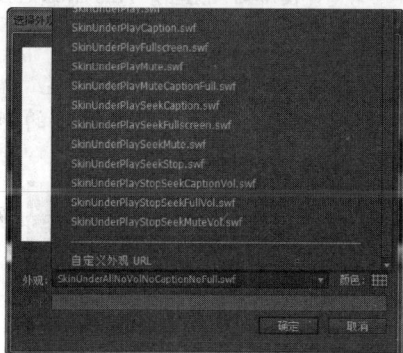

图10-38　更改外观

图10-39　导入视频

二、使用"FLVPlayback 2.5"组件

使用"FLVPlayback 2.5"组件可以快速制作一个"网络视频播放器"，通过输入有效的 FLV 视频地址，单击【播放】按钮来加载并播放该影片，其设计思路及效果如图 10-40 所示。

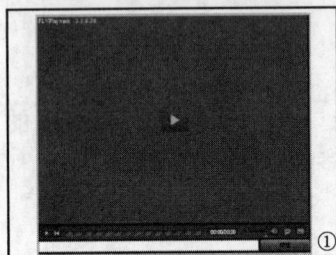

放入组件设置实例名称　　　　　在第 1 帧处输入控制代码　　　　　最终测试效果

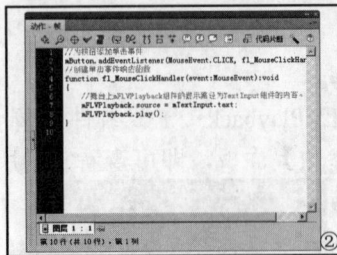

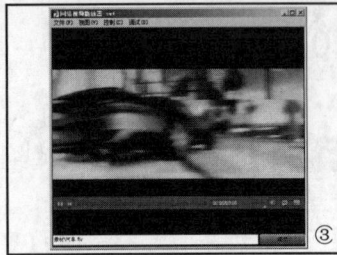

图10-40　操作思路及效果

【操作要点】

1. 新建文档。

(1) 新建一个 Animate（ActionScript 3.0）文档。

(2) 按照图 10-41 所示设置文档属性参数。

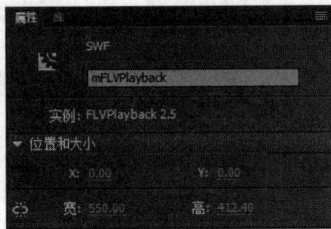

2. 放置组件。

(1) 放入 "FLVPlayback 2.5" 组件。

① 按 Ctrl + F7 组合键打开【组件】面板。

② 从 "Video" 组件列表中将 "FLVPlayback 2.5" 组件拖入到舞台。

③ 在【属性】面板中设置其位置、大小和实例名称，参数设置如图 10-42 所示，最终创建的组件如图 10-43 所示。

图10-41　设置文档属性　　　　　图10-42　设置组件属性　　　　　图10-43　创建的 "FLVPlayback 2.5" 组件

(2) 放入 "TextInput" 组件。

① 从 "User Interface" 组件列表中将 "TextInput" 组件拖入到舞台。

② 在【属性】面板中设置其位置、大小和实例名称，如图 10-44 所示，最终创建的组件如图 10-45 所示。

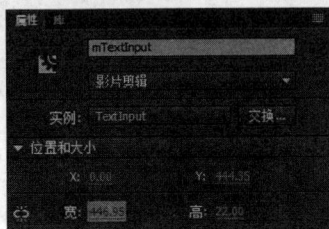

图10-44　设置组件参数　　　　　图10-45　创建的 "TextInput" 组件

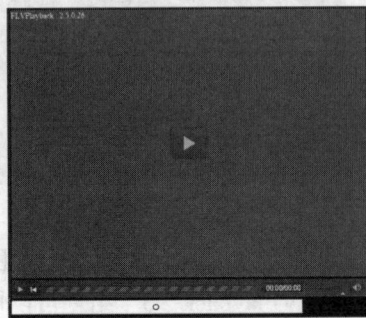

(3) 放入"Button"组件。

① 从"User Interface"组件列表中将"Button"组件拖入到舞台。

② 在【属性】面板中设置其位置、大小和实例名称，如图 10-46 所示。

③ 在【组件参数】面板中设置【label】为"播放"，最终创建的组件如图 10-47 所示。

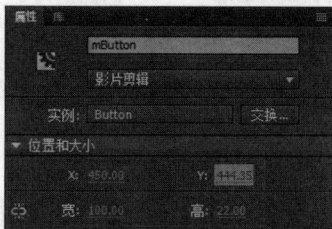

图10-46　设置组件参数

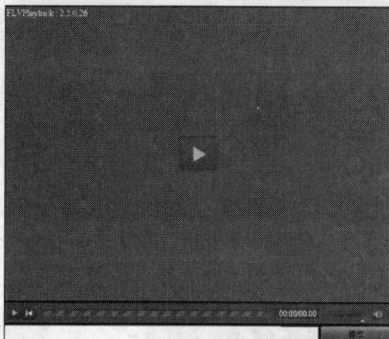

图10-47　创建的"Button"组件

3.　书写代码。

(1) 输入控制代码。

① 选中"图层 1"的第 1 帧。

② 按 F9 键打开【动作】面板。

③ 输入以下代码。

```
//为按钮添加单击事件
mButton.addEventListener(MouseEvent.CLICK, fl_MouseClickHandler);
//创建单击事件响应函数
function fl_MouseClickHandler(event:MouseEvent):void
{
//舞台上 mFLVPlayback 组件的显示路径为 TextInput 组件的内容
mFLVPlayback.source = mTextInput.text;
    mFLVPlayback.play();
}
```

(2) 测试影片，效果如图 10-48 所示。

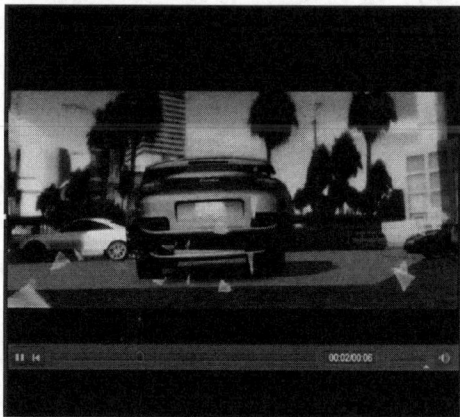

图10-48　播放视频

241

① 按 Ctrl+Enter 组合键测试影片。

② 在 "TextInput" 组件中输入视频的地址，例如 "D:\汽车.flv"（读者可以将素材文件 "第 10 章\素材\网络视频播放器\汽车.flv" 复制到 D 盘根目录下）。

③ 单击 █████ 按钮，即可加载并播放该影片。

(3) 按 Ctrl+S 组合键保存影片文件，案例制作完成。

10.2.2　基础训练——制作 "带字幕的视频播放器"

使用 Animate 提供的播放器模板虽然能够满足一定的使用要求，但是其涉及的播放控制组件不能随意地调整。本案例将使用 "Video" 组件列表中的播放控制组件来创建一个多功能的播放器，其设计思路及效果如图 10-49 所示。

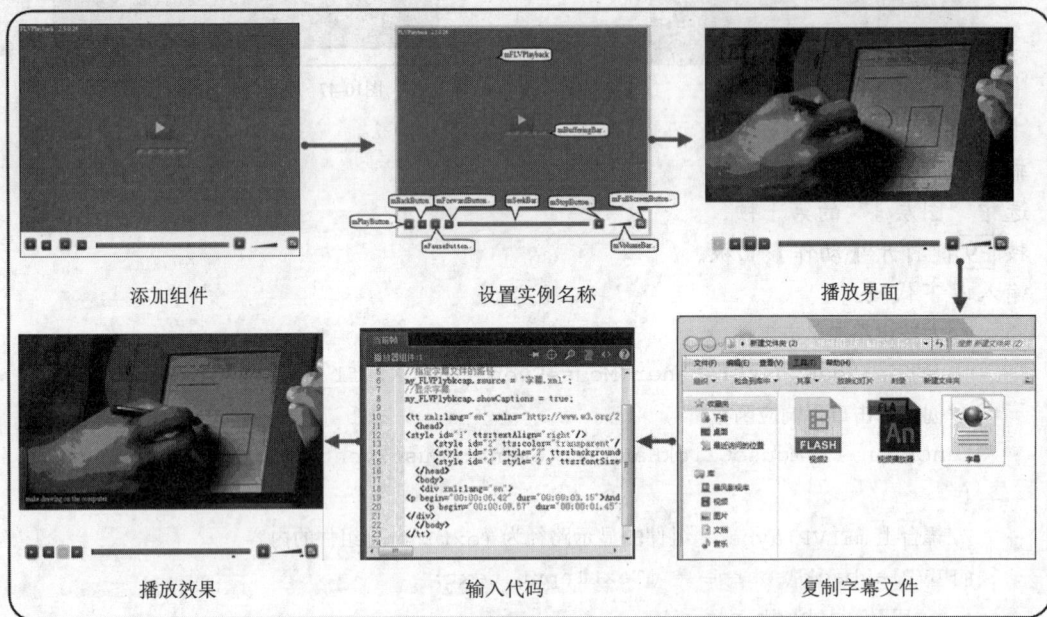

图10-49　"带字幕的视频播放器" 设计思路及效果

【操作要点】

1. 组件布局设计。

(1) 新建一个 Animate（ActionScript 3.0）文档。

(2) 设置文档尺寸，如图 10-50 所示。

(3) 新建图层。

① 连续单击▣按钮，新建两个图层。

② 重命名各图层，结果如图 10-51 所示。

(4) 放入 "FLVPlayback 2.5" 组件，效果如图 10-52 所示。

① 选中 "播放器组件" 图层的第 1 帧。

② 将 "Video" 组件列表中的 "FLVPlayback 2.5" 组件拖入到舞台。

③ 在【属性】面板中设置其位置和大小。

④ 在【组件参数】面板中设置【skin】参数。

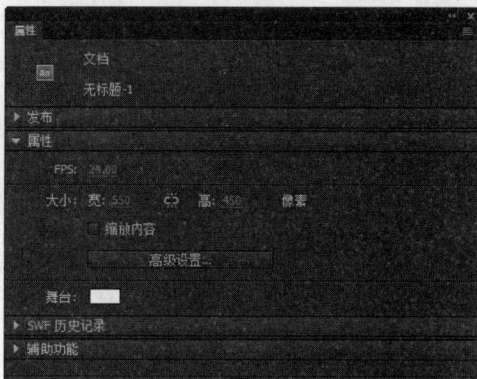

图10-50 设置文档尺寸

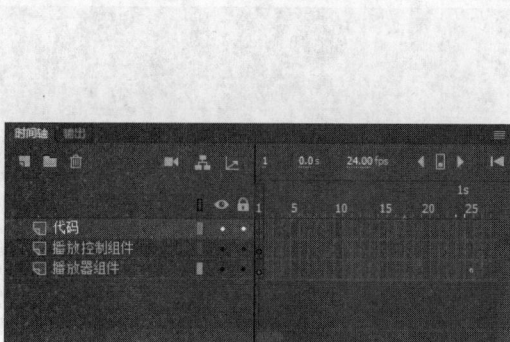

图10-51 新建图层

图10-52 放入"FLVPlayback 2.5"组件

(5) 放置播放控制组件，效果如图10-53所示。

① 选中"播放控制组件"图层的第1帧。

② 将"Video"组件列表中的"PlayButton""BackButton""PauseButton""ForwardButton" "SeekBar""StopButton""VolumeBar""FullScreenButton"和"BufferingBar"组件拖入到舞台。

③ 调整各个播放控制组件的位置。

(6) 将"FLVPlaybackCaptioning"拖入到【库】面板中，如图10-54所示。

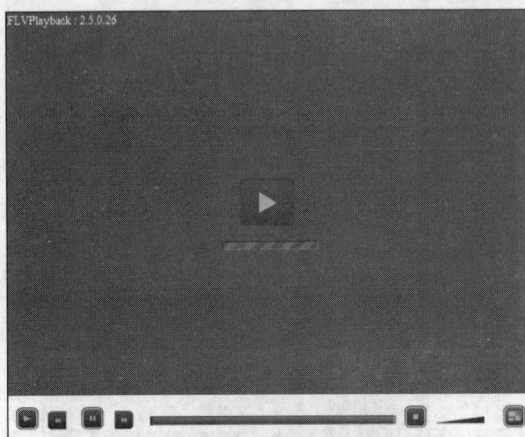

图10-53　放置播放控制组件

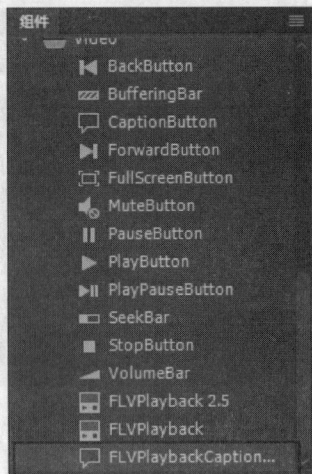

图10-54　拖入 "FLVPlaybackCaptioning" 组件

2.　编写后台程序。

(1)　按照从上到下、从左至右的顺序依次设置舞台上组件的实例名称为 "mFLVPlayback" "mBufferingBar" "mPlayButton" "mBackButton" "mPauseButton" "mForwardButton" "mSeekBar" "mStopButton" "mVolumeBar" 和 "mFullScreenButton"，如图 10-55 所示。

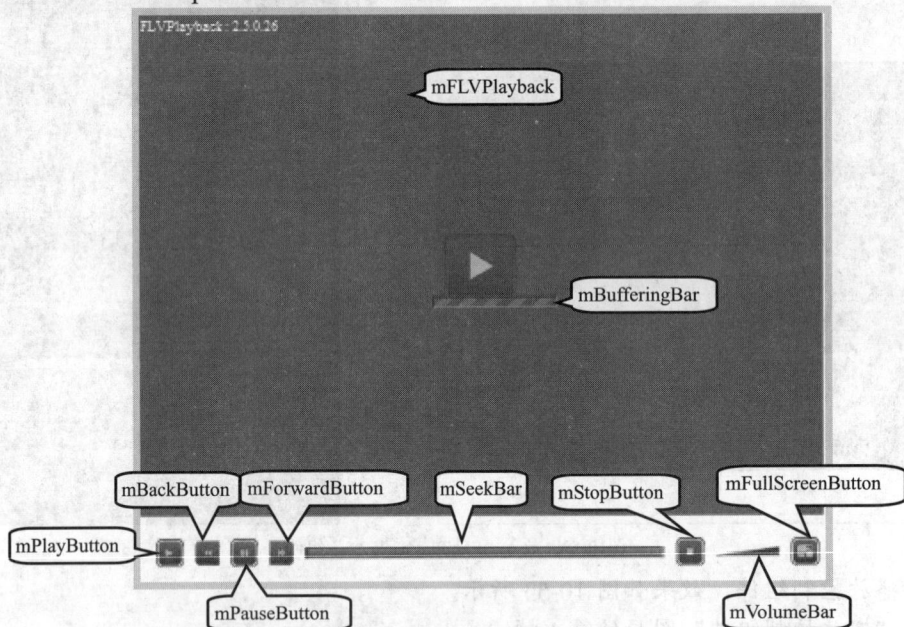

图10-55　设置组件的实例名称

(2)　选中 "代码" 图层的第 1 帧，按 F9 键打开【动作】面板，输入以下代码。

```
//引用字幕组件
import fl.video.FLVPlaybackCaptioning;
//将播放控制组件连接到播放器组件
mFLVPlayback.bufferingBar = mBufferingBar;
mFLVPlayback.playButton = mPlayButton;
mFLVPlayback.backButton = mBackButton;
```

```
mFLVPlayback.pauseButton = mPauseButton;
mFLVPlayback.forwardButton = mForwardButton;
mFLVPlayback.seekBar = mSeekBar;
mFLVPlayback.stopButton  = mStopButton;
mFLVPlayback.volumeBar = mVolumeBar;
mFLVPlayback.fullScreenButton = mFullScreenButton;
//为播放器指定播放视频路径
mFLVPlayback.source = "视频2.flv";
```

(3) 保存影片复制视频资料，效果如图 10-56 所示。

图10-56　保存影片复制视频资料

① 按 Ctrl+S 组合键保存文档到指定目录。

② 将素材文件"素材\第 10 章\带字幕的视频播放器\视频 2.flv"复制到本案例文档保存的路径下。

(4) 按 Ctrl+Enter 组合键测试影片，得到图 10-57 所示的效果。可以通过播放控制组件对视频播放进行各种控制操作。

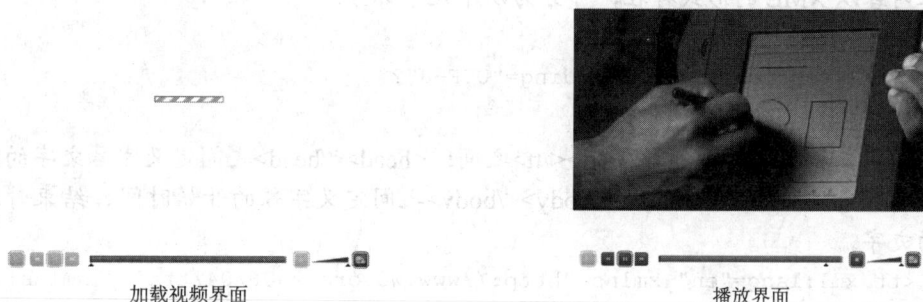

加载视频界面　　　　　　　　　　　　　　　　　　播放界面

图10-57　测试影片

3. 加入字幕效果。

(1) 加入字幕的方法十分简单，首先需要在现有程序的后面加入以下程序。

```
//创建字幕实例
var my_FLVPlybkcap = new FLVPlaybackCaptioning();
//将字幕实例加载到舞台
addChild (my_FLVPlybkcap);
//指定字幕文件的路径
```

245

```
my_FLVPlybkcap.source = "字幕.xml";
//显示字幕
my_FLVPlybkcap.showCaptions = true;
```

(2) 将素材文件"素材\第 10 章\带字幕的视频播放器\字幕.xml"复制到本案例发布文件相同的路径下，如图 10-58 所示。

图10-58 复制"字幕.xml"文件

(3) 按 Ctrl + Enter 组合键测试影片，得到图 10-59 所示的带字幕效果。

图10-59 加入字幕效果

(4) 按 Ctrl + S 组合键保存影片文件，案例制作完成。

字幕内容以 XML 的形式存在，可分为以下几个部分。

① xml 的版本说明及其他相关说明。

```
<?xml version="1.0" encoding="UTF-8"?>
```

② 主体部分。

所有的字幕和字幕样式都写在<tt></tt>之间；<head></head>之间定义字幕文字的方式、文字的颜色及文字的大小等；<body></body>之间定义字幕的开始时间、结束时间及字幕的文字。

```
<tt xml:lang="en" xmlns="http://www.w3.org/2006/04/ttaf1" xmlns:tts=
"http://www.w3.org/2006/04/ttaf1#styling">
    <head>
        <style id="1" tts:textAlign="right"/>
        <style id="2" tts:color="transparent"/>
        <style id="3" style="2" tts:backgroundColor="white"/>
        <style id="4" style="2 3" tts:fontSize="20"/>
    </head>
    <body>
```

```
        <div xml:lang="en">
        <p begin="00:00:06.42" dur="00:00:03.15">And the company was in
dire straights at the time.</p>
        <p begin="00:00:09.57" dur="00:00:01.45">We were a CD-ROM
authoring company,</p>
        </div>
        </body>
        </tt>
```

10.2.3 提高训练——制作"视频点播系统"

当视频在网络上传输时，如果文件太大，就会影响传输速度，所以有时需要将视频文件分割成小段来分别传输。本案例将使用用户接口组件和视频播放器组件结合的方式制作一款具有点播功能的视频播放器，来选择播放被分割成 5 段的视频。其设计思路及效果如图 10-60 所示。

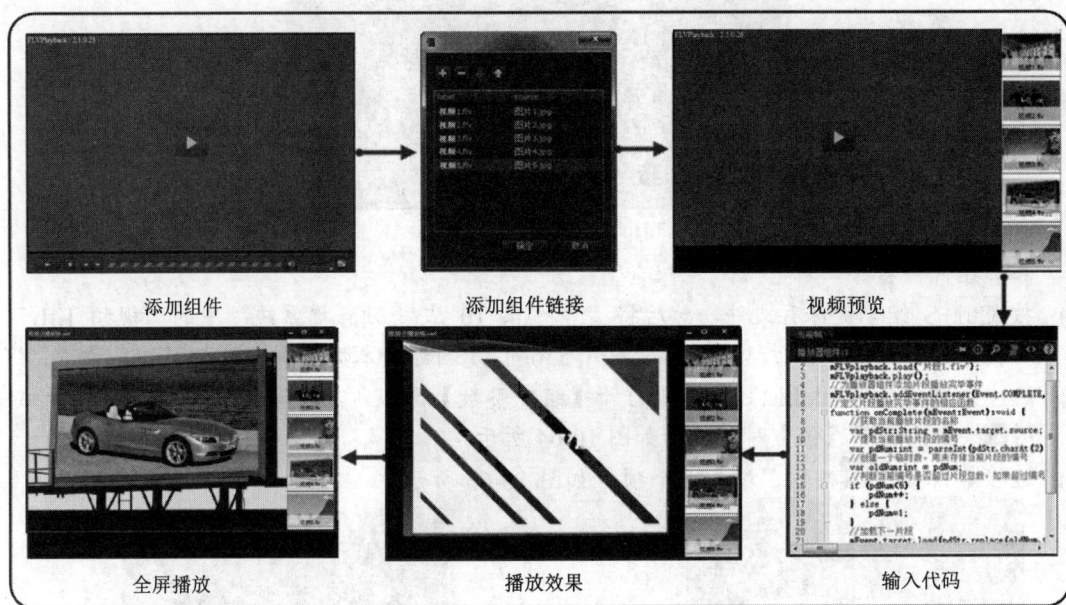

图10-60 "视频点播系统"设计思路及效果

【操作要点】

1. 设计界面。
(1) 新建一个 Animate（ActionScript 3.0）文档，设置文档尺寸为"650 像素×400 像素"、背景色为黑色，其他属性保持默认参数。
(2) 新建两个图层，并从上至下依次命名为"代码""播放器组件"和"用户接口组件"，效果如图 10-61 所示。
(3) 将"FLVPlayback"组件拖动到"播放器组件"图层上，并设置其宽、高分别为 550、360，位置坐标【X】【Y】均为 0。设置播放器组件的【skin】参数为

"SkinUnderAllNoCaption.swf"，效果如图 10-62 所示。

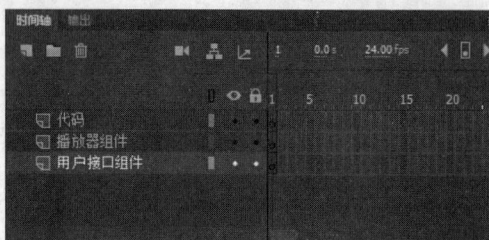

图10-61　新建图层

图10-62　加入播放器组件

(4) 将 "TileList" 组件拖入到 "用户接口组件" 图层上，并设置其宽、高分别为 100、400，位置坐标【X】【Y】分别为 550、0，如图 10-63 所示。

图10-63　加入用户接口组件

2.　添加组件链接。

(1) 按 Ctrl+S 组合键保存文件，然后将 "素材\第 10 章\视频点播系统" 中的 "视频 1.flv" ~ "视频 5.flv" 和 "图片 1.jpg" ~ "图片 5.jpg" 复制到与本案例源文件相同的目录下。

(2) 选中舞台中的 "TileList" 组件，打开【组件参数】面板，单击【dataProvider】选项右侧的✐按钮，打开【值】对话框，如图 10-64 所示。

(3) 连接单击 5 次 ➕ 按钮，增加 5 个项，如图 10-65 所示。

图10-64　【值】对话框

图10-65　创建值

(4) 依次修改 "label0~label4" 的【label】项为 "视频 1.flv" "视频 2.flv" "视频 3.flv" "视频 4.flv" 和 "视频 5.flv"，依次填写【source】项为 "图片 1.jpg" "图片 2.jpg" "图片 3.jpg" "图片 4.jpg" 和 "图片 5.jpg"，如图 10-66 所示。

(5) 单击 确定 按钮完成值的创建，测试影片即可看到图 10-67 所示的效果，此时的 "TileList" 组件已经显示出视频片段的预览图。

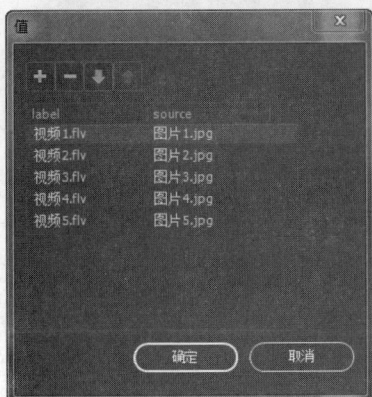

图10-66　修改值

图10-67　视频片段预览图

3. 编写后台程序。

(1) 选择舞台中的 "FLVPlayback" 组件，并设置其实例名称为 "mFLVplayback"；选择舞台中的 "TileList" 组件，并设置其实例名称为 "mTileList"。

(2) 在 "代码" 图层的第 1 帧上添加如下代码。

```
//为"TileList"组件添加事件
mTileList.addEventListener(Event.CHANGE,onChange);
//定义事件函数
function onChange(mEvent:Event):void {
//"FLVplayback"组件加载电影片段
mFLVplayback.load(mEvent.target.selectedItem.label);
//播放视频片段
mFLVplayback.play();
}
```

(3) 测试影片，单击右边的 "视频片段阅览图" 即可观看相应的视频片段，如图 10-68 所示。

图10-68　播放器效果

4. 测试完善系统。

(1)　测试观看后发现，系统没有自动播放功能，看完一部分不能自动读取下一部分，这给用户带来极大的不便。所以在"代码"图层的第 1 帧上继续添加如下代码，设置自动播放功能。

```
//开始就默认播放片段 1
mFLVplayback.load("片段 1.flv");
mFLVplayback.play();
//为播放器组件添加片段播放完毕事件
mFLVplayback.addEventListener(Event.COMPLETE,onComplete);
//定义片段播放完毕事件的相应函数
function onComplete(mEvent:Event):void {
//获取当前播放片段的名称
var pdStr:String = mEvent.target.source;
//提取当前播放片段的编号
var pdNum:int = parseInt(pdStr.charAt(2));
//创建一个临时数，用来存储当前片段的编号
var oldNum:int = pdNum;
//判断当前编号是否超过片段总数，如果超过编号等于1，如果没有超过就加1
if (pdNum<5) {
    pdNum++;
} else {
    pdNum=1;
}
//加载下一片段
mEvent.target.load(pdStr.replace(oldNum.toString(),pdNum.toString()));
//播放视频片段
mEvent.target.play();
}
```

要点提示　素材文件"素材\第 10 章\视频点播系统\控制代码.txt"中提供了本案例所需的全部代码。

(2)　此时的系统还有一个美中不足之处，就是当全屏播放的时候，播放控制器不能自动隐藏，从而影响视觉效果。

(3)　选中场景中的"FLVPlayback"组件，打开【组件参数】面板，选择【SkinAutoHide】复选项，如图 10-69 所示。

(4)　测试观看影片，得到图 10-70 所示的完美效果。

图10-69 设置自动隐藏控制

普通效果 全屏效果

图10-70 最终效果

10.3 综合应用——制作"信息调查表"

本例将使用各种用户接口组件来制作一个信息调查表,操作思路及效果如图 10-71 所示。

导入背景图片　　　　　　　制作第 1 帧处的舞台元素　　　　　　制作第 2 帧处的舞台元素

设置第 1 帧处组件的属性　　　　　　效果 1　　　　　　效果 2

图10-71 "信息调查表"操作思路及效果

【操作要点】

1. 导入背景图片。

(1) 新建一个【宽】【高】均为 "400" 的 Animate（ActionScript 3.0）文档，如图 10-72 所示。

(2) 新建图层，效果如图 10-73 所示。

① 连续单击 ▣ 按钮新建图层。

② 重命名各图层。

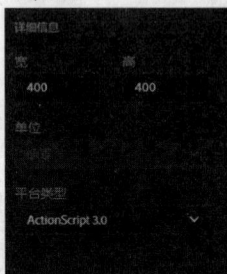

图10-72　新建文档

图10-73　新建图层

(3) 锁定图层，效果如图 10-74 所示。

① 锁定除 "背景" 以外的图层。

② 选中 "背景" 图层的第 1 帧。

(4) 导入背景图片。

① 选择菜单命令【文件】/【导入】/【导入到舞台】，如图 10-75 所示。打开【导入】对话框。

② 将素材文件 "素材\第 10 章\信息调查表\背景.jpg" 导入到舞台。

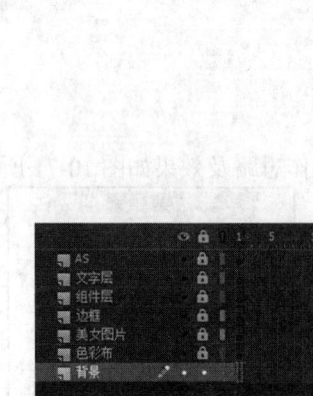

图10-74　锁定图层

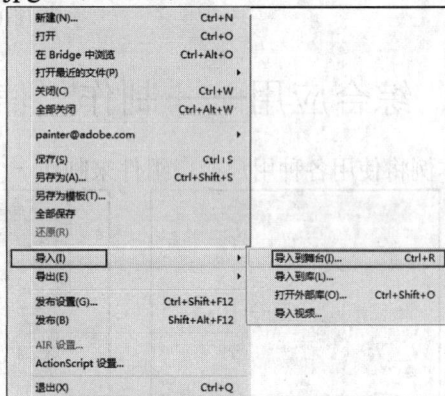

图10-75　选择【导入到舞台】命令

(5) 设置图片的位置，效果如图 10-76 所示。

① 选中舞台上的 "背景.jpg" 图片。

② 在【属性】面板的【位置和大小】卷展栏中设置【X】【Y】均为 "0"。

2. 制作第 1 帧处的舞台元素。

(1) 绘制矩形，效果如图 10-77 所示。

① 锁定除 "色彩布" 以外的图层。

② 按 R 键启用矩形工具 ▣。

③ 在舞台上绘制一个矩形。

④ 在【属性】面板的【位置和大小】卷展栏中设置【X】【Y】均为 "0"，【宽】【高】

均为"400"。

⑤ 在【填充和笔触】卷展栏中设置笔触颜色为"无"、填充颜色为"#999999"、【Alpha】为"60%"。

图10-76 设置图片的位置

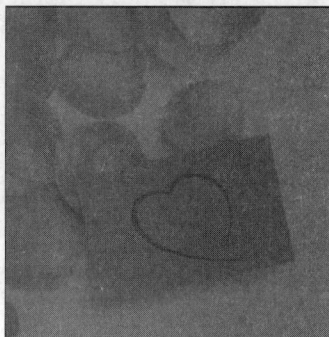

图10-77 绘制矩形

(2) 绘制边框,效果如图 10-78 所示。

① 锁定除"边框"以外的图层。

② 按 N 键启动线条工具 。

③ 在【属性】面板的【填充和笔触】卷展栏中设置笔触颜色为"#FF6599"、填充颜色为"无"、【笔触】为"2"。

④ 在舞台上绘制框架。

(3) 布置文字,效果如图 10-79 所示。

① 锁定除"文字层"以外的图层。

② 按 T 键启动文本工具 。

③ 在【属性】面板的【字符】卷展栏中设置【系列】为【方正书宋简体】(读者可以设置自己喜欢的字体或者自行购买外部字体库)、【大小】为"40"、【颜色】为"#FF0098"。

④ 在舞台上方输入标题。

⑤ 在【属性】面板的【字符】卷展栏中设置【系列】为【方正粗黑宋简体】(读者可以设置自己喜欢的字体或者自行购买外部字体库),文字大小根据边框大小进行自定义,设置【颜色】为"#000066"。

⑥ 在舞台中输入文字。

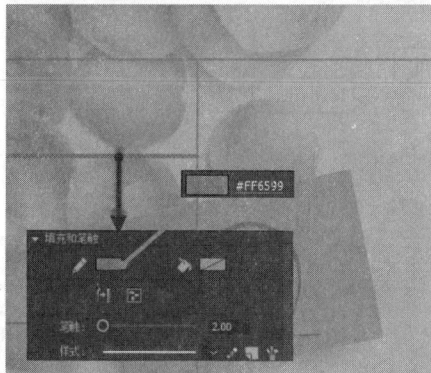

图10-78 绘制边框

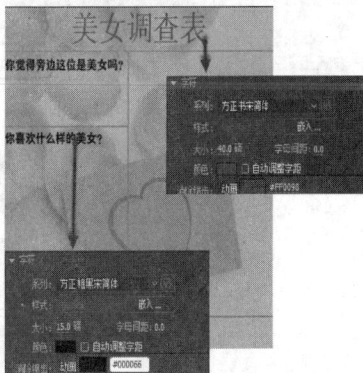

图10-79 布置文字

(4)　添加美女图片，效果如图 10-80 所示。

①　锁定除"美女图片"以外的图层。

②　选择菜单命令【文件】/【导入】/【导入到舞台】，打开【导入】对话框。

③　导入素材文件"素材\第 10 章\信息调查表\图片.jpg"到舞台。

④　选中舞台上的图片。

⑤　设置图片的位置和大小。

(5)　布置组件，效果如图 10-81 所示。

①　锁定除"组件层"以外的图层。

②　按 Ctrl+F7 组合键打开【组件】面板。

③　在【组件】面板上将"Button""CheckBox""ComboBox"和"TextInput"组件拖入到舞台。

④　设置舞台上各组件的位置。

图10-80　添加美女图片

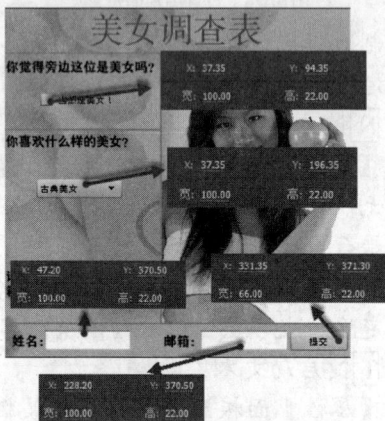

图10-81　布置组件

要点提示　在布置组件时，可以使用任意变形工具调整组件的大小，让整个界面看起来更加美观。

3.　制作第 2 帧处的舞台元素。与第 1 帧的制作方法相同，这里只给出相关的信息，效果如图 10-82 所示。

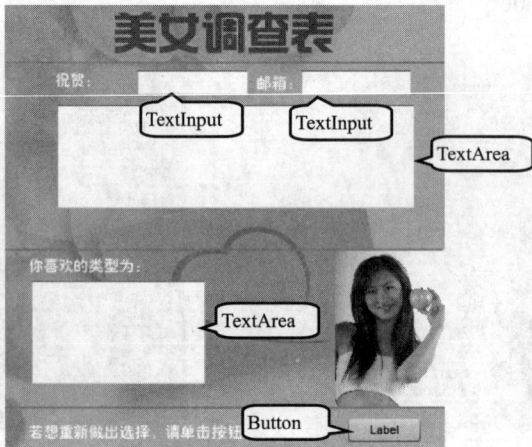

图10-82　制作第 2 帧处的舞台元素

4. 设置第 1 帧处组件的属性。

(1) 设置"CheckBox"组件的属性，效果如图 10-83 所示。

① 锁定除"组件层"以外的图层。

② 选中第 1 帧处的"CheckBox"组件。

③ 在【属性】面板中设置【实例名称】为"jion_box"。

④ 在【属性】面板中单击 显示参数 按钮，打开【组件参数】面板，设置【label】为"当然是美女!"。

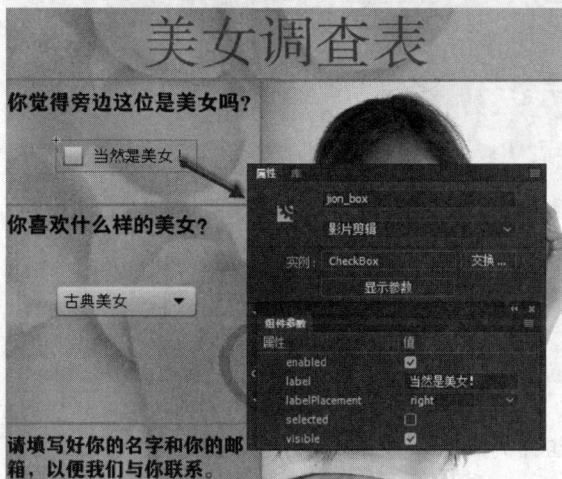

图10-83　设置"CheckBox"组件的属性

(2) 设置"ComboBox"组件的属性，效果如图 10-84 所示。

① 选中"ComboBox"组件。

② 在【属性】面板中设置【实例名称】为"like_type"。

③ 在【属性】面板中单击 显示参数 按钮，打开【组件参数】面板，单击【dataProvider】选项右侧的 按钮，弹出【值】对话框。

④ 在【值】对话框中设置各参数。

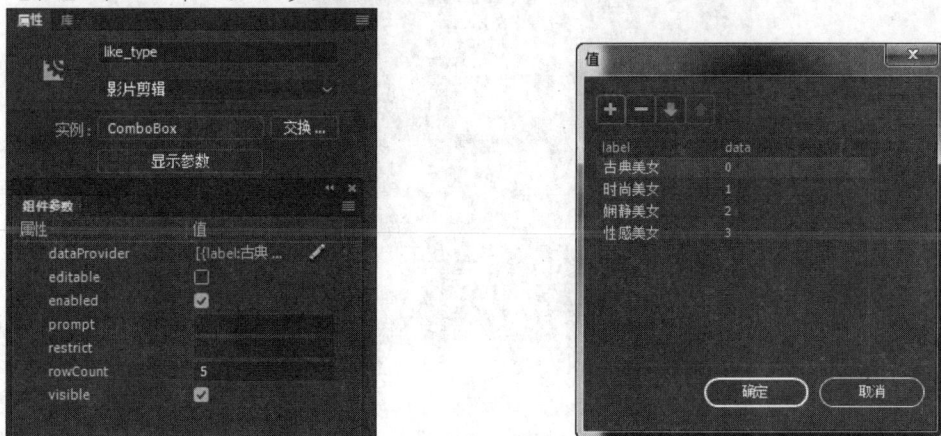

图10-84　设置"ComboBox"组件的属性

(3) 设置"Button"组件的属性，效果如图 10-85 所示。

① 选中第 1 帧处的"Button"组件。

② 在【属性】面板中设置【实例名称】为 "submit_btn"。

③ 在【属性】面板中单击 [显示参数] 按钮，打开【组件参数】面板，设置【label】为 "提交"。

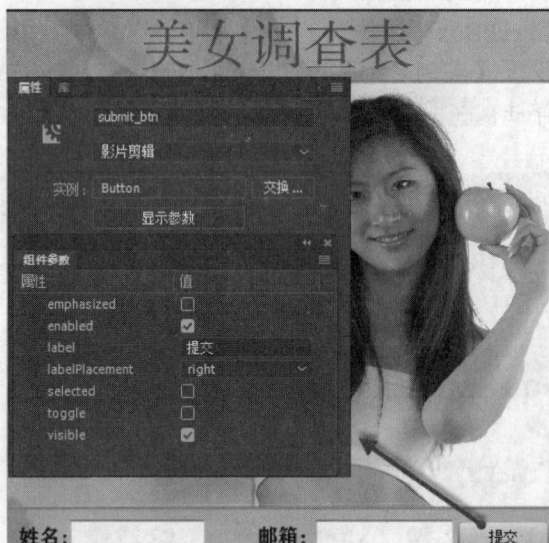

图10-85　设置 "Button" 组件的属性

(4) 设置 "TextInput" 组件的属性，效果如图 10-86 所示。

① 选中第 1 帧 "姓名:" 处的 "TextInput" 组件。

② 在【属性】面板中设置【实例名称】为 "name01"。

③ 选中第 1 帧 "邮箱:" 处的 "TextInput" 组件。

④ 在【属性】面板中设置【实例名称】为 "e_mail01"。

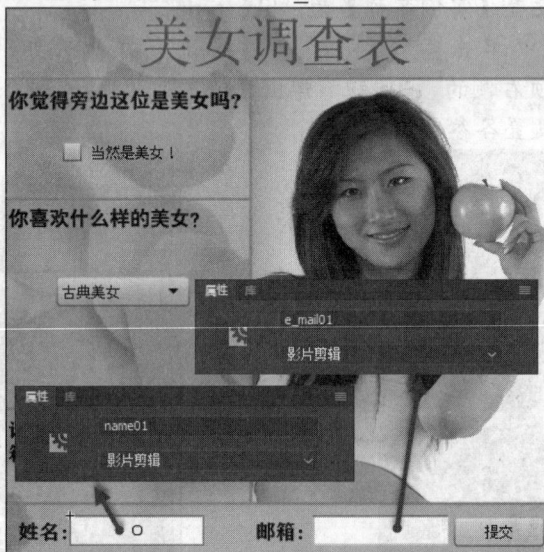

图10-86　设置 "TextInput" 组件的属性

5. 在第 2 帧处设置组件的【实例名称】，如图 10-87 所示。

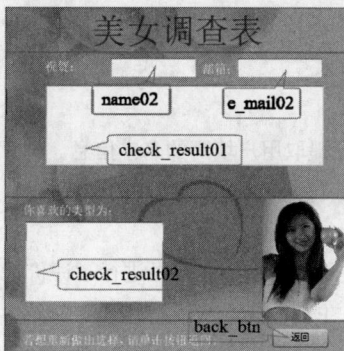

图10-87 设置第2帧处组件的属性

6. 编写脚本。

(1) 在第1帧处添加脚本。

① 选中"AS"图层的第1帧。

② 按 F9 键打开【动作】面板。

③ 在【动作】面板中输入以下脚本。

```
stop();
var jion_results;
var yname;
var ye_mail;
var a=1;
var mylabel=0;
if (a==0) {
jion_box.selected=false;
name01.text="";
e_mail01.text="";
}//定义重置函数
submit_btn.addEventListener(MouseEvent.CLICK,sClick);
function sClick(Event:MouseEvent) {
jion_results=jion_box.selected;
yname=name01.text;
ye_mail=e_mail01.text;
this.gotoAndStop(2);
a=1;
}//定义提交按钮的函数
like_type.addEventListener(Event.CHANGE, changeHandler);
function changeHandler(event:Event):void {
mylabel=like_type.selectedIndex;
}//定义"ComboBox"的改变函数
```

(2) 在第2帧处添加脚本。

① 选中"AS"图层的第2帧。

② 按 F9 键打开【动作】面板。

③ 在【动作】面板输入以下脚本。

```
stop();

name02.text=yname;//提取用户填写的名字信息

e_mail02.text=ye_mail;//提取用户填写的邮箱信息

if (jion_results==true) {

check_result01.text="恭喜您，您已经进行了评价，获奖消息将在本月末公布。感谢您对
我们的支持，希望您身体健康，生活愉快。";

} else {

check_result01.text="您没有进行评价。";

}//由从 "jion_results" 中提取的值来定义 "check_result01" 中的显示信息

if (mylabel==0) {

check_result02.text="古典美女";

} else if (mylabel==1) {

check_result02.text="时尚美女";

} else if (mylabel==2) {

check_result02.text="娴静美女";

} else {

check_result02.text="性感美女";

}//由从 "ComboBox" 中提取的值来定义 "check_result02" 中的显示信息

back_btn.addEventListener(MouseEvent.CLICK,sClear);

function sClear(Event:MouseEvent) {

a=0;

this.gotoAndStop(1);

}//定义返回按钮的函数
```

要点提示　素材文件 "素材\第 10 章\信息调查表\控制代码.txt" 中提供了本案例所需的全部代码。

(3) 按 Ctrl+S 组合键保存影片文件，案例制作完成。

10.4　习题

1. 什么是组件？其有何用途？
2. 用户接口组件主要有哪些基本类型？
3. 简要说明创建一个按钮组件的一般过程。
4. 视频播放器组件有何用途？
5. 简要说明使用 "FLVPlayback 2.5" 组件制作视频播放器的一般步骤。